Georg Schwedt

Chemische Experimente in naturwissenschaftlich-technischen Museen

W0186398

29,90

Chemie macht Spaß!

G. Schwedt
Chemische Experimente in Schlössern, Klöstern und Museen
Aus Hexenküche und Zauberlabor
2002, ISBN 3-527-30669-2

G. Schwedt
Experimente mit Supermarktprodukten
Eine chemische Warenkunde
Zweite, aktualisierte und korrigierte Auflage
2003, ISBN 3-527-30988-8

G. Schwedt
Noch mehr Experimente mit Supermarktprodukten
Das Periodensystem als Wegweiser
2003, ISBN 3-527-30809-1

F. R. Kreißl, O. Krätz
Feuer und Flamme, Schall und Rauch
Schauexperimente und Chemiehistorisches
1999, ISBN 3-527-29818-5

H. W. Roesky, K. Möckel
Chemische Kabinettstücke
Spektakuläre Experimente und geistreiche Zitate
1996, ISBN 3-527-29426-0

Georg Schwedt

Chemische Experimente in naturwissenschaftlich-technischen Museen

Farbige Feuer und feurige Farben

Stadtbibliothek Erlangen
Ausgeschieden am:

Stadtbücherei Erlangen
04: 7288 *Na 4.6

WILEY-VCH

WILEY-VCH GmbH & Co. KGaA

0 3. 09. 04

Prof. Dr. G. Schwedt
Institut für Anorganische
und Analytische Chemie
der Technischen Universität
Paul-Ernst-Str. 4
38678 Clausthal-Zellerfeld

Das vorliegende Werk wurde sorgfältig erarbeitet. Dennoch übernehmen Autor und Verlag für die Richtigkeit von Angaben, Hinweisen und Ratschlägen sowie für eventuelle Druckfehler keine Haftung.

Bibliografische Information Der Deutschen Bibliothek
Die Deutsche Bibliothek verzeichnet diese Publikation in der Deutschen Nationalbibliografie; detaillierte bibliografische Daten sind im Internet über <http://dnb.ddb.de> abrufbar.

© 2003 WILEY-VCH Verlag GmbH & Co. KGaA, Weinheim

Alle Rechte, insbesondere die der Übersetzung in andere Sprachen, vorbehalten. Kein Teil dieses Buches darf ohne schriftliche Genehmigung des Verlages in irgendeiner Form – durch Photokopie, Mikroverfilmung oder irgendein anderes Verfahren – reproduziert oder in eine von Maschinen, insbesondere von Datenverarbeitungsmaschinen, verwendbare Sprache übertragen oder übersetzt werden. Die Wiedergabe von Warenbezeichnungen, Handelsnamen oder sonstigen Kennzeichen in diesem Buch berechtigt nicht zu der Annahme, daß diese von jedermann frei benutzt werden dürfen. Vielmehr kann es sich auch dann um eingetragene Warenzeichen oder sonstige gesetzlich geschützte Kennzeichen handeln, wenn sie nicht eigens als solche markiert sind.

All rights reserved (including those of translation into other languages). No part of this book may be reproduced in any form – by photoprinting, microfilm, or any other means – nor transmitted or translated into a machine language without written permission from the publishers. Registered names, trademarks, etc. used in this book, even when not specifically marked as such, are not to be considered unprotected by law.

Printed in the Federal Republic of Germany

Gedruckt auf säurefreiemPapier.

Satz TypoDesign Hecker GmbH, Leimen
Druck Strauss Offsetdruck GmbH, Mörlenbach
Bindung Litges & Dopf Buchbinderei GmbH, Heppenheim
Umschlagsgestaltung Gunter Schulz, Fußgönheim

ISBN 3-527-30810-5

Inhaltsverzeichnis

Vorwort

Seit mehr als 200 Jahren bilden Experimentierbücher den Schlüssel zur Beschäftigung mit den sich rasch entwickelnden Naturwissenschaften – sie tragen auch zur Popularisierung der Chemie bei.

In einer Ausstellung im Deutschen Museum München wurden 2002/2003 unter dem Titel »›Zur Belustigung und Belehrung‹ Experimentierbücher aus zwei Jahrhunderten« 56 ausgewählte Werke gezeigt. (Katalog Helmut Hilz und Georg Schwedt, GNT-Verlag/Deutsches Museum, Berlin/München/Diepholz 2002)

Als Einleitung haben wir unter der Überschrift »Experimentierbücher – Schlüssel zur Popularisierung der Naturwissenschaften« u.a. geschrieben:

»Das Popularisieren einer Wissenschaft wurde von dem Philosophen Friedrich Nietzsche (1844–1900) als das ›berüchtigte Zuschneiden des Rocks der Wissenschaft auf den Leib des gemischten Publikums‹ (1874) verspottet. Der Baseler Kunsthistoriker Jacob Burckhardt (1818–1897) hatte dagegen wenige Jahre zuvor in einem Kolleg ein anderes Verständnis der Vermittlung von Wissenschaft zum Ausdruck gebracht: ›In den Wissenschaften kann man nur noch in einem begrenzten Bereich Meister sein, nämlich als Spezialist ... Soll man aber nicht die Fähigkeit der allgemeinen Übersicht, ja der Würdigung derselben einbüßen, so sei man noch an möglichst vielen anderen Stellen Dilettant.‹

Die Kernaussage hat heute – über hundert Jahre nach dem Kolleg Burckhardts – mehr denn je ihre Richtigkeit. Der Dialog zwischen Wissenschaft und Gesellschaft wird inzwischen von allen Wissenschaftsorganisationen unter der Federführung des Stifterverbandes für die Deutsche Wissenschaft gefordert und gefördert.«

Bereits 1779 erschien im Verlag des Friedrich Nicolai (1733–1811) das Werk *Johann Martius Unterricht in der natürlichen Magie, oder zu allerhand belustigenden und nützlichen Kunststücken.* Nicolai gilt als ein Vermittler im gelehrten und literarischen Leben der Spätaufklärung und war einer der führenden Persönlichkeiten des deutschen Buchhandels. 1783 bis 1787 gab Johann Samuel Halle (1727–1810), Professor für Geschichte in der Kadettenanstalt Friedrich des Großen, seine vierbändige *Magie, oder, die Zauberkräfte der Natur, so auf den Nutzen und die Belustigung angewandt worden* heraus. Wichtigste Ziele waren ihm die »Befriedigung der Wissbegierde« und die »vernünftige Belustigung« sowie die Tatsache, dass der Autor die Versuche erprobt, neueste Versuche berücksichtigt und trotz aller Wissenschaftlichkeit das »Wunderbare« nicht aus den Augen verloren hat. Wir würden heute formulieren, dass es ihm auf die Phänomene im Zusammenhang mit der praktischen Anwendung ankam.

Der erfolgreichste Experimentierbuchautor auf dem Gebiet der Chemie war in den 1930er Jahren wie auch in der frühen Zeit nach dem Zweiten Weltkrieg der württembergische Chemielehrer Hermann Römpp (1901–1964). Sein Name ist bis heute mit dem führenden Chemie-Lexikon, dem Römpp, verbunden. Mit seinen Bestsellern *Chemie des Alltags* (1936), *Chemische Experimente die gelingen* (1939) und *Organische Chemie im Probierglas* (1940) erreichte er ein breites Publikum. Die von ihm beschriebenen Experimente waren jedoch häufig nicht ungefährlich.

Mit Beginn der 1970er Jahre verschwanden diese Bücher, auch aufgrund der einsetzenden Umweltschutzbewegung, vom Markt. Die Folge war aber auch ein gegenüber früheren Generationen verringertes Verständnis für die Grundlagen (und auch für die Wurzeln) der Chemie. Dafür entwickelte sich ein umfangreiches Sortiment an Taschenbüchern, in denen die negativen Auswirkungen chemischer Stoffe im Alltag dargestellt wurden.

Im letzten Jahrzehnt des 20. Jahrhunderts entstand eine neue Art von Experimentierbüchern, in denen auf spielerische Weise einfache Experimente (auch mit Show-Effekten) vermittelt werden. Die Experimentierbücher unserer Zeit sollten zweierlei Ziele verfolgen, die sich auf angenehme Weise miteinander verbinden lassen: die Experimente sollen unterhaltend und belehrend zugleich sein – und sie sollen möglichst ungefährlich sein, was die meisten Versuche in den Experimentierbüchern bis in die Zeit von Hermann Römpp nicht waren. Es gilt aber auch heute noch die Aussage eines adeligen Alchemisten, des Grafen Wolfgang II. von Hohenlohe in Schloss Weikersheim um 1600: sie sollen Lust machen zu eigenen chemischen Experimenten (nach: Helmut Hilz und Georg Schwedt – s.o. – aus dem Text des Ausstellungskataloges).

Im Jahre 2000 zeichnete der »Stifterverband für die Deutsche Wissenschaft« mein Projekt *Chemische Experimente mit Supermarktprodukten* im Rahmen seines 1999 ausgeschriebenen Förderprogramms PUSH (public understanding of science and humanities) mit einem Preis aus: Daraus entwickelte ich das *Clausthaler SuperLab* als Schülermitmachlabor im Institut für Anorganische und Analytische Chemie der Technischen Universität Clausthal und das Buch *Experimente mit Supermarktprodukten. Eine chemische Warenkunde* (2001). 2003 erschien eine 2. Auflage und ein weiteres Buch zum Thema mit dem Titel *Noch mehr Experimente mit Supermarktprodukten. Das Periodensystem als Wegweiser.* Ausgewählte Experimente mit Supermarktprodukten wurden auch in dem im *Jahr der Chemie 2003* durch Deutschland tourenden »Chemie-Truck« durchgeführt.

2002 erhielt mein Projekt *Chemische Experimente in Schlössern, Klöstern und Museen* ebenfalls einen Preis des Stifterverbandes. Insgesamt konnte ich 50 Experimentalvorträge an 30 Orten in den Bundesländern Brandenburg, Berlin, Mecklenburg-Vorpommern, Niedersachsen, Hessen und vor allem Baden-Württemberg (Schwerpunkt des Förderpreises) mit zusätzlicher Förderung durch die »Stiftung Niedersachsen« und den »Fonds der Chemischen Industrie« durchführen. Es entstand das gleichnamige Buch mit dem Untertitel *Aus Hexenküche und Zauberlabor.*

Im Jahre 2003 erhielt ich eine finanzielle Förderung durch die »Robert Bosch Stiftung« in Stuttgart, durch die für sieben ausgewählte naturwissenschaftlich-technische Museen ihren Themenschwerpunkten entsprechende Experimentalprogramme entwickelt und erprobt werden konnten. Sie können ab 2004 von Museumspädagogen der jeweiligen Museen im Rahmen eigener Mitmachlabore, von Sonderführungen oder Sonderveranstaltungen angeboten werden. Die Museen werden in diesem Buch zusammen mit den Experimentalprogrammen ausführlich vorgestellt.

Alle Experimente in diesem Buch sind auf einfache Weise durchführbar. Alltagsprodukte werden vor allem in den Kap. 3, 5.1, 6 und 7.1 verwendet. Experimente mit farbigen Flammen sind in Kap. 1, mit feurigen Farben in Kap. 5.2 (Tintenchemie) und 7.2 (Naturfarbstoffe) zu finden.

Alle Projekte und Bücher verfolgen das Ziel, die Chemie als wesentlichen Teil unseres Alltags (»Supermarktprodukte«), unserer Kulturgeschichte (»... in Schlössern und Klöstern«) sowie der Technik- und Wissenschaftsgeschichte (»Museen«) zu vermitteln.

im Mai 2003 Georg Schwedt

1. Die Farben des Berges mit Feuer und Flamme

Weltkulturerbe Rammelsberg
Museum und Besucherbergwerk,
Bergtal 19, D-38640 Goslar
Tel.: 05321/750-0, www.rammelsberg.de,
E-Mail: info@rammelsberg.de

Besucherbergwerk und Bergbaumuseum

Übertage:
Kulturhistorische Daueraustellung im ehemaligen *Magazingebäude* und *Grubenbahnhof*, Rammelsberger Erdgeschichte (Geologie und Mineralogie) im Gebäude der *Erzaufbereitung*, wechselnde Ausstellungen zur Industriekultur in der *Kraftzentrale*, Museumsveranstaltungen in *Schlosserei* und *Schmiede*.

Untertage (Temperatur im Berg ca. + 12 °C):
Der im 12. Jahrhundert aufgefahrene *Rathstiefste Stollen* (»Abenteuer Mittelalter«) mit farbenprächtigen Mineralen (Vitriole), der *Roeder-Stollen* (200 Jahre alt mit gewaltigen Wasserrädern), Einfahrt mit der *Grubenbahn* (Maschinen der Bergbautechnik), per *Seilfahrt* von unter Tage bis zum höchsten Punkt der Aufbereitungsanlage, Sonderprogramme und thematische Führungen.

Aus der Geschichte des Bergbaus im Rammelsberg

1992 wurde das Erzbergwerk Rammelsberg zusammen mit der Altstadt von Goslar in die Liste des Weltkulturerbes der UNESCO aufgenommen. Neueste Analysen verschiedener Metallfunde aus dem Gräberfeld Müllingen bei Hannover lassen anhand des charakteristischen Blei-Isotopen-Verhältnisses vermuten, dass Rammelsberger Erze schon um 1000 v. Chr. abgebaut und in der vorrömischen Eisenzeit zu bronzenen Schmuckscheiben bzw. Armringen verarbeitet wurden. Archäologische Forschungen haben gezeigt, dass Erze aus dem Rammelsberg im 4. Jahrhundert n. Chr., zum Ende der römischen Kaiserzeit, an einen Ort des westlichen Harzrandes, nach Düna bei Osterode, gelangt sind. Es handelte sich um silberhaltige Bleierze. Erste schriftliche Quellen über den Rammelsberger Bergbau stammen aus dem 10. Jahrhundert: Die Chroniken des Widukind von Corvey (um 925 bis nach 973) und des Thietmar von Merseburg (975–1018) berichten über den Fund von Silberadern (*venas argenti*) im Sachsenland zur Zeit Otto des

»Ungestört ertönt der Berge
»Uralt Zauberwort: Glück auf!«

Abb. 1 Der Bergmann unter Tage – mit dem Gruß *Glückauf* (aus: Friedrich Schödler, Das Buch der Natur, 1846)

Großen (912–973). Im nördlichen Europa waren so genannte Sachsen- oder Otto-Adelheid-Pfennige als Silbermünzen im 10. Jahrhundert weit verbreitet.

Der Sage nach wurde das Erzvorkommen am Rammelsberg, das sogenannte Alte Lager, durch einen Ritter mit dem Namen Ramm im 10. Jahrhundert aufgefunden. Dieser hatte sein Pferd beim Rasten im Wald an einen Baum gebunden, der sich auf einem sogenannten »Ausbiss des Lagers« befand. Das ungeduldige Pferd soll eine Erzstufe freigescharrt haben, die der Ritter Ramm seinem Kaiser Otto übergab. Dieser beauftragte Bergleute mit einer näheren Erkundung. Das Erzlager soll dann zu Ehren des Entdeckers Rammelsberg genannt worden sein.

Bis 1235 waren Bergbau und Metallgewinnung am Rammelsberg königliches Vorrecht. Zunächst konnte man die Erze oberirdisch gewinnen. Bergherren, welche die Berechtigung zum Abbau vom König gegen Abgabe des Zehnten erhielten, brachten den Bergbau zusammen mit den Hüttenherren zu hoher Blüte. Infolge eines Streites zwischen Herzog Heinrich dem Löwen (von Braunschweig) und Kaiser Friedrich I. Barbarossa wurden 1180 die Hütten zerstört. 1235 erhielten die welfischen Herzöge die Berghoheit vom Kaiser Friedrich II., veräußerten sie aber schon bald an die Goslarer Bergherrenfamilien. Im 13. und 14. Jahrhundert führte die gewonnene Macht der Stadt zu einem Erwerb der Rechte und zu einem Ausbau. Um 1360 verzeichnet die Geschichte einen Niedergang und eine Krise in der Kupfergewinnung. Mehr als 100 Jahre ruhte der Bergbau im Rammelsberg, nach 1400 erfolgte eine Wiederbelebung, der eine Blütephase von 1470 bis 1525 folgte. Konflikte zwischen der Stadt Goslar und dem Welfenherzog Heinrich dem Jüngeren (regierte 1514–1568) führten zu einer Übernahme des Bergbaus durch den Fürsten im Jahr 1552. Damit kam das Bergwerk unter die Verwaltung des landesfürstlichen Bergamtes (bis 1635). Mit der Aufteilung des Herzogtums nach dem Tod des Herzogs Friedrich Ulrich der Linie Braunschweig-Wolfenbüttel 1634 entstand die Kommunionverwaltung, eine gemeinschaftliche Verwaltung durch die Linien Wolfenbüttel und Celle-Calenberg (später Hannover) bis 1763. Bis 1810 entwickelte sich ein frühindustrieller Betrieb – 1775 wurde die Bergakademie und heutige Technische Universität Clausthal gegründet. Der Übergang in das Industriezeitalter war durch die Reformen vom Oberbergmeister Johann Christoph Roeder (s. auch weiter unten; nach dem ein Stollen benannt wurde) bestimmt. Neuste Techniken wie die Förderung mit Drahtseilen (ab 1838) und der Einsatz von Förderwagen auf Eisenbahnschienen (1836) wurden eingesetzt. 1859 wurde das Neue Lager entdeckt – ein mächtiges Erzvorkommen mit reichen Blei- und Kupfererzen. 1874 kam der Rammelsberg als Staatsbetrieb unter preußische Herrschaft. Als moderner Industriebetrieb existierte das Erzbergwerk Rammelsberg trotz der 1958 beginnenden Krise bis 1988. Am 30. Juni 1988 wurde der Erzabbau im Rammelsberg von der Preussag AG Metall eingestellt.

Erze aus dem Rammelsberg – zur Geologie und Mineralogie

Das an Metallerzen reiche Lager des Erzbergwerks Rammelsberg befindet sich in einer Mitteldevon-Schicht (Mitteldevon: Erdzeitalter vor 350 Millionen Jahren), im mit etwa 40° nach Südosten einfallenden sogenannten Wissenbacher Schiefer. Hier befanden sich etwa 27 Millionen Tonnen Roherz. Der Rammelsberg war eine der größten Kieslagerstätten der Welt, d.h. eine Lagerstätte sulfidischer Erze. Der durchschnittliche Metallgehalt der beiden genannten Lager wird mit 7 % Blei, 18 % Zink, 12 % Eisen, 1 % Kupfer sowie je Tonne Fördergut 120 g Silber und 1 g Gold angegeben. Außerdem enthalten die Erze geringe Mengen an Antimon, Arsen, Cadmium, Kobalt, Bismut, Zinn, Quecksilber, Nickel, Indium und Thallium. 20 % des Erzes bestehen aus Schwerspat (Bariumsulfat).

Das häufigste Mineral im Rammelsberg ist Markasit FeS_2. Es bildet sich bei Temperaturen zwischen 225 und 250 °C, bei höheren Temperaturen wandelt es sich in Pyrit um. Auch Kupferkies $CuFeS_2$ bildete sich bei diesen relativ niedrigen Temperaturen, welche die Feinkörnigkeit des Rammelsberger Bleiglanzes PbS zur Folge haben. Der Gehalt an den sogenannten Buntmetallen Kupfer, Blei und Zink betrug mehr als 8 Millionen Tonnen. Der Erzabbau begann an der Erdoberfläche des Alten Lagers, am sogenannten Ausbiss, im Tagebau: »Zum einen waren in dem Bereich die erzhaltigen Gesteine durch die Verwitterungseinflüsse aufgelockert und leicht abbaubar. Zum anderen hatte sich dort eine so genannte *Reicherzone* gebildet. Das war folgendermaßen geschehen: Durch die Aufnahme von Luftsauerstoff wandelten sich die Sulfide unedlerer Metalle zwischen der Erdoberfläche und dem Grundwasserspiegel in wasserlösliche Sulfate um und wurden forttransportiert. Ihre Anteile an Silber und Kupfer schlugen sich dabei als gediegene Metalle nieder. Die Sulfide dieser edleren Metalle blieben erhalten. Dadurch stiegen die Gehalte an Kupfer und Silber.« (Doris Kla-

Abb. 2 Anlagen des Erzbergwerkes Rammelsberg /Goslar um 1910 übertage (aus: Die Gartenlaube, Nr. 17 (1910), S. 367)

ßen-Geers in: »Der Rammelsberg«, Band 2, 2001)

Die Hauptmineralien des Rammelsberges sind neben Pyrit und Kupferkies Bleiglanz, Schwerspat, Zinkblende ZnS und Kalkspat $CaCO_3$ als Gangart. Durch stoffliche Umsetzungen sind als weitere Mineralien Vitriole und Kupferrauch entstanden.

»Sie entstanden infolge des Feuersetzens, ein Verfahren, das schon im vorgeschichtlichen Bergbau angewandt wurde. Dazu wurden große Holzfeuer vor den Erzwänden entfacht, um diese durch Hitzeeinwirkung mürbe zu machen und zum Abplatzen zu bringen. Neben den abgeplatzten Erzbrocken blieben Asche, Holzkohlestaub und sulfidhaltige kleinere Erzpartikel zurück. Viele kleine Erzpartikel haben insgesamt eine größere Oberfläche als eine entsprechende Menge Erz in großen Stücken und bieten damit auch chemischen Einflüssen eine entsprechend größere Angriffsfläche.« (D. Klaßen-Geers)

Das feuchtwarme Klima in den Gruben untertage begünstigte die Bildung schwefelsaurer Lösungen aus den Sulfiden von Eisen,

Kupfer, Zink und Mangan. Hierbei wirkten auch Mikroorganismen der Gruppe *Thiobacillus ferrooxidans* mit, die im Rahmen der Erzaufbereitung zur natürlichen Laugung Verwendung finden. Die gesättigten Lösungen der Sulfate sickerten durch Risse und Klüfte in Orte alter bergbaulicher Tätigkeit ein, kristallisierten unter Luftzutritt aus und bildeten an den Stollenwänden große Flächen an Vitriolen. 1563 bis 1568 wirkte der in Annaberg in Sachsen um 1530 geborene Lazarus Ercker (gest. 1594 in Prag) als Münzmeister in Goslar und beschrieb die Rammelsberger Vitriole 1565 in seiner Schrift »Vom Rammelsberg«. Urkundlich erwähnt wurden sie bereits 1353.

Im Rathstiefsten Stollen können heute die bunt schimmernden, prachtvollen Vitriolbildungen im Rahmen einer Führung bewundert werden. Die Stollenwände sind mit weißem Zinkvitriol, Goslarit genannt, mit dem grünen Eisen(II)vitriol Melanterit, dem blauen, manchmal türkisfarben schimmernden Kupfervitriol, dem Chalkanthit, und braunen Krusten aus Eisen-Mangan-Hydroxiden bedeckt. Beim Feuersetzen wurden die wasserhaltigen Vitriole (allgemeine Formel $[Me(H_2O)_4]SO_4 \cdot H_2O$ oder $[Me(H_2O)_6]SO_4 \cdot H_2O$) entwässert. Es bildeten sich harte Krusten von so genanntem *Kupferrauch* (auch Atramentstein genannt). Wird fein zerkleinerter Kupferrauch in Wasser gelöst und eingeengt, so kristallisiert ein grünes Mischvitriol, ein kupfer- und zinkhaltiges Eisenvitriol aus. Zementkupfer wurde schon im 17. Jahrhundert aus Grubenwässern mit Kupfersulfat durch Einbringen von Eisenschrott gewonnen. Von 1901 bis 1930 wurden auf diese Weise etwa 400 Tonnen Kupfer gewonnen. Die Kupfer-Gewinnung wurde Mitte der 1950er Jahre aufgegeben.

Über die Gewinnung der Vitriole

Im Brockhaus (»Bilder-Conversations-Lexikon für das deutsche Volk. Ein Handbuch zur Verbreitung gemeinnütziger Kenntnisse und zur Unterhaltung«) von 1841 ist über *Vitriole* zu lesen:

Man gibt diesen Namen den schwefelsauren Salzen mit metallischen Basen oder in andern Worten, den Verbindungen der Vitriol- oder Schwefelsäure mit verschiedenen Metalloxyden, nach denen sie auch sowie nach der Farbe näher bezeichnet werden. Die Benennung Vitriol soll von der Ähnlichkeit mit dem Glase, lat. vitrum, *hergenommen sein. Ihre Benutzung finden diese Salze in den Färbereien und chemischen Fabriken, bei der Firnissbereitung, in Apotheken u.s.w., und als Handelswaare kommen vorzüglich in Betracht: der* Eisenvitriol, *grüner Vitriol, grünes Kupferwasser, ein schön grünes Salz mit glasglänzendem Bruche und säuerlichem zusammenziehenden Geschmacke. Der Luft ausgesetzt, überzieht er sich durch Aufnahme von Sauerstoff allmälig mit einem gelben Staube, welcher aus schwefelsaurem Eisenoxyd besteht. Bereitet wird der Eisenvitriol aus Schwefel und Eisenkiesen (Erzen), welche geröstet, dann in Haufen der Luft ausgesetzt werden, aus der sie Sauerstoff aufnehmen, der mit dem Schwefel Schwefelsäure, mit dem Eisen Eisenoxydul bildet, welche sich beide zu Vitriol vereinigen. Dieser wird durch Wasser ausgezogen (ausgelaugt), die erhaltene Lauge geklärt und zuletzt eingesotten, bis sie krystallisirt. In Pfannen einer starken Hitze ausgesetzt, zergeht der Eisenvitriol und die Destillation der erhaltenen Flüssigkeit gibt gemeine* Schwefel- *oder* Vitriolsäure; *(...)*

Abb. 3 Ritter Ramm entdeckt das von seinem Pferd aufgescharrte Erz (Federzeichnung von A. Busch 1915 – aus: R. Roseneck (Hrsg.), Der Rammelsberg, Goslar 2001)

Der Chemnitzer Stadtarzt und Bürgermeister Georg Agricola (1494–1555) verfasste die erste systematische Abhandlung über den Bergbau und die Hüttenkunde – mit dem Titel: De re metallica libri XII, erschienen 1556 in lateinischer Sprache, ein Jahr später auch in Frühneuhochdeutsch. Im Libri (Kapitel) 12 berichtete er auch über die Vitriolgewinnung:

»Vitriol kann nach vier Verfahren gewonnen werden; nach zwei Verfahren aus Vitriolwasser, nach einem aus Lösungen, die grauen, schwarzen oder roten Vitriol enthalten, und schließlich nach einem Verfahren aus vitriolhaltigen Erden, Steinen oder gemischten Mineralien. Vitriolwasser wird in Behältern gesammelt; und wenn es von da nicht abgeleitet werden kann, so schöpfen es die Arbeiter mit Eimern heraus und gießen es in warmen Gegenden und im Sommer auf Plätze, die unter freiem Himmel etwas vertieft angelegt sind, oder man bringt das Vitriolwasser mit Hebezeugen aus den Schächten heraus und leitet es durch Rinnen in die Gruben, in denen es durch die Sonnenwärme verdichtet wird.

In kalten Gegenden und im Winter wird Vitriolwasser und süßes Wasser zu gleichen Teilen zuerst in viereckigen Bleipfannen eingekocht und dann nach dem Abkühlen in Kufen oder Tröge gefüllt, die Plinius hölzerne Fischbehälter nennt, an denen oben eine Art Rost oder Gitterwerk befestigt ist. Von ihm hängen Schnüre herab, die durch kleine Steine gespannt werden; an den Schnüren setzt sich die eingedunstete Flüssigkeit an und verdichtet sich zu durchsichtigen Vitriolwürfeln und Beeren, die sich in Form von Trauben ansetzen.«

H. Spier berichtet auch über die »Vitriolgewinnung aus Kupferrauch« (in: Der historische Rammelsberg, Wieda 1988). In der Stadt Goslar wurde aus dem in Holztonnen geförderten Gruben-Kupferrauch (entstanden nach dem Feuersetzen) ein grünes Vitriol gewonnen. Es bestand aus Eisenvitriol (Melanterit) mit einer geringen Menge an Kupfervitriol (Chalkanthit). Spier beschreibt den mehrstufigen Prozess der Gewinnung wie folgt: In zuvor in großen Wasserpfannen aus Blei erhitztem Wasser wurde der zerschlagene Kupferrauch ausgelaugt. Dieser Vorgang konnte nach dem Umfüllen des heißen Wassers auch in hölzernen Wannen stattfinden. Nach 24 Stunden goss man die Lauge zum Absetzen der ungelösten Stoffe in eine Schierbütte und konzentrierte die Lösung bis zur beginnenden Kristallisation danach durch Sieden in einer zweiten Bleipfanne. In Setzfässern, die zum Anlagern der Kristalle mit Rohrstengel (Schilfrohr) versehen waren, beließ man die Vitriollauge 14 Tage. Nach einer Trocknung der Vitriole – der Laugenrest wurde als Mutterlauge zum Teil wieder in den Siedevorgang zurückgeführt – erfolgte der Versand in Transportfässern von bis zu 10 Zentnern Inhalt. 1577 wurden in der städtischen Vitriolhütte um die 5000 Zentner Vitriol jährlich produziert. Für die Gewinnung von 18 Zentner Vitriol (eine Sud) benötigte man ca. 16 Raummeter (8 Malter) Holz. Ein Vitriolmeister und 5 Vitriolknechte waren damals in der Vitriolhütte beschäftigt.

Silber aus dem Rammelsberg

Als Münzmetall begehrt war das Silber, dessen Gehalt jedoch durchschnittlich nur bei 120 g pro Tonne lag. Im oberflächennahen Bereich des Alten Lagers war der Gehalt wahrscheinlich noch deutlich höher. Fahlerze (Kupfererzmineralien wie Cu_3SbS_4 Tetraedrit oder Cu_3AsS_4 Tennanit) sind allgemein Trägermineralien des Silbers. Im Rammelsberg ist Silber mit dem Bleiglanz vergesellschaftet. Aus dem oben genannten Eisenvitriol wurde durch Zusatz von Salpeter (Kaliumnitrat) Salpetersäure gewonnen, Scheidewasser genannt, weil sich darin zwar Silber, aber nicht das Gold auflösen lässt.

Experiment 1 — Versuchsreihe zur Chemie des Silbers (Silber im Scheidewasser – Fällungen und Auflösungen)

Materialien

Silbernitrat-Lösung (2 % in 5 % Salpetersäure), 1 % NaCl-Lösung, 2 % NaI-Lösung, 5 % Na_2S-Lösung in 50%igem Methanol, 10 % Natriumthiosulfat-Lösung, 25 % Ammoniak-Lösung.

(Die relativ hohen Konzentrationen wurden gewählt, um möglichst geringe Volumina an Lösungen (kleine Vorratsflaschen) für die häufiger angebotenen Vorführungen einsetzen zu können.)

Durchführung

Es werden jeweils 10 Tropfen der Silbernitrat-Lösung auf ca. 20–30 ml mit dest. Wasser verdünnt. Anschließend werden je ca. 5 Tropfen der Salzlösungen zugetropft. Mit einem Glasstab wird umgerührt. Zur Fällung von Silberchlorid wird Ammoniak, zur Fällung mit Natriumiodid Thiosulfatlösung bis zur Auflösung der Niederschläge hinzugegeben.

Beobachtungen

In der Reihenfolge der Fällungen – Chlorid, Iodid, Sulfid – entstehen weiße, gelbe und braun-schwarze Niederschläge. Das weiße Silberchlorid löst sich in Ammoniak, das gelbe Silberiodid in Thiosulfat wieder auf.

Erläuterungen

Im ersten Glas wird Silber als Silberchlorid ausgefällt. Schon die ältesten Verfahren zur Trennung von Gold und Silber, vor der Verwendung von Salpetersäure als Scheidewasser, verwendeten ein spezielles Verfahren der so genannten Zementation: »Man erhitzte die Goldsilberlegierung zusammen mit Eisensulfat, Ziegelpulver und Kochsalz, wobei das Silber in Silberchlorid überführt wurde.« (W. Strube: Der historische Weg der Chemie, Köln 1989, S. 31)

Das schwerlösliche Silberchlorid lässt sich nicht in Säuren, jedoch in Ammoniak unter Bildung des Diamminkomplexes auflösen (Versuch im zweiten Glas).

Noch weniger löslich als Silberchlorid ist das gelbliche Silberiodid (Versuch im dritten Glas), das sich durch Zusatz einer Thiosulfat-Lösung auflösen lässt (Anwendung in der Fotografie – Vorgang des »Fixierens«). Es bilden sich Thiosulfatkomplexe des Silbers (Versuch im vierten Glas).

Das schwarze Silbersulfid (Versuch im fünften Glas) entsteht bereits auf reinem Silber bei längerem Kontakt mit Schwefelwasserstoff, z.B. aus der Zersetzung von schwefelhaltigen Eiweißstoffen (Anlaufen von Silberbesteck).

Silbernitrat findet noch heute Verwendung in den medizinischen »Höllenstein-Ätzstiften« (in Apotheken erhältlich).

Die Farben des Berges – Pigmente

Nicht nur die schon beschriebenen Vitriole gehören zum Thema »Farben des Berges«.

Unter dem Titel »Farbenpracht – Pigmente im Rammelsberg« berichtet D. Klaßen-Geers über die zahlreichen Farbenfabriken in der Altstadt von Goslar, die im 19. Jahrhundert »vor allem aus den wasserhaltigen Metallsulfaten, den Vitriolen des Rammelsberges, recht bekannte Farben herstellten.« Genannt werden u.a. Malachit, ein basisches Kupfercarbonat, als Berggrün der Maler, das blaue Kupfervitriol (Chalkanthit), Zinkvitriol (Goslarit) mit Beimengungen von Eisen, Mangan oder Kupfer, wodurch eine braune, rötliche, grüne oder blaue Farbe entsteht, Eisenvitriol mit Beimengungen von Magnesium, Nickel, Zink, Kupfer oder Mangan mit lichtgrünen, blauen bis gelben Färbungen. Als Melanterit kommt das Eisenvitriol-Mineral in der Natur relativ selten vor, es stellt ein Verwitterungsprodukt des Pyrits dar. In den alten Bauen des Rammelsberges und im Rathstiefsten-Stollen kam Melanterit (ockergelb bis rotbraun) sogar in abbauwürdigen Mengen vor. Darüber hinaus wurden eisenhaltige Rückstände aus den Vitriolsiedereien zu einem roten, violettstichigen *Caput mortuum* gebrannt. Als Limonit wurden Eisenoxidhydrate gefördert, als Pigmente nach den Farbtönen gelbbraun, braun, braunschwarz aufbereitet bzw. sortiert und in den Handel gebracht. Ocker als Gemenge aus pulverigen Eisenoxidhydraten und Ton hat im Rammelsberg einen charakteristischen Gelbbraunton mit einem leichten Graustich. Er wurde als Fassadenfarbe verwendet.

Weitere Pigmente aus dem Rammelsberg sind Bleiweiß (Bleicarbonat) und Zinkweiß (Zinkcarbonat). Aus Bleiweiß wurde rote Bleimennige hergestellt und als Rostschutzmittel bis heute eingesetzt. Weißpigmente aus dem Rammelsberg sind auch Gips und vor allem Bariumsulfat (Schwerspat). Mischungen aus Schwerspat und Zinksulfid nennt man Lithopone – sie sind als Deckweiß bekannt.

Abb. 4 Die herzogliche Vitriolhütte in Goslar vor dem Vititor (aus: A. v. Behr, U. Höscher, Die Kunstdenkmäler der Provinz Hannover, II 2/3, Hannover 1901)

Experiment 2 Versuchsreihe zu den Farben der Kupferverbindungen – ausgehend vom Kupfervitriol

Materialien

25%ige Kupfersulfat-Lösung ($CuSO_4 \times 5\ H_2O$), Natriumcarbonat fest, Ammoniumchlorid fest, 5%ige Natriumsulfid-Lösung in 50%igem Methanol, 25% Ammoniak-Lösung, 10%ige Lösung von gelbem Blutlaugensalz – Kaliumhexacyanoferrat(II)

(Zu den hohen Konzentrationen der Lösungen s. Anmerkung zum Experiment 1)

Durchführung

Es werden je 5 Tropfen der Kupfervitriollösung auf ca. 30 ml mit dest. Wasser verdünnt. Dann werden der Reihe nach je 2 Spatellöffel voll Natriumcarbonat bzw. Ammoniumchlorid sowie je 5 Tropfen der Lösungen von Ammoniak, Natriumsulfid und gelbem Blutlaugensalz hinzugetropft.

Beobachtungen

Mit Carbonationen bilden Kupferionen schwerlösliche blau-grüne Niederschläge. Nach dem Zusatz von Ammoniumchlorid färbt sich die Lösung intensiver blau. Sulfidionen verusachen eine schwarze Fällung, der Zusatz von Ammoniak ergibt an der Eintropfstelle zunächst einen bläulichen Niederschlag, der sich bei einem Überschuss mit intensiv blauer Farbe auflöst, und mit dem gelben Blutlaugensalz bildet sich ein brauner Niederschlag.

Erläuterungen

Es handelt sich um klassische, d.h. grundlegende Reaktionen bzw. Verbindungen des Kupfers. Basische Kupfercarbonate sind schwerlöslich und je nach Zusammensetzung blau bis blaugrün gefärbt. Bei einem Überschuss an Natriumcarbonat bilden sich teilweise lösliche Cuprate wie $[Cu(OH)_4]^{2-}$. In saurer Lösung entsteht mit Sulfidionen ein Gemisch aus CuS und Cu_2S. Der Zusatz von Ammoniak verursacht zunächst die Fällung von $Cu(OH)_2$, das sich im Überschuss von Ammoniak zum tiefblauen Tetramminkomplex $[Cu(NH_3)_4]^{2+}$ auflöst. Mit dem Hexacyanoferrat(II)-Ionen fällt das auch in verdünnten Säuren schwerlösliche $Cu_2[Fe(CN)_6]$ aus, das sich in Ammoniak (s.o.) wieder auflösen lässt.

Experiment 3 Zementierung von Kupfer mit Eisen

Materialien

»blanker« Eisennagel, 25%ige Kupfervitriol-Lösung (s. Experiment 2)

Durchführung

Der Eisennagel wird bis zur Hälfte in die Kupfervitriol-Lösung gestellt und nach wenigen Minuten aus der Lösung wieder herausgenommen.

Beobachtungen

In der unteren Hälfte des Eisennagels hat sich eine rotbraune Schicht aus Kupfer gebildet.

Erläuterungen

Aufgrund der Stellung des Kupfers in der elektrochemischen Spannungsreihe der Metalle geht Eisen in Form von Eisen(II)ionen in Lösung, Kupferionen werden dafür als Kupfer auf dem Eisennagel niedergeschlagen.

Zur »Ausbildung und Gewinnung von Zementkupfer im Rammelsberg« ist in der »Beschreibung der vorzüglichsten Bergwerke« von F. L. Cancrinus (in Frankfurt am Main 1767 erschienen) zu lesen:

Das in dem Rammelsberg befindliche Wasser, das ich als ein flüssiges Mineral betrachte, ist von einer besonderen Eigenschaft. Es hat einen zusammen ziehenden Geschmack, und ist sehr vitrilisch (d.h. schwefelsäurehaltig; G.S.). *Es bewahret das in die Gruben gebrachte Holz vor der Fäulnis. Das Merkwürdigste bei ihm ist dieses: Daß das Eisen, über welches es fließet, zu Kupfer wird, ohnerachtet es so hell ist, dass man gar keine feste Teilchen in ihm wahrnehmen, oder vermuthen kann. Es hat diese Begebenheit keine wirkliche Verwandlung des einen Metalles in das andere zum Grund, wie einige davon halten, die weniger auf die Natur aufmerksam gewesen sind. Die Vitriolsäure löset nur das Eisen auf, und indem sie dieses zernaget, und in die Zwischenräume desselben eindringet, und dadurch die in den vitrilischen Wässern befindliche Kupferteilchen, die sich niederschlagen, gefället werden: So sezzen sich dieselbe in die Oerter der aufgelösten Eisenteilchen an, wodurch dann nach und nach ein solches Stük Kupfer erzeugt wird, wie das Eisen beschaffen gewesen ist, das in dieses Wasser gelegt worden. Daß dieses die richtige Erklärung von dem zu Eisen werdenden Kupfer sei, das siehet man daraus gar deutlich, weiln in dem Innern eines in Kupfer verwandelten Eisens noch Eisen ist, wann dasselbe zu frühzeitig aus dem Wasser genommen wird. Man weis sich diese seltsame Wirkung der Natur an dem Rammelsberg gar zu artig zu Nuz zu machen. Man leget in die Stollen, wodurch dieses Wasser flieset, altes Eisen, damit man ihm die Kupferteilchen abnehmen möge. Nach dem Verlauf dreier Jahre wird dieses Eisen wieder heraus genommen, da man dann bei 36 Centner gediegen Kupfer vor das in Wasser gelegte Eisen bekomt. Auch die in dem Rammelsberg herunter tröpfelnde vitrilische Wasser machen das unter*

Abb. 5 Zur Vitriolgewinnung in einer Vitriolhütte (aus: G. Agricola, Vom Berg- und Hüttenwesen, Basel 1556); oben: Heißwasserpfanne, Lösungswanne und Absetzbütten; unten: Siedepfanne und Holzbehälter mit Kristallisationsruten

sie gelegte Eisen zu Kupfer, und darum wird unter sie altes Eisen geleget, damit man das in ihnen befindliche Kupfer erhalten möge. Die in diesen Oertern befindliche Stükker Eisen werden aber viel eher zu Kupfer, als das, was man in die Stollen leget. Sie bleiben mehrenteils ganz, und haben eine schöne rothe Farbe, die man da am mehresten gewahr wird, wo die Tropfen auffallen. Dasienige Cementkupfer, welches sich an das Eisen ansezzet, und noch nicht fest ist, wird abgeschrappet, und Kupferschlieg genennet. Bei alle diesem muß man die Vorsicht gebrauchen, dass man das Eisen, ehe man es in die Cementirung brind(g)et, erst glüet, und wieder in sich erkalten lässet, damit die Zwischenräume desselben erweitert, und den vitrilischen Wassern ein besserer Eingang in dasselbe verstattet werden möge. Bei der Tröpfung merket man dieses, als etwas besonderes an: Daß sie bei nasser Witterung viel stärker und besser ist, als wie bei trokkener. Wer ein wenig nachdenket, der wird auch die Ursache darinnen sezzen, dass ein größerer Teil vitrilischer Wasser mehr Kupfer auflösen und in seinen Zwischenräumen beherbergen könne, als ein kleinerer. Das Seltsamste bei alle diesem ist übrigens dieses: Daß man außer dem, wann kein Eisen in die Gruben gelegt wird, kein gediegen Kupfer in diesem Gebirg findet.

Der Mathematiker, Logiker und Naturforscher Joachim Jungius (1587–1657) beschäftige sich ebenfalls in vielen Experimenten mit ähnlichen Erscheinungen und schrieb darüber u.a.:

Es irren diejenigen, die der Meinung sind, Eisen in Vitriollösung gelegt, werde in Kupfer verwandelt. Wahr ist allerdings, dass eiserne Stäbchen in Wasser, die blauen Vitriol reichlich enthalten, so mit Kupfer gewissermaßen bekleidet werden, dass das Eisen aus denselben wie aus einer Scheide herausgezogen werden kann.

Jungius prägte bereits im 17. Jahrhundert den Begriff *Reduktion*. Er nahm an, dass *die Atome des Kupfers an die Stelle der Eisenatome* treten.

Der berühmte Chemiker Justus von Liebig (1803–1873) erwähnte in seiner Experimentalvorlesung in Gießen den Vorgang der Zementierung im Zusammenhang mit Goslar, wie einer Vorlesungs-Mitschrift des Liebig-Schülers und später ebenfalls bedeutenden Chemikers August Kekulé (1829–1896, Entdecker der Benzolformel und Professor in Bonn) zu entnehmen ist:

»Ein sehr empfindliches Reagens auf Cu ist metallisches Eisen; taucht man einen Stab von Fe in eine Kupfersalzlösung so überzieht er sich mit metallischem Kupfer in Gestalt von rothem Pulver. Auf diese Weise gewinnt man in Goslar in den Bergwerken eine nicht geringe Mange Cu als s.g. Cementkupfer, man lässt nämlich das Grubenwasser, das Cu in Lösung enthält, über altes Eisen laufen, das sich nach und nach mit einer dicken Schicht metallischen Kupfers überzieht.«

Experiment 4 Versuchsreihe zu den Farben der Eisenverbindungen – vom Eisenvitriol ausgehend

Materialien

Eisenvitriol $FeSO_4 \times 7\ H_2O$ fest, 10%ige Eisen(III)sulfatlösung, 10%ige Kaliumhexacyanoferratlösung (gelbes Blutlaugensalz, s. Experiment 3), 10%ige NaOH, 5%ige Natriumsulfidlösung in 50%igem Methanol, 1%ige Lösung der Gallussäure ($C_7H_6O_5 \times H_2O$)

Durchführung

Jeweils einige Kristalle des Eisen(II)sulfats bzw. einige Tropfen der Eisen(III)sulfatlösung werden mit wenig Wasser und dann mit den folgenden Reagenzien versetzt:

1. Kaliumhexacyanoferrat, 2. Natronlauge, 3. Natriumsulfid, 4. Gallussäure

Beobachtungen

Beim Eisen(II)sulfat treten zunächst nahezu weiße Fällungen (1. und 2.), eine schwarzgrüne Fällung (3.) bzw. eine schwache Violettfärbung auf (4.). Die Farben von 1. und 2. verändern sich unter dem Einfluss des Luftsauerstoffs nach blau (1.) bzw. über grün, schwarz nach braunrot (2.) und dunkler violett (4.). Mit dem Eisen(III)sulfat erhält man sofort eine intensive blaue Färbung/Fällung (1.), eine rotbraune Fällung (2.), einen schwarzen Niederschlag (3.) und eine fast schwarze Färbung (4.).

Erläuterungen

Es entstehen folgende Verbindungen: Aus dem Eisen(II)sulfat (-vitriol) das $Fe_2[Fe(CN)_6]$ (1.), das $Fe(OH)_2$ Eisen(II)-hydroxid (2.), FeS (3.), letztere nicht in saurer Lösung. Gallussäure bildet nur mit Eisen(III)ionen einen intensiv gefärbten Komplex. Aus dem Eisen(III)sulfat entstehen das Berliner Blau $Fe_4[Fe(CN)_6]_3$, (1.), $Fe_2O_3 \times H_2O$ Eisen(III)oxidhydrat (2.), Fe_2S_3 (3.) und der Komplex mit Gallussäure (3,4,5-Trihydroxybenzoesäure).

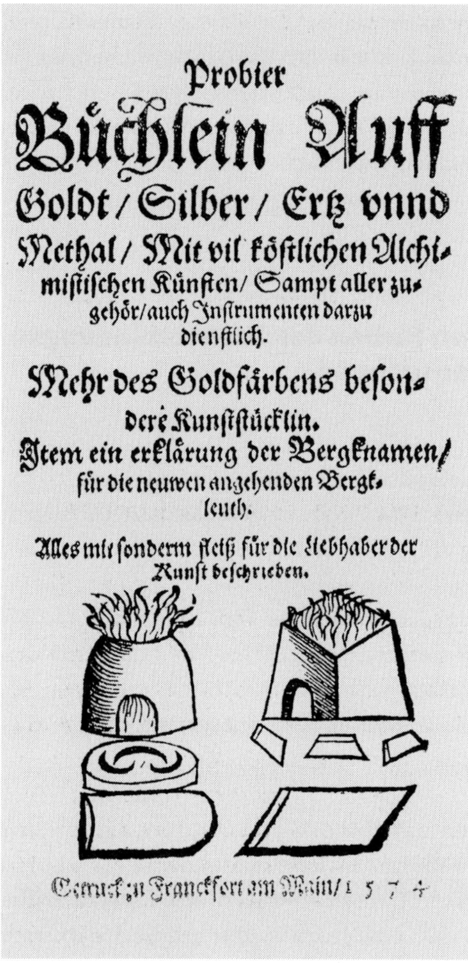
Probier
Büchlein Auff
Goldt/Silber/Ertz vnnd
Methal/ Mit vil köstlichen Alchimistischen Künsten/ Sampt aller zugehör/auch Instrumenten darzu dienstlich.
Mehr des Goldfärbens besondere Kunststücklin.
Item ein erklärung der Bergknamen/ für die neuwen angehenden Bergkleuth.
Alles mit sondern fleiß für die Liebhaber der Kunst beschrieben.
Getruckt zu Franckfort am Main/ 1 5 7 4

Abb. 6 Kunstbüchlein von 1574 – von Erzarbeit, in und außerhalb des Feuers (aus: G. Schwedt, Chemie zwischen Magie und Wissenschaft, Weinheim 1991)

Über die Verwendungsmöglichkeiten der Vitriole berichtet H. Spier unter anderem, dass Eisenvitriol als Schusterschwärze zum Einfärben des Leders und unter Zugabe von Galläpfelextrakt als Grundstoff der Tintenherstellung gedient habe. Als der letzteren Nutzung leitet sich die Bezeichnung Atramentstein für wasserfreies Vitriol ab (atramentum, lat. = Tinte). Aus einem Gemisch von Eisenvitriol und Salpeter wurde Scheidewasser, d.h. Salpetersäure hergestellt. Später destillierte man aus dem Vitriol des Eisens auch rauchende Schwefelsäure, Vitriolöl genannt. Vitriolölbrennereien gab es in Goslar und in Nordhausen am Harz. Zu Beginn des 15. Jahrhunderts lag das Vitriolsieden noch in Privathand, zwischen 1460 bis 1468 begann der Rat der Stadt Goslar eine eigene Vitriolbereitung, die von 1520 bis 1540 eine erhebliche Steigerung der Produktion erreichte. Die Rats-Vitriolhütte lag auf einem Gelände zwischen Hohem Weg und Abzucht. Mit dem *Riechenberger Vertrag* von 1552 endete der langjährige Streit zwischen dem Braunschweiger Herzog Heinrich und der Stadt zu Ungunsten von Goslar. Über die Verwendung des Kupferrauchs jedoch erhielt die Stadt 1553 freies Verfügungsrecht, so dass damit die Vitriolgewinnung weiter betrieben werden konnte.

Experiment 5 Umwandlung von Bleiweiß in Mennige

Materialien Bleicarbonat (giftig), Reagenzglas, Reagenzglashalter, Spirituslampe

Durchführung Der Boden des Reagenzglases wird mit wenig Bleicarbonat bedeckt und in der Spirituslampe erhitzt.

Beobachtungen

Die weiße Farbe des Bleicarbonates wandelt sich langsam über gelb bis gelborange/rot um.

Erläuterungen

Beim Erhitzen wandelt sich das Bleicarbonat unter Abgabe von Kohlenstoffdioxid zunächst in Blei(II)oxid um:

$$PbCO_3 \rightarrow PbO + CO_2$$

Infolge der Aufnahme von Luftsauerstoff entsteht aus dem gelben PbO langsam aus einem Gemisch von PbO und PbO_2 (2:1) die rote Mennige $Pb_3O_4 - 2\,PbO \cdot PbO_2$.

Experiment 6 Versuchsreihe zur Bildung von »Metallbäumen«

»Metallische Vegetationen« oder »Metallbäume« – unter diesen Stichworten sind in zahlreichen Experimentierbüchern des 18. und 19. Jahrhunderts Anleitungen zu finden, in den aus Metallsalzlösungen auf Grund der elektrochemischen Spannungsreihe an unedleren Metallen kristalline Abscheidungen der edleren Metalle erzeugt wurden, die wir heute als Fraktal-Strukturen bezeichnen. 1975 wurde von Benoit B. Mandelbrot dic Fraktalgeometrie eingeführt. Sie beschäftigt sich im Unterschied zur euklidischen Geometrie nicht mit einfachen Formen wie Gerade, Kreis, Würfel u.a. sondern mit komplexen Gebilden und Erscheinungen, als *Fraktale* bezeichnet, wie sie auch in der Natur vorkommen, wie das Adernetz der Lunge, Oberflächen von Gebirgen u.ä. Gebilden. (B. B. Mandelbrot, Die fraktale Geometrie der Natur, 1991)

In einem »Lehrbuch für den Unterricht für die Chemie« von R. Waeber, erschienen in Leipzig 1892, ist zu lesen:

»Eine Glasplatte legt man wagerecht auf eine dunkle Unterlage und gießt einige Tropfen Höllensteinlösung auf das Glas. In die Mitte der Flüssigkeit legt man dann ein Stückchen blankes Zinkblech. Es wird sich metallisches Silber dendritenförmig an das Zink ansetzen und eine baumartige Zeichnung geben, die den Namen *Arbor Dianae* oder *Silberbaum* führt.«

Die Alchemisten des 15. und 16. Jahrhunderts haben sich intensiv mit diesen Metallvegetationen (»Baumversuchen«) beschäftigt – so auch der zeitweilige Hofalchemist der deutschen Kaiser Rudolf II.

und Ferdinand II. Michael Sendivogius (1566–1636). Sein Traktat »Tripus Chymicus Sendivogius« – 1613 in Straßburg in deutscher Sprache erschienen als »Dreifaches chemisches Kleinod, das ist: Zwölf Tractelein von dem Philosophischen Stein der alten Weisen« – benutzt astronomische Begriffe, die sich jedoch chemisch deuten lassen: Der Inhalt verrät uns, das Luna (Mond) für Silber aus einer Silbersalzlösung von Saturnus (Blei) verdrängt, Mercurius (Quecksilber) vom Jupiter (Zinn), Venus (Kupfer) vom Eisen (Mars) und Sol (Sonne) für Gold durch alle genannten Metalle aus seiner Lösung ausgeschieden wird. Damit hat dieser Alchemist schon im 17. Jahrhundert eine *Spannungsreihe der Metalle* formuliert. Er bezeichnete jedoch die Reduktion eines Metalls aus seiner Salzlösung als *Transmutation.* 1604 behauptete Sendivogius in Prag, ihm sei die Umwandlung eines Metalls in Gold gelungen. Ein Zeitgenosse, Angelus Sala (1576–1637; Arzt und Alchemist) untersuchte ebenfalls die Ausfällung von Metallen aus Salzlösungen und schrieb 1617 das Buch »Anatomia vitrioli«. Er glaubte jedoch im Unterschied zu Sendivogius nicht an den »Stein der Weisen« und unternahm auch keine betrügerischen Transmutationsversuche. Zur Lösung von Gold in Königswasser (aus Salpeter- und Salzsäure) schrieb er: Gold sei *»in unsichtbaren atomis darunter verborgen, subsistiere* (im Sinne von: darin bestehen; G.S.) *wie etwa ein Saltz im Wasser, so darinne vergange; und gleich wie das Saltz auß dem Wasser in seinen vorigen standt kan gebracht werden, als kan man auch Golt von dem bemeldeten Liquore absondern, und in seine vorige metallische form wiederumb geben.«*

Materialien

Dünne Streifen von Zink, Blei, Kupfer und Magnesium, 2%ige Silbernitratlösung, 5%ige Kupfersulfatlösung, 10%ige Zinksulfatlösung, 5%ige Bleiacetatlösung, Spiritus, Petrischalen

Durchführung

Silberbaum: Ein dünner Kupferblechstreifen wird in die Silbernitratlösung gelegt.
Kupferbaum: Ein kleiner Bleistreifen wird in die 5%ige Kupfersulfatlösung gelegt.
Bleibaum: Zu einem sorgfältig gereinigten (von einer Oxidschicht befreitem) Zinkblechstreifen wird eine 5%ige Bleiacetatlösung getropft. Ein Bleibaum kann auch durch Hineinstellen einer Zinkstange in die Bleiacetatlösung erhalten werden.
Zinkbaum: Zu einem Stück Magnesiumband wird tropfenweise Zinksulfat hinzugefügt und die doppelte Tropfenzahl an Alkohol (Spiri-

tus), um zu vermeiden, dass die entstehenden sehr kleinen Zinkkristalle von den sich bildenden Wasserstoffblase hinweg geschwemmt werden.

Beobachtungen

In allen Fällen bilden sich entweder sofort oder nach wenigen Minuten kleinere bis große Nadeln (Kristalle) der Metalle aus den Salzlösungen. Beim Silberbaum färbt sich die Lösung langsam blaugrün.

Erläuterungen

Die beobachteten Reaktionen entsprechen den Stellungen der Metalle in der elektrochemischen Spannungsreihe der Elemente. Es gelten die allgemeinen Gleichungen:

$$Me^{2+}_{edel} + 2\ e^{-} \rightarrow Me \text{ und } Me_{unedel} \rightarrow Me^{2+} + 2\ e^{-}$$

Anregungen zu weiteren Untersuchungen – nach Römpp/Raaf: Chemische Experimente die gelingen, 18. Aufl., 143.–152. Tausend, Stuttgart 1976:

Feine Späne von Magnesium, Zink, Zinn, Bei und Kupfer werden in Lösungen von Mangansulfat, Zinksulfat, Eisen(II)sulfat, Kupfersulfat, Nickelnitrat, Bleiacetat und Silbernitrat gebracht. »Beobachte genau, welche Metalle mit welchen Lösungen reagieren und vergleiche das Tempo der Reaktionen. Als Ergebnis dieses Serienversuchs kann man die Metalle, entsprechend ihrem mehr oder weniger edlen Verhalten, in einer Reihe ordnen.«

Experiment 7 Versuchsreihe zu silicatischen Metallvegetationen

Silikate gehören in der Lagerstättenkunde zu den nichtmetallischen Begleitmineralen der Erzlagerstätten. Die Metallsalze sind Produkte einer Umwandlung (Zersetzung) sulfidischer Erze.

In seinem Roman »Doktor Faustus. Das Leben des deutschen Tonsetzers Adrian Leverkühn erzählt von einem Freunde« lässt Thomas Mann den Vater der Titelfigur Experimente mit »Kieselsaft« (Wasserglas) und Metallsalzen vorführen mit:

»... gewissen unglaublichen und geisterhaften Naturerzeugnissen, die dem Vater in sonderbarster Kultur zu züchten gelungen war ... Ich werde den Anblick niemals vergessen.

Abb. 7 Feuersetzen im Rammelsberg – für Besucher mit Führung durch einen Bergmann (Rosenbaum-Lithographie) aus: C. Koch, Der Rammelsberg, Goslar 1837

Das Kristallisationsgefäß, in dem er sich darbot, war zu drei Vierteln mit leicht schleimigem Wasser, nämlich verdünntem Wasserglas gefüllt, und aus sandigem Grunde strebte darin eine groteske kleine Landschaft verschieden gefärbter Gewächse empor, eine konfuse Vegetation blauer, grüner und brauner Spießereien, die an Algen, Pilze, festsitzende Polypen, auch an Moose, dann an Muscheln, Fruchtkolben, Bäumchen, da und dort geradezu an Gliedmaßen erinnerten – das Merkwürdigste, was mir je vor Augen gekommen; merkwürdig nicht so sehr um seines allerdings sehr wunderlichen und verwirrenden Ansehens willen, als wegen seiner tief melancholischen Natur. Denn wenn Vater Leverkühn uns fragte, was wir davon hielten, und wir ihm zaghaft antworteten, es möchten Pflanzen sein, – »nein«, erwiderte er, »es sind keine, sie tun nur so. Aber achtet sie darum nicht geringer! Eben dass sie so tun und sich aufs beste darum bemühen, ist jeglicher Achtung würdig.«

Es stellte sich heraus, dass diese Gewächse durchaus unorganischen Ursprungs waren, mit Hilfe von Stoffen zustande gekommen, die aus der Apotheke ›Zu den Seligen Boten‹ stammten. Den Sand am Boden des Gefäßes hatte Jonathan, bevor er die Wasserglaslösung nachgoß, mit verschiedenen Kristallen, es waren, wenn ich nicht irre, solche von chromsaurem Kali und Kupfersulfat, bestreut, und aus dieser Saat hatte sich als Werk eines physikalischen Vorgangs, den man als ›osmotischen Druck‹ bezeichnet, die bemitleidenswerte Zucht entwickelt, für die ihr Betreuer unsere Sympathie sogleich noch dringlicher in Anspruch nahm. Er zeigte uns nämlich, dass diese kummervollen Imitatoren des Lebens lichtbegierig, ›heliotropisch‹ waren, wie die Wissenschaft vom Leben es nennt. Er setzte für uns das Aquarium dem Sonnenlicht aus, indem er drei seiner Seiten gegen dasselbe zu verschatten wusste, und siehe, nach derjenigen Scheibe des Glasgefäßes, durch die das Licht fiel, neigte sich binnen kurzem die ganze fragwürdige Sippschaft, Pilze, phallische Polypenstengel, Bäumchen und Algengräser nebst halbgeformten Gliedmaßen, und zwar mit so sehnsüchtigem Drängen nach Wärme und Freude, dass sie sich förmlich an die Scheibe klammerten und daran festklebten.

»Und dabei sind sie tot«, sagte Jonathan und bekam Tränen in die Augen, während Adrian, wie ich wohl sah, von unterdrücktem Lachen geschüttelt wurde.

Für mein Teil muß ich anheim stellen, ob dergleichen zum Lachen oder zum Weinen ist. Das eine nur sage ich: Gespenstereien wie diese sind ausschließlich Sache der Natur, und zwar besonders der vom Menschen mutwillig versuchten Natur. Im würdigen Reiche der Humaniora ist man sicher vor solchem Spuk.«

Das Experiment mit Wasserglas und Metallsalzen wurde Ende des 18. Jahrhunderts entwickelt und in dem vom Apotheker Johann Friedrich Wiegleb (1732–1800) verfassten Werk »Die natürliche Magie aus allerhand belustigenden und nützlichen Kunststücken bestehend erstlich zusammengetragen von Johann Christian Wiegleb, Berlin und Stettin 1790« wie folgt beschrieben:

»Der Marsbaum.

Neue Erfindung den Marsbaum Schuß für Schuß aufwachsen zu sehen.

Es ist dieses das schönste Phänomen in der chymischen Vegetation, so ich bisher mit Augen gesehen; oder wenn ich mich besser erklären soll, so ist dieses eine wirkliche Schöpfung, in welcher man das Eisen zu hohlen cylindrischen Röhren und Stängeln von unten in die Höhe herauf wachsen sieht, und jeden Schuß mit den Augen verfolgen kann. Es laufen sogar seitwärts horizontale Äste und Wurzeln heraus; kurz, man sieht die Ruthenspitze heraufsteigen, oder Blüthen treiben, und das Triebwerk dauert einige Tage fort, sonderlichen, wenn man in dem darüberstehenden Wasser mit einem Hölzchen Bewegung macht.

Es gehört dazu das Wasser aus dem Glase gemacht. Man mischt nämlich 1 Unze zerstoßenes Glas unter 4 Unzen reine Pottasche oder kaustisches Alkali. Damit fülle man einen Schmelztiegel halb an, um denselben in einem gutziehenden Windofen zum Schmelzen zu bringen. Die Materie blähet sich solange auf, bis das Alkali die Erde auflöst, und zu einem mit Alkali übersetzten Glase gemacht hat. Nachdem das Aufblähen vergangen, und alles Wasser geflossen, so schütte man die Glasmaterie auf eine eiserne oder kupferne Platte aus, da sie sich den in destillirtem oder jedem kalten Wasser auflöset.

Von diesem Glaswasser [= Wasserglas; G.S.] gieße man, so viel man will, in ein helles Apothekerglas, oder ein solches, welches einen flachen Boden hat, verdünne es mit 1 oder 2 Theilen destillirtem Wasser, und nun werfe man ein kleines Stückchen in Salzsäure, das ist, in Spiritu Salis aufgelöstes und abgerauchtes fast trockenes Eisen, oder den Rückstand von der Sublimation der Salmiaksblumen in das Glaswasser, so wird man die Korallengewächse schußweise wachsen sehen. Die physische Ursache davon ist die Effervescenz des Alkali und Eisens; die sich davon entwickelnden Luftblasen drängen sich, wie Racketen durch die eiserne Röre hinauf, ohne sich von den Stängeln loszureissen, so lange wächst die chymische Eisenstaude merklich fort.

Das Eisen wird in Spiritu Salis aufgelöst, dann lässt man den Spirits bis auf die Trockene wieder davon abrauchen, so bleibt eine rothe feurige Masse zurück, welche man in Stückchen zerbricht, und Bohnen- oder Erbsengroß in obiges Glaswasser legt, so wächst in wenigen Stunden ein dunkelbrauner Baum daraus. So gibt ein jegliches Metall ein Gewächs nach seiner Art; als Gold lichtgelb, Silber blau, Kupfer grün, Zinn und Bley weiß. Das Gold wird dazu in Königswasser aufgelöst, und, wie beym Eisen gesagt, damit verfahren; die andern Metalle aber in Scheidewasser besagter Massen verkalkt, und stückchenweise in beschriebenen Liquor eingelegt. Dieses Geheimniß ist nach den Wirkungen, die es hervorbringt, wichtiger, als man glaubt, und ein Naturforscher wird daraus sowohl den Stoff und das

Wachsthum der Metalle ersehen, als auch manchen besondern und erheblichen Nutzen ziehen können. Man thut gut, wenn man Glaswasser, worin das Metall liegt, unbedeckt an die Luft setzt. Es ist eine schöne Speculation, und sie ist des Nachdenkens werth.«

Materialien

Wasserglas, hohe Schnappdeckelgläser, Metallsalze (Chloride, Nitrate, Sulfate) von Eisen(II)/(III), Nickel, Mangan, Kupfer; Plastikpipette

Durchführung

Die Schnappdeckelgläser werden bis zur halben Höhe mit 1:1 (V/V) mit Wasser verdünntem Wasserglas gefüllt. Dann wirft man mit Hilfe eines Spatellöffels jeweils einige Kristalle der genannten Metallsalze so in das Glas, das sie möglichst auf den Boden des Gefäßes gelangen.

Auch kann man zunächst einige Kristalle in das Glas geben und dann die verdünnte Wasserglaslösung vorsichtig darüber gießen (mit Hilfe einer Plastikpipette).

Beobachtungen

Schon nach wenigen Minuten »wachsen« dünne oder dicke, oft verzweigte oder eingeschnürte »Äste« unterschiedlicher Farben in die Höhe – braun beim Eisen (»Marsbaum« genannt), grün beim Kupfer und Nickel, gelbbraun beim Mangan.

Erläuterungen

Im Wasserglas bilden sich schwer lösliche Metallsilikate, die auf den Kristallen kleine Häutchen bilden. Diese Membranen sind nur für Wasser durchlässig (semipermeabel), das in den Zwischenraum zwischen Kristalloberfläche und der Membran der Metallsilikate diffundiert. Dort löst das Wasser erneut einen Teil der Metallsalze auf. Diese konzentrierte Salzlösung in unmittelbarer Umgebung des Kristalls hat das Bestreben sich zu verdünnen und zieht daher noch mehr Wasser an. Dadurch steigt der Druck auf die Membran (osmotischer Druck), diese platzt schließlich auf – und nach einigen Stunden sind diese sich wiederholenden Vorgänge beendet: die Metallsilikate erstarren, es hat sich eine »silikatische Vegetation« gebildet.

... mit Feuer und Flamme

Von Wernigerode aus kam Goethe am 4. Dezember 1777 nach Goslar, in die alte Kaiserstadt, wo er im damaligen Gasthaus Scheffler in der Worthstraße 2 (Zum Römischen Kaiser) unmittelbar am historischen Marktplatz wohnte. Am folgenden Tag regnete es unentwegt; daher begab er sich *Früh in* (den) *Ram-*

Stadtbücherei Erlangen

melsberg; den ganzen Berg bis ins Tiefste befahren.

Wenige Jahre zuvor hatte der Oberbergmeister Johann Christoph Roeder (1730–1810) dort mit seinen Arbeiten zur Modernisierung des Erzbergwerkes begonnen. Seine neu geschaffenen Förder- und Wasserhaltungsanlagen sind heute im Roeder-Stollen zu besichtigen. Auch damals schon konnten Privatleute – denn als Maler Weber aus Darmstadt reiste Goethe durch den Harz – die Gruben besuchen.

Sechzig Jahre nach Goethes Einfahrt in den Rammelsberg veröffentliche C. Koch (1837) eine Beschreibung des *Feuersetzens* im Rammelsberg – in Auszügen zitiert nach der Zusammenfassung von H. Spier:

»Das ungewöhnlich feste Rammelsberger Erz ist seit alters her durch Feuersetzen abgebaut worden. Um die notwendig große Hitze zu erreichen, muß das untertägige Feuer mit heller Flamme schnell um sich greifen, was durch lockere, nicht zu hohe Anordnung des Feuerholzes erreicht wird.

Das Anzünden wird bei Agricola (1556) durch Anspänen der Rundhölzer begünstigt. Im Rammelsberg verwendet man hierfür klein gespaltenes Brandholz. An hangenden Erzpartien wird das Feuer aus senkrecht gestellten Stämmen errichtet. (...)

Das erhitzte Erz dehnt sich aus und platzt in Schalen ab, die entweder noch während des Brennens herunterfallen oder anschließend mit Eisenstangen oder Keilen gelöst werden. Mit zwei Raummetern Holz können zwischen 3 und 6 t Erz abgebaut werden. (...)

Da die Brände im Rammelsberg größtenteils nach oben wirken, nimmt die Höhe der Abbaukammern schnell zu. Um den Abstand vom Feuer zum Erz konstant zu halten, muß die Sohle mit taubem Schiefergestein aufgefüllt werden. Die mit Asche und Holzkohle vermischten kleineren Erzstücke verbleiben bis 1762 als so genannter Brandstaub in den Gruben, wo sie sich mehrfach unkontrolliert entzünden. Erst in den folgenden Jahren werden sie über den Brandstaubschuppen zutage geschafft und in der Brandstaubwäsche gereinigt.

Die überwiegend am Sonnabend angezündeten Feuer brennen zwischen 30 und 45 Minuten. Für den Rauchabzug sorgt dabei ein besonderes System aus Wettertüren, Wetterstrecken und Wetterschächten, das in der Regel Montag früh bei Schichtbeginn den Bergleuten eine atembare Luft garantiert.«

Es gibt im »Nachgelassenen« einen Hinweis, dass Goethe wirklich etwas vom Feuersetzen gesehen hat. (aus: G. Schwedt, Goethe als Chemiker, Springer-Verlag, Berlin/Heidelberg 1998) Auf einem Notizblatt von seiner 3. Harzreise 1784 sind folgende Worte zur Charakterisierung dieser Bergbautechnik zu finden: *Schwarze Höhle Erleuchteter K*(amin) *Flammen Geprassel Rauch, Zug, Glut Funcken sprühen, knall. Dumpfes Getöse der Springenden Felsen Zusammenstürzende Flammen Getös. Hitze Vitriolzapfen.* Ob Goethe erst 1784 oder schon 1777 das Feuersetzen kennen gelernt hat, ist nicht sicher zu beantworten. (G. Schwedt: Goethe-Orte des Harzes, Clausthal-Zellerfeld 1999)

Der Schriftsteller Wilhelm Blumenhagen (1781–1839) schildert sehr anschaulich seine Eindrücke über das Feuersetzen im Rammelsberg in seinem Buch »Wanderung durch den Harz« (dritte Nachdruckauflage, Leipzig 1838) wie folgt:

»Wohin sollten wir aber unsere Schritte zuerst richten als zu einem der interessantesten Plätze des harzischen Bergbaues, zu dem *Rammelsberge*, bei ältern Schriftstellern auch Rammesberg genannt. (...) Der Rammelsberg liefert eine Probekarte der Reichthümer des ganzen Harzes, vom Mantel des trübschimmernden Bleis verdeckt, so das blendende Silber wie das königliche Gold, das gelbe Kupfer neben dem brennlichen Schwefel, den braunknospenden Zink, Vitriol, Oker und giftigen Arsenik, das Alles bricht neben einander, und nicht leicht möchte irgend ein Berg von so geringem Umfange, eine solche Mannichfaltigkeit von Naturschätzen umschliessen; aber auch die Gewinnung derselben hat ihr Eigenthümliches. Nicht mit Stein und Schlägel raubt man hier dem Berggeiste sein Erbgut, sondern mit dem zerstörendsten Elemente, mit dem Feuer verbündet sich der Mensch und zwingt es, seiner Habsucht dienstbar zu werden. Sind wir in die Tiefe gefahren, im Stollen fortgewandert, so empfangen uns unerwartet weite Gewölbe, von Mauerwerk unterstützt, deren finstere Wände das ungewohnte Auge nicht auszumessen vermag, und in deren Schluchten die Arbeiten mit ihrem Lämpchen wie Zwerge anzusehen sind. Mächtige Scheiterhaufen sind errichtet bis zur Decke der Klüfte hinan; der Feuerwächter legt seinen Kienspahn hinein, und schnell zackt die Flamme auf, schiesst in hundert lebenden Feuerzungen gegen das Gestein und beleuchtet bald den ganzen Raum auf eine wahrhaft grausenvolle Weise. Da steht man wie in einer unterirdischen Hölle, wie in der Werkstatt des hinkenden Hephästos [Hepahistos, lat. Haphaestus, dt. Hephäst: Sohn des Zeus, Gott des Erdfeuers und Schutzgott der Schmiede; G.S.], die der Bauch des Aetna umschliesst; dicke Rauchwolken wirbeln auf und wälzen sich nach den Zugschächten hin, Schwefeldunst drückt die Brust, die mächtigen Holzscheite knistern, das erhitzte Steingewölb kracht und springt, in den Wänden werden die tiefen Vitriolgrotten sichtbar mit einer unbeschreiblichen Schönheit, geöffnete Schmuckkästlein der Geisterkönigin voll strahlender Smaragden, bunte Jöckelzapfen und traubenförmiges Rosengut [in der Bergmannssprache gewachsene Vitriole, in Form von Eiszapfen (*Jöckel*) bzw. in Drusen (*Rosengut*); G.S.] hängt überall von der Decke und an den Stützen als Zierrath und Schnörkel unheimlicher Künstler, und dazwischen wandeln, um die Täuschung zu vollenden, die nackten, kräftigen Cyklopengestalten, mit der Eisenstange die Flammen schürend, sich zuweilen erquickend aus der wunderbaren süssen Quelle des ummauerten unterirdischen Brunnens, sich dann und wann ruhend auf dem in den Fels eingehauenen, Moos bepolsterten Lager, und nach vollbrachter Arbeit aussen in kältester Luft den unverwüstlichen Körper mit hartem Krätzer von dem strömenden Schweisse und dem zähen Schlamme säubernd.

Eingewachsener Hornstein [Kieselgestein; G.S.] und Spathtrümmer machen die Erze des Rammelsberges so fest, dass sie nur auf diese Weise zu gewinnen sind. Acht Stunden brennt solch ein Holzstoss, dann finden sich die Schwefeladern aus dem Gestein gelöset, das Erz stürzt in Brocken herunter, wird vollends, wo es mürbe und nicht klingt, durch Brechstangen losgestossen, gesammelt und im grossen Treibschacht hinausgewunden.«

Beim *Feuersetzen* findet offensichtlich teilweise ein Rösten der sulfidischen Erze statt. Dadurch, dass Schwefel als Schwefeldioxid entweicht und Metalloxide entstehen, wird das zuvor fest gefügte sulfidische Erz »mürbe«, bricht aus den Schichten und kann in Brocken gewonnen werden.

Über das *Besetzen eines Bohrlochs* im Erzbergwerk Rammelsberg schreibt C. Koch 1837:

»Hat das Loch seine bestimmte Tiefe, deren Beurtheilung nach Maaßgabe der hervorzubringenden Wirkung Aufgabe des Steigers oder des Arbeiters ist; so wird es verhältnißmäßig mit 6 bis 12 Loth Pulver gefüllt, eine eiserne Nadel, welche mit einem Futteral, (Schießröhrchen) umgeben ist, hineingesteckt und, nachdem kleiner feiner Schiefer wieder hineingeschüttet worden, mit einem Stampfer (eine ½ bis 1 Zoll starke Stange Eisen, mit einer Rinne versehen, worein genau das Schießröhrchen passt) vollgestampft und geschlagen, bis es wieder gefüllt ist. Hierauf wird die Nadel herausgeschlagen, ein Zünder mit Schwefelfaden darauf gesteckt und, nachdem die Arbeiter sich weit genug entfernt haben, angezündet, wo dann nach Abbrennen des Schwefelfadens das Pulver Feuer fängt und das Sprengen mit einem Knalle, der in den großen geschlossenen Räumen dem stärksten Kanonenschlage gleicht, bewirkt wird. Die Nadel wird deßhalb mit einem Röhrchen umgeben, damit bei dem Herausschlagen derselben kein Feuer entstehen kann, welches zünden und die Arbeiter durch Sprengung des Gesteins beschädigen würde.«

Experiment 8 Schwarzpulver – historisch

Materialien Porzellanschale, Kaliumnitrat, Schwefelpulver, Kohlepulver, Gaslötbrenner

Durchführung 3,25 g Kaliumnitrat, 0,75 g Holzkohlepulver und 0,5 g Schwefel werden gut gemischt und die Mitte der Porzellanschale aufgehäuft. Anschließend wird das Gemisch mit Hilfe eines Gaslötbrenners gezündet.

Beobachtung Das Gemisch brennt unter Rauchentwicklung rasch ab.

Erläuterungen s. folgender Text

Aus der Geschichte des Schwarzpulvers

In chinesischen Schriften wird bereits um 300 n. Chr. ein noch nicht explosionsfähiges Schwarzpulver als Treibmittel für Feuerwerkskörper erwähnt. Für Feuerpfeile und Raketen wurde es zur Zeit der Song-Dynastie (1127–1279) benutzt. In Europa wurde Schwarzpulver durch das Feuerwerkbuch des Marcus Graecus (um 1250) bekannt. Der Franziskanermönch Berthold, der Schwarze

Abb. 8 Aufriss eines Bergwerkes mit Feuersetzen (Ausschnitt aus: Georg E. Löhneß, Bericht vom Bergwerk ..., Zellerfeld 1617)

genannt, eigentlich Kontantin Anklitzen aus Freiburg/Breisgau (um 1250), ist nicht der Erfinder des Schwarzpulvers. Er hat jedoch Feuerwaffen und auch gekörntes Schwarzpulver hergestellt. Als frühestes europäisches Schießpulver-Rezept wird die Vorschrift in einer Handschrift aus dem Jahre 1338 bezeichnet. Die älteste deutsche Pulvermühle befand sich ab 1340 in Augsburg. Um 1450 war die enorme Treibwirkung der gekörnten

Pulver bekannt. Der erste sichere Nachweis einer Anwendung im Bergbau stammt aus dem Jahr 1627 aus Schemnitz in Ungarn (heute Banská Stiavnica im Slowakischen Erzgebirge – im 14. bis 16. Jahrhundert blühte hier der Gold- und Silberbergbau). Von dort kamen die Kenntnisse in der Anwendung nach Clausthal im Oberharz (1632) und Freiberg in Sachsen (1645) und 1670 mit deutschen Bergleuten nach England.

Der französische Chemiker und Vater der modernen Chemie Antoine Laurent de Lavoisier (1743–1794) untersuchte 1777/78 die Verpuffung von Schwarzpulver und sein Landsmann Claude Louis Comte Berthollet (1748–1822) ermittelte danach die optimale Zusammensetzung mit den Verhältnissen 16:3:1 (80 % Kaliumnitrat, 15 % Kohle und 5 % Schwefel) für Salpeter, Kohle und Schwefel. (nach: ABC Geschichte der Chemie, Leipzig 1989)

Im Brockhaus (Ausgabe 2001) wird Schwarzpulver als Gemenge aus etwa 75 % Kaliumnitrat (Salpeter), 15 % Holzkohle und 10 % Schwefel beschrieben, das sich bei 270 °C entzünden lässt. Es entstehen dabei mit einer Entzündungsgeschwindigkeit von 400 m/s große Gasmengen aus Stickstoff, Kohlenstoffdioxid, Kohlenstoffmonoxid mit geringen Anteilen an Methan, Schwefelwasserstoff und Wasserstoff und als Pulverdampf Feststoffgemische aus z.B. Kaliumcarbonat, Kaliumsulfat, Kaliumthiosulfat. Noch heute wird Schwarzpulver in der Pyrotechnik, für Treibsätze in Feuerwerksraketen, als Anzündungsmittel, Jagdpulver und – wegen seiner »schiebenden Wirkung« – bei der Gewinnung rissfreier Gesteinsblöcke verwendet.

Farbige Feuer

An den Flammenfärbungen konnten schon die Alchemisten bzw. frühen Chemiker bestimmte Substanzen (Elemente nach unserem heutigen Verständnis) erkennen. So beschrieb der Sohn eines Baseler Goldschmiedes, Leonhardt Thurneysser zum Thurn (1530 oder 1531 bis 1596), der von 1570 bis 1584 am Hofe des brandenburgischen Kurfürsten Johann Georg (regierte 1571 bis 1598) wirkte, Flammenfärbungen bei der Analyse verschiedener Stoffe aus Mineralwässern. In seinem 1572 erschienenen Buch »Pison, oder von kalten, warmen, mineralischen und metallischen Wassern« fasst er seine Beobachtungen in Verse (zitiert nach G. Bugge):

Des Schlichs Gestalt du im Glühen kennst
An der Farbe und Flamme, wenn du ihn brennst.
Lasur gibt eine blaue Flamme,
Sie ist dunkel und schwarz beim Kobaltsschlamme.
Wenn sie gelb ist, schließe auf Arsenik,
Bei Bergwachs ist die Flamme schwarz und dick,
Wenn Blaugrün, Gelb und Weiß vermischt,
Es Kobalt, Kies und Schwefel ist.
Das Salz im Feuer klopft und springt,
Grau-blau heißt Schwefel so es stinkt.
Wenn's aber grau und mächtig raucht,
Im Feuer schwindet und verschmaucht,
Und wenn eine dunkle graue Flamm
So ist es merkurialischer Schlamm.
Wenn die Farbe zu Dunkelrot, Leibfarb neigt,
Sie Eisen, Stahl und Kupfer anzeigt.
Was aber weißfarbig lebhaft verbrannt
Ist als Salpeter oder Niter bekannt.
Den Antimonium erkennst du auch
Am dunkeln, schwarzen stinkenden Rauch.

Alaun verändert die Flamme nicht,
Kampfer, Agat wohltuend riecht,
Recht grasgrün sich Gold und Kupfer aufführt,
So man dabei ein Sulphur verspürt.
Also hast du die Arten alle,
Wie's Feuer anzeigt die Metalle.
Sei in dem Erz Schlich und Gestein
Der Dinge Erkenntnis ist nicht gemein ...

Abb. 9 Berthold Schwarz alias Konstantin Anklitzen;
oben: Darstellung aus dem 16. Jahrhundert; unten: Berthold mit Steinbüchse, den sieben zu seiner Zeit bekannten Metallen und einem Autoklaven über dem Feuer rechts (aus einer Handschrift, Ende 15. Jahrhundert – nach Kramer)

Abb. 10 Berthold Schwarz bei der Zündung seines Pulvers im Labor (Kupferstich aus O. Guttmann: Monumentale pulveris pyrii, London 1906)
Links oben: Teufel, bläst dem Mönch mit dem Blasebalg ins Ohr – Inschrift: Niger Nigro – der Schwarze (Teufel) dem Schwarzen (Berthold); Hinweis auf die Anwendung des Schwarzpulvers in Goslar im Text

Erläuterungen

Schlich = feinkörniges Erz; *Lasur*(stein) = Lapislazuli, schwefelhaltiges Aluminiumsilikat; *Agat* = Achat – Von den Beobachtungen, die offensichtlich durch das Aufbringen der genannten Salze bzw. Mineralien auf ein Kohlefeuer erhalten wurden, lassen sich heute nur noch folgende nachvollziehen:

1. Bergwachs (Bitumen, Erdpech): rußende Flamme; 2. ... das Salz im Feuer springt ...: Abgabe von Kristallwasser; 3. Schwefel verbrennt mit blauer Flamme; 4. dunkelrot (Leibfarb) bei glühendem Eisen, Stahl, auch Kupfer glühend; 5. Salpeter (Kaliumnitrat): brandfördernd; 6. nur Kampfer riecht in der Hitze; 7. nur Kupfersalze geben eine grüne Flammenfärbung.

Im 19. Jahrhundert entwickelten dann der Chemiker Robert Bunsen (1811–1899) und der Physiker Gustav Kirchhoff (1824–1887) die Spektralanalyse – über ihren ersten Spektralapparat berichteten sie 1860.

Experiment 9 Flammenfärbungen

Materialien

Magnesiastäbchen, Spirituslampe, Kupfersulfat, Bariumchlorid, halbkonz. Salzssäure, Porzellanschalen oder Tüpfelplatte

Durchführung

Ein Magnesiastäbchen wird in der Spiritusflamme ausgeglüht. Dann taucht man es in die Salzsäure. Anschließend wird mit dem feuchten Stäbchen etwas Metallsalz aufgenommen und dieses erneut in die Spiritusflamme gebracht.

Beobachtungen

Beide Salze färben die Flamme grünlich, wobei sich die Farbtöne jedoch bei einem direkten Vergleich unterscheiden lassen.

Erläuterungen

Barium und Kupfer weisen charakteristische Emissionswellenlängen auf: Ba 524,2 u. 513,7 nm; Cu 521,8 nm .

Aus der chinesischen Kultur stammen die ersten Vorschriften auch für bunte Flammen. Im 9. Jahrhundert sollen taoistische Mönche nach systematischen Versuchen aus Holzkohle, Salpeter (Kaliumnitrat) und Schwefel das erste Schieß- bzw. Schwarzpulver (s.o.) hergestellt haben. Aus dieser Zeit existieren Texte von Mönchen, in denen vor den Gefahren durch solche Gemische – Verbrennungen an Händen und im Gesicht zu erlangen sowie ganze Häuser damit in Brand zu setzen – eindringlich gewarnt wird. Die Pyrotechnik, wie wir sie heute kennen, entwickelte sich in China zur Zeit der T'ang-Dynastie (618–907) aus den Feuerwerkskörpern für kultische Zwecke. Der Name »bengalische Flamme« für bunte Flammen stammt aus der Zeit der Kriege der Engländer in Indien. 1757 – in der zweiten Phase der englisch-französischen Kolonialkriege, als Lord Robert Clive den Vizekönig von Bengalen bei Plassey besiegte – lernten die Briten in Ostindien diese zu Signalzwecken verwendeten Feuer kennen. Diese »Buntfeuer« werden noch heute aus Gemischen von Kohle, Schwefel, Oxidationsmitteln von Kaliumnitrat oder Kaliumchlorat und flammenfärbenden Salzen erzeugt. Das Wissen über »Feuerwerke« wurde von den Arabern gesammelt und in Vorschriftenbüchern, den »Feuerwerkbüchern« beschrieben.

Abb. 11 Porträt des Alchemisten Thurneysser aus seinem Werk *Quinta Essentia*, Münster 1570 (aus: G. Schwedt, Chemie zwischen Magie und Wissenschaft, Weinheim 1991)

Experiment 10 Versuchsreihe farbige Flammen

Materialien

Ammoniumnitrat, Ammoniumchlorid, Bariumnitrat, Zinkstaub – Saccharose, Kaliumchlorat, Strontiumnitrat, Bariumnitrat, Schnappdeckelgläser (zur Herstellung der Gemische), flache Porzellanschalen zum Entzünden. Anstelle des Kaliumchlorats kann für b) und c) in einer weiteren Versuchsreihe das Kaliumnitrat verwendet werden.

Durchführung

a) 2 g Ammoniumnitrat, 0,5 g Ammoniumchlorid und 0,25 g Bariumnitrat werden in einem Schnappdeckelglas gemischt. In ein zweites Glas werden 2 g Zinkstaub eingewogen. Dieser wird dem Inhalt im ersten Glas hinzugefügt und damit gut gemischt. Diese Mischung wird in die Mitte einer Porzellanschale gegeben und mit einigen Tropfen Wasser (mit Hilfe nasser Finger) bespritzt.

b) Rotes Feuer: Je 2,5 g Saccharose, Kaliumchlorat und Strontiumnitrat werden gemischt.
c) Grünes Feuer: Je 2,5 g Saccharose, Kaliumchlorat und Bariumnitrat werden gemischt.

Beobachtungen

a) Die Reaktion beginnt einige Sekunden nach der Zugabe des Wassers: Es tritt eine kurzzeitig grün gefärbte Flammenfärbung auf.
b) und c) Die Mischungen lassen sich leicht entzünden und weisen bei der Verbrennung eine rote bzw. grüne Flammenfärbung auf. Die Wirksamkeit des Kaliumchlorats ist höher als die des Kaliumnitrats.

Erläuterungen

Im Experiment 9a liefert die Umsetzung von Zn-Pulver mit den durch die Wasserzugabe entstandenen Ammoniumionen, die zur Entzündung erforderliche Wärmemenge:

$$Zn + 2\,NH_4^+ \rightarrow Zn^{2+} + H_2 + 2\,NH_3 + \text{Wärmeenergie}$$

Die relativ hohen Temperaturen bei der Verbrennung haben die Ausstrahlung der charakteristischen Emissionswellenlängen der Elemente Strontium und Barium zur Folge.

Die Verbrennung (Flamme) ist auf die Reaktion zwischen Saccharose und Chlorat bzw. Nitrat als sauerstoffliefernde Substanzen zurückzuführen.

Literatur

Bugge, Günther: Der Alchimist. Die Geschichte Leonard Thurneyssers des Goldmachers in Berlin. Berlin 1943

Maldener, Reiner: Schlaglichter der Chemiegeschichte, Verlag Harri Deutsch, Thun und Frankfurt am Main 1998

Riech, Eberhard, Uwe Steinkamm und Eckhard Walcher: Erzbergbau im Harz. Rammelsberg. Alles über Bergbau, Geologie, Mineralien, Bode-Verlag, Haltern 1987

Roseneck, Reinhard (Hrsg.): Der Rammelsberg. Tausend Jahre Mensch-Natur-Technik,

Verlag Goslarsche Zeitung, 2 Bände, Goslar 2001 (umfassendes, reich bebildertes Werk mit zahlreichen Einzelbeiträgen, z.B. zum Thema des Kapitels:

- Heublein, Brigitte: Kupferberg Rammelsberg. »Metallquelle der Romantik«, Band 1, S. 420–437
- Weichmann, Martina: Steinreicher Rammelsberg. Zur Geologie der Lagerstätte, Band 2, S. 112–125

– Klaßen-Geers, Doris: »*An Silber und an Bleien reich* ...« Die Lagerstätte Rammelsberg und ihre Mineralien, Band 2, S. 126–135
– Gundelwein, Andreas: Feuer und Wasser. Bergbautechnik zur Zeit Agricolas, Band 2, S. 160–171
– Geibel, Rainer: »... *daß in dem Rammelsberg klein Ertz sich von großem abrühret*« Die Aufbereitung der Rammelsberger Erze, Band 2, S. 216–231
– Weichmann, Martina und Stefan Tholl: Am Anfang war das Erz. Produkte aus dem Rammelsberg, Band 2, S. 282–295
– Klaßen-Geers, Doris: Farbenpracht – Pigmente im Rammelsberg, Band 2, S. 296–301
– Kraschewski, Hans-Joachim: »*Daß wohlgesotten victriols in die fesser gesacket werde*« Vitriole aus dem Rammelsberg, Band 2, S. 344–357)

Skiba, Reinald: Der Bergbau im Westharz, 3. Aufl., Clausthal-Zellerfeld 1983

Spier, Heinfried: Historischer Rammelsberg, Wieda 1994

2. Vom Erdöl zum Arzneimittel – Experimente zur Erdölchemie

Deutsches Erdölmuseum
Schwarzer Weg 7–9, D-29323 Wietze
Tel.: 05146/92340, www.erdoelmuseum.de,
E-Mail: erdoelmuseum@t-online.de
Gründung: eingerichtet von der Deutschen Texaco AG (der früheren DEA: Deutsche Erdöl AG), im September 1970 der Gemeinde geschenkt.

Deutsches Erdölmuseum Wietze

Rundgang durch das Erdölmuseum: Modelle und Original-Geräte; 20 000 qm Freigelände, Förder- und Bohreinrichtungen von 1900 bis heute; sachkundige Führungen; Sonderausstellungen; Wanderwege zur Geschichte des Erdöls: Hunäusweg ca. 6 km, Haldenweg ca. 5 km (auch Führungen).

Einleitung

1858 wurden in Wietze – und nicht in den USA – die weltweit ersten ölfündigen Bohrungen durchgeführt. 1908 kamen 80 % des deutschen Öls aus Wietze. Bis 1963 war der Erdölbergbau Wietze in Betrieb. In seinem Festvortrag anlässlich des Jubiläums »125 Jahre Erdöl in Wietze« auf dem Gelände des 1970 gegründeten Erdölmuseums in Wietze berichtete Prof. Dr. Walter Rühl am 17. September 1983 darüber, dass von 1920 bis 1963 81 000 m Strecken in 180 bis 340 m Tiefe vorgetrieben worden seien, aus denen 750 000 t Sickeröl und nach dem 1930 aufgenommenen Abbau des Ölsands selbst mit anschließender Heißwasserwäsche übertage 940 000 t Schweröl gefördert wurden (Gesamtförderung in 104 Jahren: 2 695 600 t, Gesamtlänge des Streckennetzes 95 223 m, ausführliche Daten in: R. Wolter, Der Ölschacht in Wietze 2001).

Das *Deutsche Erdölmuseum* befindet sich auf der so genannten Teufelsinsel, einem etwa 2 ha großem Gelände des Ölfeldes Wietze, das eine Länge von insgesamt 6 km mit einer Gesamtfläche von über 236 ha aufwies. Auf der Teufelsinsel befand sich die erste frei fließende, im Juli 1899 erbohrte Ölquelle. Mehrere Wochen lang förderte sie eruptiv täglich 100 Fass (1 Fass = ca. 160 l) Öl, bevor eine Tiefpumpe zur weiteren Förderung eingebaut werden musste.

Vom Museum aus führt der so genannte Haldenweg auf das Gelände der *ehemaligen Raffinerie*. Man geht nach Westen, den Schwarzen Weg entlang, biegt in die Alte Grenze ab und kommt über einen schmalen Fußweg zu einem holzverkleideten Wohnhaus, das zusammen mit zwei weiteren Gebäuden 1904 für die Arbeiter und Angestell-

Abb. 12 Außenanlagen des Deutschen Erdölmuseums – Titelseite des Museumsflyers

ten der Erdölraffinerie errichtet wurde. In der Raffinerie wurden bis 1912 täglich etwa 200 Fass (entsprechend 32 000 l) Öl zu Petroleum, Benzin, Gasöl, Schmieröl und Paraffin verarbeitet. 1912 wurde sie stillgelegt, ab 1916 wurde sie zur Verarbeitung von Asphalt zu Bitumenprodukten genutzt. Aus den abgelagerten Ölsanden der Schlämmsonden extrahiert man außerdem auf Befehl des kaiserlichen Marineministeriums im Ersten Weltkrieg 1917/18 Schmieröl. Das von der Celle-Wietze-AG betriebene Unternehmen war bereits 1910 von einer Vorläuferin der DEA übernommen worden. Nach 1912 wurde das Wietzer Öl in Raffinerien in Hamburg-Wilhelmsburg, Hannover-Linden, Köln, Peine, Grabow und Berlin verarbeitet. 1927 wurden die Raffineriegebäude zu Wohnungen für die zunehmende Zahl der im 1920 aufgenommenen Untertagebetrieb beschäftigten Bergleute umgebaut. Von dieser Siedlung gelangt man über einen schmalen Fußweg zur 1902 erschlossenen Schindlerscholle. Hier erkennt man noch die Auswirkungen der über 60 Jahre erfolgten Ölförderung – dicke erhärtete Öl-Asphalt-Schichten und Reste von Schlämmsandhaufen. Von der nahe gelegenen Aller erfolgte per Schiff vor und während des Ersten Weltkrieges der Transport eines Teiles des in Wietze geförderten Öles in Raffinerien der Vacuum Oil Company in Bremen und Schulau westlich von Hamburg. Auf dem ehemaligen Schachtgelände befand sich das Förderturmgebäude. Von dort gelangten die Bergleute mit dem Förderkorb zu den Sohlen in 222 und 246 m Teufe. Die tiefste Sohle in 325 m Teufe erreichten sie über eine 350 m lange Schrägrampe zu Fuß. Im Schacht, der 1918 abgeteuft war, legte man ein Streckennetz von insgesamt 95 km Länge an. Hier wurde wie in einem Steinkohlenbergwerk von 1926 bis 1963 Ölsand abgebaut. Der Ölsand wurde in einer Ölsandwäsche unter Verwendung von Warmwasser (aus dem Abdampf der Fördermaschine und der Kompressoren) entölt. Von 1920 bis 1963 wurden 1 Millionen t Öl aus dem Schacht gewonnen, davon 750 000 t als Sickeröl. 1926 erreicht die Zahl der Beschäftigten mit 646 Personen, davon 500 Mann unter Tage, ihren Höhepunkt. Der Schacht wurde nach der Stillegung – infolge zunehmender Erschöpfung der Lagerstätte und nach der Aufhebung der Einfuhrschutzzölle auf ausländisches Öl als nicht mehr konkurrenzfähig anzusehen – verfüllt, die Übertage-Anlagen wurden teilweise demontiert.

Ein weiterer historischer Ort der Wietze Erdölgewinnung befindet sich an der Nienburger Straße. Hier entstand 1885 der erste nennenswerte Förderbetrieb durch den Unternehmer Louis Pook aus Hannover. Dieser verkaufte zehn Jahre später seinen Betrieb mit 80 Fördersonden für 1,2 Millionen Goldmark an eine holländische Ölgesellschaft. Als zweite Erdölfirma ließen sich in der Nähe 1887 die Vorläufer der Hannoversch-Westfälischen Erdölwerke nieder. 1958 errichtete hier die DEA ihr Laboratorium für Erdölgewinnung.

Ein kurzes Stück Weg weiter befindet sich der Nachbau der sogenannten Hunäus-Bohrung. 1858/59 ließ Prof. Dr. Georg Christian Konrad Hunäus (1802–1893) im Auftrag der Regierung des Königreiches eine Bohrung niederbringen. An dieser Stelle befand sich eine größere Teerkuhle, Erdöl trat an die Erdoberfläche und sammelte sich auf dem Wasserspiegel einer Kuhle (Vertiefung). Man suchte damals nach einer Kohlenlagerstätte, da man Erdöl für ein Zersetzungsprodukt von Braunkohle hielt. In einer Teufe von 35,6 m stieß man auf einen harten Findling und musste die Bohrung nach dem Stand der damaligen Technik einstellen. Der Grundeigentümer Wallmann erwarb das verrohrte Bohrloch, schöpfte daraus über viele Jahre Öl und verkaufte es neben dem Öl aus der Teerkuhle als Schmierfett für Wagenräder, als Holzimprägnierungsmittel – und auch zur Wundbehandlung für Mensch und Tier sowie zur Desinfektion.

Erdöl und Erdgas sind heute nicht nur die wichtigsten Energieträger der industrialisierten Welt, sondern sie bilden vor allem auch die Rohstoffbasis für die chemische Industrie. Sieben bis acht Prozent des weltweit mit etwa 3,4 Milliarden Tonnen pro Jahr geförderten Erdöls werden petrochemisch verarbeitet. Primärprodukte der chemischen Industrie werden heute zu etwa 96 % aus Erdöl und Erdgas anstatt wie früher aus Kohle gewonnen. (W. Gulden)

Erdöl hat sich vor Millionen von Jahren aus dem Meeresplankton, aus abgestorbenen Resten von Organismen in schlecht belüfteten Ablagerungsstätten gebildet. Der zunächst entstandene Faulschlamm verwandelt sich unter hohem Druck sowie hohen Temperaturen und unter Mitwirkung von Bakterien in Erdöl und Erdgas. Aus dem vorwiegend tonigen Erdöl-Muttergestein wanderte das Öl in Form von Öl-in-Wasser-Emulsionen durch poröse Gesteinsschichten bis unter undurchlässige Erdschichten, wo es sich in sogenannten »Ölfallen« ansammelte.

Experiment 1 Brechung einer Öl-in-Wasser-Emulsion im Modellversuch

Materialien

Halbfettmargarine (*Belolive.* »Zutaten: Wasser, Fette und Öle, Rüb Öl, raffiniertes Olivenöl (25 %), Pam Öl, Kokos Öl, Palmkern Öl, Emulgator: Mono- und Diglyceride von Speisefettsäuren; Verdickungsmittel: Kaliumalginat; Kochsalz (0,4 %); Säuerungsmittel: Zitronensäure; Konservierungsstoff: Kaliumsorbat; Aroma; Farbstoff: Carotin; Vitamin A (30 E/g) und D (1 E/g), Fettgehalt 40 %«)

Reagenzglas (100 × 16 mm), Glasstab, Löffel, Spirituslampe, Reagenzglashalter, kleines Becherglas (zum Abstellen des Reagenzglases)

Durchführung

Ein Löffel voll Halbfettmargarine wird in das weithalsige Reagenzglas gefüllt und mit Hilfe des Glasstabes auf den Boden des Glases gebracht. Dann erwärmt man den Inhalt des Glases vorsichtig über der Spiritusflamme bis zum Schmelzen der Halbfettmargarine, so dass möglichst der gesamte Inhalt auf den Boden des Glases fließt. Nach dem vollständigen Schmelzen stellt man das Reagenzglas in das Becherglas und lässt den Inhalt abkühlen.

Beobachtungen

Die gelbe Schmelze trennt sich nach kurzer Zeit während des Abkühlens in zwei Phasen: die untere ist farblos, die obere gelb gefärbt.

Erläuterungen

Die Halbfettmargarine dient als Modellsystem für eine Öl-in-Wasser-Emulsion. Da der Fett(Öl)gehalt nur 40 % beträgt, überwiegt das Wasser – daher auch die Reihenfolge in der Bezeichnung: Öl-in-Wasser-Emulsion (Butter dagegen ist eine Wasser-in-Öl-Emulsion).

Durch das Erwärmen wird diese *Emulsion* – stabilisiert durch die Emulgatoren (s. unter »Zutaten«) – *gebrochen*: die untere Phase besteht aus Wasser, die obere aus Fetten und Ölen, in denen der gelbe Farbstoff Carotin gelöst ist.

Experiment 2 Tenside oder Seifen?

Materialien

Flüssige Seife, Spülmittel, Calciumchlorid-Lösung oder Mineralwasser mit hohem Calciumgehalt

Durchführung

Zwei Schnappdeckelgläser werden jeweils zur Hälfte des Volumens mit einer Calciumsalz-Lösung gefüllt. Dann tropft man wenige Tropfen der Proben hinzu.

Beobachtungen

Die Probe mit ausschließlich Tensiden zeigt keine Veränderungen, in dem Glas mit einigen Tropfen einer Seife bildet sich eine Trübung aus Flocken.

Erläuterungen

Seifen im engeren Sinne sind Alkalisalze langkettiger natürlicher Fettsäuren. Diese bilden mit Calciumionen schwer lösliche Salze, auch als Kalkseifen bezeichnet.

Tenside bestehen aus einer hydrophoben (wasserabstoßenden) Kohlenwasserstoffkette und einer hydrophilen Gruppe, z.B. einer Sulfonsäure-Gruppe. Alkylbenzolsulfonate werden in Waschmitteln und »Seifen« für die Körperreinigung, Alkansulfonate (allgemeine Formel $R\text{-}SO_3Na$) für flüssige Reinigungsmittel verwendet. Die Ausgangsstoffe für die jeweiligen Synthesen sind im Erdöl vorhanden. So erhält man Alkansulfonate durch eine Sulfoxidation von Alkanen, von n-Paraffinen – durch die Umsetzung mit Schwefeltrioxid und Sauerstoff unter UV-Bestrahlung. Es werden vor allem Alkane mit 14 bis 18 Kohlenstoffatomen eingesetzt. Die Natriumsalze der Sulfonate fin-

Abb. 13 Darstellung einer Petroleumquelle auf einem Reklamebild zu Liebigs Fleischextrakt – Serie Schätze der Erde – um 1900

den als Waschrohstoffe außer für flüssige Spülmittel und für Shampoos Verwendung. Alkylbenzolsulfonate (Abk. ABS) mit der allgemeinen Formel R-C_6H_4-SO_3Na (R = aliphatischer Rest) erhält man durch Alkylierung von Benzol mit n-Alkylchloriden oder n-Alkenen und anschließende Sulfonierung. Bei dieser Synthese sind ebenfalls Produkte der Erdölchemie beteiligt. Tenside werden auch in der Textil-, Metall-, Kunststoff- und in der Erdölindustrie (s. »Brechung einer Emulsion«) eingesetzt.

Historisches zum Erdöl

Die älteste bekannte Bezeichnung für Erdöl lautete um 2300 vor Christus *naptu* (babylonisch-assyrisch = akkadisch; in Keilschriften seit 2500 v. Chr. nachweisbar). *Naptu* ist von *nabatu* = leuchten, aufflammen abgeleitet und lautete im Griechischen *naphtha*. Um 3000 v. Chr. verwendeten die Sumerer Bitumen (gallisch-lateinisch »Erdpech«), zusammen mit Mineralstoffen als Asphalt bezeichnet, als Dichtungs- und Klebstoff sowie zur Herstellung von Mörtel. Im alten Ägypten wurde Bitumen (»Gräberpech«, lat. pix tumens) seit 1500 v. Chr. zur Mumifizierung benutzt. Es wurde aus oberflächigen Sickerstellen gewonnen. Als Brandmittel wurde Erdöl seit etwa 400 n. Chr. als Bestandteil von Brandpfeilen eingesetzt. (R. Gelius)

Um 1000 gewann der arabische Arzt Ibn Masawaih Öl durch Ausschmelzen aus Ölschiefer. In Peru verwendeten die Inkas schon im 15. Jahrhundert Naturasphalt zum Straßenbau. Um 1440 wurde die bekannteste deutsche Erdöl-Fundstelle am Tegernsee entdeckt. Erst 1721 gewann man Asphalt vom Val des Travers in Frankreich. Eine gewerbliche Erdöl-Gewinnung begann in Europa im Frühmittelalter in Baku (damals zu Persien gehörig), um 1650 in Modena (Oberitalien) und 1670 bei Wietze (aus Teersand). 1858 wurde in Wietze einer der ersten ölfündigen Bohrungen niedergebracht. Erst ein Jahr später erschloss E. L. Drake in Titusville (Pennsylvanien/USA) die erste ergiebige Erdöl-Fördersonde mit Hilfe einer Seilschlagbohrung. Danach entstanden in schneller Folge Erdölraffinerien, 1865 wurde die erste Erdöl-Pipeline in Pennsylvanien fertigestellt.

Schon 1652 hatte Adam Stubenrauch, der Amtsvogt von Winsen, seinem Herzog Christian Ludwig († 1665) in Celle gemeldet, dass man aus dem so genannten »Satanspech«, dem Teersand, etwas machen könne. 1769 beschreibt der Bezirksphysikus sowie Hof- und Leibarzt Johannes Taube in Celle, die »Ölsache« wie folgt (zitiert nach W. Rühl):

»Mitten in der Flur befindet sich der Ort, wo vermutlich seit mehr als hundert Jahren der Theersand gegraben wird. Diese Stelle beträgt jetzt ohngefähr 400 Schritte im Umfange. Die obere Lage des Erdreichs ist wie die ganze Gegend sandig und bringet, wenn sie gehörig bearbeitet wird, eine ziemliche Erndte. (...) Die Theererde wird auf einen Haufen geworfen und sogleich mit Rasen bedecket, damit die Sonnenhitze sie nicht ausbrennet. Wenn genugsamer Vorrath zusammengebracht worden ist, werden in einem ohngefähr 10 Fuß langen und 4 Fuß breiten Kasten 50 bis 60 Spaden voll von diesem Theer-Sande geworfen und soviel Wasser hinzugeschüttet, daß es ohngefähr den Sand einen Fuß hoch bedecket. 7 bis 8 Personen fahren sodann mit gewöhnlichen Erdspaden in dem Sande herum auf die Art, als wenn in der Küche ein Ey gequirlet wird. Alsdann löst sich der Theer vom Sande ab.«

So gewann man schon fast 100 Jahre vor der ersten ölfündigen Bohrung in Wietze Erdpech(teer).

Das Hauptprodukt der Erdölverarbeitung, der Erdöldestillation, war zunächst das *Leuchtöl.* Die ersten industriellen Erdöldestillationsanlagen entstanden 1832 in Modzok im kaukasischen Erdölrevier. 1850 in Pittsburgh und 1860 auch im Emsland. Der Bedarf hing mit den um 1850 entwickelten Petroleumlampen zusammen.

Erdöl als Licht- und Energiequelle – aus der Wirtschaftsgeschichte

Der Übergang von einer Fackel, wo Brennstelle und Brennstoff eins waren, zur Öllampe mit einem Docht, der nun ausschließliche als Brennstelle diente, bedeutete in der Entwicklungsgeschichte der künstlichen Beleuchtung eine ähnliche Revolution wie das Rad in der Geschichte der Transporttechnik (W. Schivelbusch).

Das Leuchtöl konnte schon um 950 in Damaskus gewonnen werden und Öllampen (mit pflanzlichen oder tierischen Ölen) hatten schon die Römer verwendet. Zur Verbesserung von Farbe, Geruch und auch der Lagerstabilität wurden Erdöle durch Laugen- und Säurereinigung chemisch raffiniert. Mit dem Beginn des 20. Jahrhunderts wurde in den Erdölraffinerien in den USA industriell Autobenzin produziert.

Abb. 14 Ölfelder mit Bohrtürmen
Oben: Kalifornien, unten: Wietze – Förderbetrieb auf der Schindlerscholle (oberes Bild aus: Anton Zischka, Wissenschaft bricht Monopole, Leipzig, S. 1, 171.–200. Tausend, Aug. 1940 – 1. Aufl. 1936; unten: Deutsches Erdölmuseum Wietze)

Experiment 3 Untersuchung der Brennbarkeit von Erdöl und seinen Produkten

Materialien

Erdölprobe, Benzin, Petroleum (Lampenöl) Porzellanschale, Streichholz

Durchführung

Jeweils einige Tropfen der Probe werden in eine Porzellanschale gegeben. Ein brennendes Streichholz wird 1–2 cm über die Flüssigkeit gehalten, wobei die Flamme die Flüssigkeit nicht berühren darf.

Beobachtungen

Benzin und Petroleum entzünden sich, Erdöl nicht.

Erläuterungen

Bei flüssigen Stoffen unterscheidet man zwischen dem Flammpunkt, bei dem sich die sich daraus entwickelnden Dämpfe entzünden lassen, und dem Brennpunkt, bei dem die Flüssigkeit selbst weiterbrennt. Bei der Einteilung in Gefahrenklassen brennbarer Stoffe werden der *Flammpunkt* (Abk. FP), die Entflammungstemperatur sowie die Entflammbarkeit und damit Feuergefährlichkeit ermittelt. Es ist die niedrigste Temperatur, bei der sich in einem geschlossenen oder offenen Tiegel aus einer Flüssigkeit Dämpfe zu einem entflammbaren Dampf-Luft-Gemisch entwickeln. Mit dem *Brennpunkt* wird die Temperatur bezeichnet, bei deren Überschreiten ein Verbrennungsprozess einsetzt, d.h. sich eine Substanz mit Sauerstoff unter Wärmezufuhr oder auch mit Hilfe von Katalysatoren umsetzt und von selbst weiterbrennt. Man unterscheidet selbst-, leicht- und schwerentzündliche Stoffe – z. B. Heizöl mit 250 °C, Leuchtgas mit etwa 600 °C.

Experiment 4 Rußen bei der Verbrennung von Benzin – Vergleich zum Spiritus

Materialien

Brennspiritus, Reinigungsbenzin, Porzellanschalen, Plastikpipetten

Durchführung

In jeweils eine der Porzellanschalen wird etwas Flüssigkeit pipettiert und mit Hilfe eines Streichholzes entzündet. Nach dem Erlöschen der Flamme wird das Innere der Schale betrachtet.

Beobachtungen

Nur in der Schale mit dem Reinigungsbenzin stellt man eine deutliche Rußschicht fest.

Erläuterungen

Der Sauerstoffgehalt der Luft reicht nicht aus, um das Gemisch aus Kohlenwasserstoffen im Reinigungsbenzin vollständig zu Wasser und Kohlenstoffdioxid zu verbrennen. Ruß ist somit immer ein Zeichen unvollständiger Verbrennung. Der Brennspiritus dagegen enthält Ethanol mit der Formel CH_3CH_2OH und stellt bereits ein teilweise oxidiertes Produkt eines Kohlenwasserstoffs, des Ethans, dar. Ethanol kann somit leichter vollständig oxidiert (verbrennt) werden. Die Rußbildung ist eine meist unerwünschte Erscheinung einer Verbrennung, die weitgehend durch eine verstärkte Zufuhr von Luftsauerstoff vermieden werden kann. Schwarzer Ruß besteht zu 80 bis 99 % aus Kohlenstoff, ist aus kleinsten kugelförmigen Teilchen aufgebaut und lagert sich zu kettenförmigen Aggregaten zusammen. Die spezifische Oberfläche von Ruß kann 100 bis 1000 m^2 je g betragen.

In den Raffinerien wird das *Rohöl* (auch als *Naphtha* bezeichnet) durch *fraktionierte Destillation* in verschieden hoch siedende Bestandteile aufgetrennt und diese auf chemischen und physikalischen Wege gereinigt. Die bekanntesten Fraktionen sind:

Leichtbenzin (15–70 °C), Schwerbenzin (70–150 °C), Petroleum (150–225 °C, Verwendung als Düsenkraftstoff oder Heizöl), Gasöl (225–350 °C, Kerosin, Dieselöl), Schweröle (> 350 °C). Als Petrolether wird eine niedrigsiedende Benzin-Fraktion (25–80 °C) bezeichnet, die vor allem aus den Kohlenwasserstoffen Pentan und Hexan besteht.

Sehr anschaulich beschreibt Hans-Joachim Flechtner in seinem Sachbuch »Die Welt in der Retorte« (1938) das unter dem Titel »Du und die Chemie« bis in die 1960er Jahre mehrmals neu aufgelegt wurde, den Vorgang der *Fraktionierung* – im Vergleich zur Aufbereitung von Erzen (Ausgabe 1960):

»Die Trennung des Erdöls ist (...) ziemlich oberflächlich, da es der Industrie gar nicht auf die chemisch reinen Bestandteile der Mischung ankommt, sondern auf die ›Fraktionen‹, die man die ›Untergemenge‹ des Gemenges Erdöl nennen könnte. Zu diesem Zweck unterzieht man das Erdöl einer ›fraktionierten‹ Destillation: man erhitzt es unter Luftabschluß bis zu einer bestimmten Temperatur, bei der die bei dieser Temperatur siedenden Bestandteile des Gemisches verdampfen, ›übergehen‹. Sie werden abgeleitet und gekühlt. Bei weiterem Erhitzen geht wieder eine Fraktion über, und so weiter, bis schließlich nur der feste Rückstand bleibt.

Die verschiedenen Fraktionen des Erdöls sind nun keineswegs gleichmäßig zusammengesetzt, sie besitzen auch nicht genaue Siedepunkte. Vielmehr ist die Zusammensetzung der Öle, die aus verschiedenen Quellen stammen, so verschieden, daß man für die einzelnen Fraktionen nur Durchschnittswerte angeben kann. So geht bei den Temperaturen zwischen 40 und 7 Grad Celsius der sogenannten Petroläther über, zwischen 70 und 120 Grad das Benzin. Dann folgen Ligroin, das als Lösungs- und Fettentziehungsmittel benutzt wird, Putzöle, dann zwischen 150 bis 300 Grad das eigentliche Leuchtpetroleum, die Heizöle für Schwerölmotoren, wie Dieselmotoren, die Schmieröle und so weiter. Und schließlich bleiben im Rückstand das feste Paraffin, die Vaseline, die ja in gereinigtem Zustand in der Medizin Verwendung findet, und Asphalte.

Benzin, Schmieröle, Heizöle, Vaseline, Paraffin, Leuchtpetroleum, Asphalt, Lösungsmittel – das alles steckt in diesem aus dem Boden quellenden Erdöl, und noch unzählige andere Stoffe, und sie alle zusammen, nicht nur das Benzin, nicht nur etwa das Petroleum, machen die Bedeutung der ›Weltmacht‹ Erdöl aus, die heute die Wirtschaft und die Politik der Staaten beherrscht wie kaum ein lebensnotwendiger Stoff in früheren Zeiten.«

In seinem Bestseller »Wissenschaft bricht Monopole« von 1936 (1940 200. Tausend) schreibt Anton Zischka zur weltwirtschaftlichen Bedeutung des Erdöls u.a.:

»Während 1913 noch 90,1 Prozent aller Kraft auf der Welt durch Kohle erzeugt wurde, waren es 1934 nur mehr 70 Prozent. (...) Als man erkannte, daß Ölfeuerung nicht nur die Zeit des Bunkerns radikal herabdrückt, ein ölgeheiztes Schiff nur den hundertzwanzigsten Teil der Zeit zur Brennstoffaufnahme braucht, den ein kohlegeheizter Dampfer nötig hat, sondern daß auch durch Dieselmotoren oder ölgeheizte Kessel der Aktionsradius gewaltig steigt, da wurden die Handels- und Kriegsflotten immer mehr auf Öl umgestellt. 1914 hatten nur 2,5 Prozent der Weltschiffahrtstonnage Ölfeuerung, 1934 stieg ihr Anteil auf 46 Prozent. Innerhalb der gleichen 20 Jahre wuchs die Zahl der auf der Welt in Betrieb befindlichen Automobile von 2 auf 33 Millionen. Und damit war Öl plötzlich zur Weltmacht aufgestiegen. Aus einem Quacksalbermittel, das Hausierer wie ein gewisser Dr. Rockefeller auf den Jahrmärkten Amerikas gegen Krebs und Rheumatismus, Brustkrankheiten und Geschwüre anpriesen, war das Lebensblut der Kriegsflotten und Autos, der Flugzeuge und Dieselmaschinen geworden. Aus dem Sohn des Wunderdoktors Rockefeller wurde der Herr des ersten Trusts, der Herr der Standard Oil Co.«

Die Verwendung von Öl als Brennstoff für Schiffsmotoren und vor allem der weltweite Transport führten dann auch zu den uns bekannten Katastrophen der Meeresverschmutzung. Eine besondere Eigenschaft des Erdöls, aromatische Kohlenwasserstoffe zu enthalten, zeigt sich in der Fluoreszenz dieser Stoffe, wodurch auch eine Unterscheidung von ölähnlichen Fetten möglich wird.

Als *Rohöl* wird das unmittelbar aus der Erde kommende, nicht gereinigte Erdöl bezeichnet. Rohöle sind hellgelb bis fast schwarz gefärbt. Sie fluoreszieren gelb bis grünblau.

Rohöle bestehen zu 85–90 % aus Kohlenstoff, zu 10–14 % aus Wasserstoff, bis zu 1,5 % aus Sauerstoff und 0,1 bis 3 % an Schwefel. Schwefel ist auf die schwefelhaltigen Eiweißstoffe der Lebewesen zurückzuführen. Er wird auch bei der Aufbereitung von schwefelwasserstoffhaltigem Erdgas als elementarer Schwefel gewonnen.

Erdölprodukte – Petrolchemie

»Bis 1913 wurde das Benzin noch durch Destillation gewonnen ... [nach dem Vorbild der Alkoholdestillation] Die Methode entsprach immer weniger den Anforderungen der Kraftfahrzeug- und Flugzeugindustrie. Durch eine Unaufmerksamkeit eines Meisters in Pennsylvanien änderte sich die Lage. Er hatte die Überhitzung eines Erdölkessels nicht beachtet; dabei zeigte sich, daß man auf diese Weise eine höhere Ausbeute an den begehrten niedrigsiedenden Bestandteilen erhielt. So wurde 1913 von William M. Burton der thermische Crackprozeß entdeckt, bei dem u. a. eine Umwandlung höhermolekularer Kohlenwasserstoffe in niedrigermolekulare erfolgte. Dieser Prozeß wurde wissenschaftlich untersucht und so weit verbessert, daß man die Hälfte des Erdöls in Benzin überführen konnte. Ergänzt wurde dieser Prozeß durch die katalytische Hydrierung

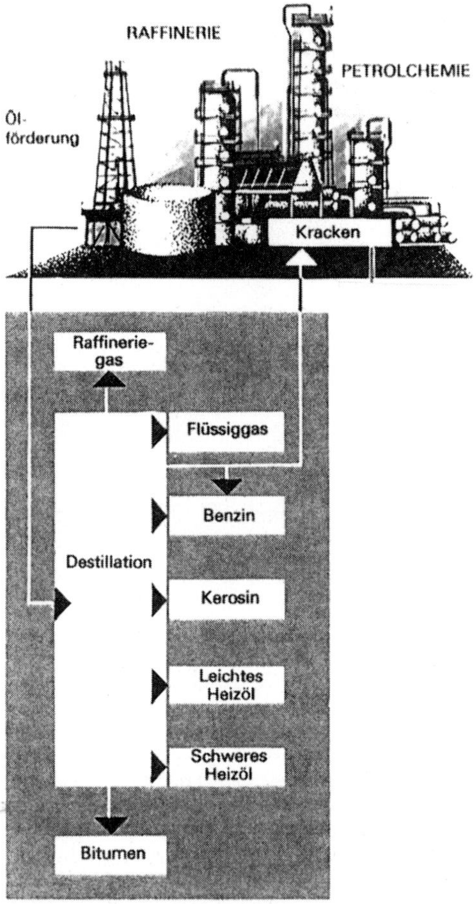

Abb. 15 Petrolchemie: Raffinieren und Cracken (nach: Siegfried Poller, Chemie auf dem Wege ins dritte Jahrtausend, Urania-Verlag, Leipzig/Jena/Berlin, 2. Aufl. 1982)

der beim Kracken entstehenden ungesättigten Kohlenwasserstoffe.« (W. Strube)

In seinem Buch »Kleine Geschichte der Technik für Jungen« beschreibt der Sachbuchautor Egon Larsen in einem Abschnitt über »Die automatische Fabrik« die Erdölraffinerie als »die ›älteste‹ aller automatischen Fabriken« wie folgt:

»An einem Ende wird sie mit Erdöl-Destillaten versorgt. Dann wird im ›Krackverfahren‹ unter hoher Temperatur und hohem Druck die Spaltung des Destillats bewirkt, und nach einer Reihe chemischer Vorgänge wird schließlich Benzin erzielt. Ein halbes Dutzend Menschen genügt, um den ganzen Betrieb in Gang zu halten, denn eingebaute Instrumente überwachen alle Vorgänge. Wenn etwa die Temperatur der Flüssigkeiten oder der Gase zu hoch wird, schickt der Thermostat ein entsprechendes Signal zur automatischen Betriebszentrale und von hier gehen elektrische ›Befehle‹ an die Heizanlagen, die entsprechend geregelt werden. Auf die gleiche Weise werden Druck, Menge, Ölfluß und vieles andere gesteuert. Vielfach öffnen und schließen von ›Servomotoren‹ angetriebene mechanische, pneumatische oder hydraulische Geräte Ventile, lassen Flüssigkeiten schneller oder langsamer Fließen, diesen oder jenen Vorgang starten oder stoppen.«

Zur Entwicklung der Petrolchemie ist im »Brockhaus der Naturwissenschaften und Technik« von 1989 zu lesen.

»Die P. nahm nach 1950 in Europa einen großen Aufschwung, als Erdöl billig zur Verfügung stand. In dieser Zeit wurden viele traditionelle Stoffe (z.B. die Baumwolle, Glas, Stahl) durch Produkte petrochemischer Herkunft (z.B. Kunststoffe, Synthesefasern) ersetzt. (...) Nach 1970 war die Entwicklung durch steigende Erdölpreise gekennzeichnet. Rohbenzin (Naphtha), der Hauptrohstoff der P. verteuerte sich von 80 DM/t (1972) auf 650 DM/t (1981). Da für die Herstellung von Kunststoffen, Synthesekautschuk, Synthesefasern, Lacken u.a. erforderl. Grundchemikalien aus Erdöl mit besserer Ausbeute und geringerem Aufwand an Anlagenkapital und

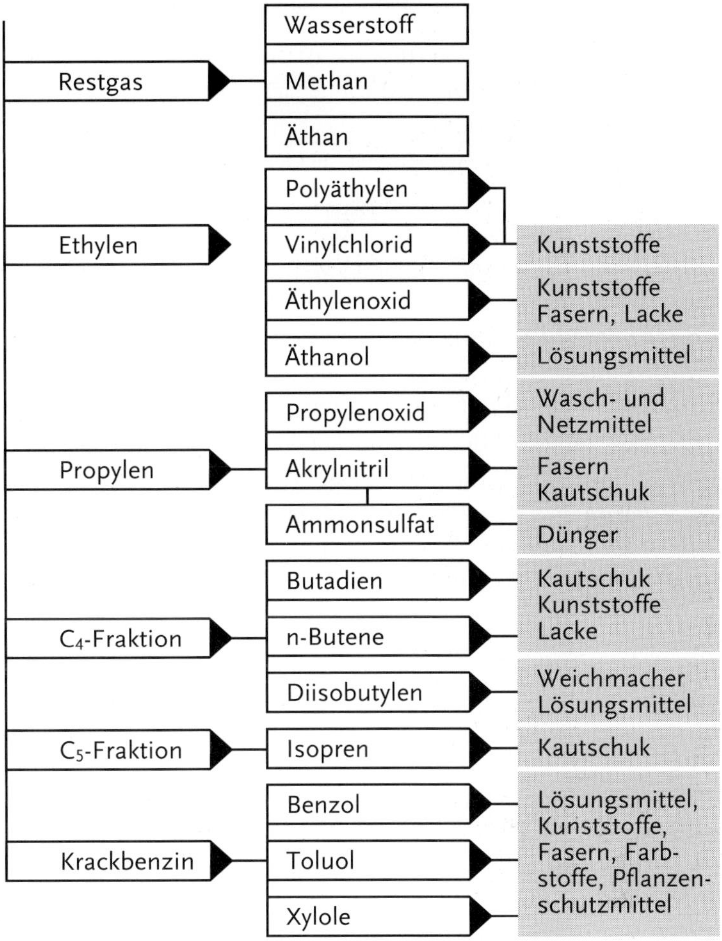

Abb. 16 Produkte aus dem Crackprozess (Quelle: s. Abb. 15)

Energie hergestellt werden können als aus Kohle, wird die P. auch in Zukunft ihre Bedeutung behalten.«

Am Ende des 20. Jahrhunderts (1999) verzeichnete »Harenbergs Lexikon der Gegenwart« zum Erdöl u.a. folgende Fakten:

»Die weltweite E.-Förderung erreichte nach 1996 auch 1997 mit rd. 72,1 Mio Barrel (engl.: Fass mit 159 l) proTag (bpd) eine neue Rekordmarke (Steigerung: 3,26 %). Die größten Zuwächse waren in Afrika, Lateinamerika und dem Nahen Osten zu verzeichnen. Hohe Steigerungsraten gegenüber 1996 erzielten insbes. Brasilien, Mexiko, Venezuela und der Irak.

Deutschland: Mit 99 Mio t wurden 1997 fast 4 Mio t weniger importiert als im Vorjahr. Zu den wichtigsten Lieferanten gehörten Russland (24,5 Mio t), Norwegen (21,8 Mio t) sowie Großbritannien (16,7 Mio t). Die national geförderte E.-Menge reduzierte sich 1997 auf 2,8 Mio t. Grund für den Rückgang war die Schließung ausgebeuteter Felder. Ende 1997 schätzten die Fachleute die inländischen E.-Reserven auf etwa 53 Mio t.«

Die Gewinnung von organisch-chemischen Grundstoffen aus Erdöl entwickelte sich unter der Bezeichnung *Petro(l)chemie* zu einem wichtigen Teilgebiet der chemischen Technologie. Aus den Primärprodukten – wie Ethylen, Propylen, Benzol, Toluol, Xylole – werden unter Verwendung von Wasserstoff und Kohlenmonoxid zahlreiche Sekundärprodukte, z.B. als Ausgangsprodukte für Polymere (Kunststoffe), Waschrohstoffe, Lacke, Frostschutzmittel und auch Arzneimittel gewonnen.

Unter dem Begriff *Petrolchemie* (*Petrochemie* seit 1912 für Gesteinschemie, seit 1950 *Petrolchemie* für den Bereich der Erdöl- und Erdgaserzeugnisse – engl. petrochemistry) werden heute alle chemischen Reaktionen von Methan und Erdölkohlenwasserstoffen, im technischen Maßstab für die stoffwandelnde Verarbeitung von Erdöl und Erdgas verwendet. In Anlehnung an das englische ›petrochemistry‹ ist heutzutage aber auch im deutschen Sprachgebrauch die Bezeichnung *Petrochemie* für den Bereich der Erdöl- und Erdgaschemie üblich. Im »Brockhaus der Naturwissenschaften und Technik« von 1989 wird *Petrochemie, Petrolchemie* als der Teil der chemischen Großindustrie definiert, der Chemierohstoffe aus Erdöl und Erdgas herstellt und damit ein Bindeglied zwischen der Erdölverarbeitung, den Raffinerien, und der eigentlichen chemischen Industrie bildet. Weiter wird als wichtigstes Verfahren das Steamcracken (Spaltung von meist Rohbenzin bei etwa 850 °C in Gegenwart von Wasserdampf in kleinere Bruchstücke) bezeichnet, bei dem u.a. Ethylen, Propylen, Butadien, Pyrolysebenzin (aromatenreiche Benzinfraktion, Oktanzahl 92–100) u.a. Produkte entstehen. Aus dem Pyrolysebenzin lassen sich Aromaten wie Benzen (Benzol) gewinnen. Die Primärprodukte der Petrolchemie werden dann in weiteren Verfahrensstufen zu Sekundärprodukten, z.B. Vinylchlorid, Styrol, Phenol) verarbeitet – und diese schließlich bilden die Ausgangsprodukte zur Synthese einer Vielzahl chemischer Produkte.

Ein wichtiges Zwischenprodukt aus Synthesegasanlage ist Methanol, Aus dem Steamcracker kommt Ethylen, das sich u.a. in Ethanol als Lösungmittel und Zwischenprodukt auch für Pharmazeutika, Lacke u.a. Produkte verwenden lässt.

Experiment 5 Alkohole – Umsetzung mit Kaliumpermanganat

Materialien

6 Schnappdeckelgläser, Methanol, Ethanol, Isopropanol, Glykol, Glycerin, 0,2%ige wässrige Kaliumpermanganat-Lösung, Natriumcarbonat (Soda)

Durchführung

Je 10 Tropfen der verschiedenen Alkohole werden jeweils in ein Glas gegeben und auf etwa ein Drittel des Glasvolumens mit Wasser verdünnt. Dann fügt man je einen Tropfen der Permanganatlösung hinzu, so dass eine deutliche rotviolette Färbung zu sehen ist. Zum Vergleich wird in einem weiteren Glas Wasser mit einem Tropfen Permanganatlösung versetzt. Zuletzt fügt man jedem Glas noch einen kleinen Spatellöffel voll Natriumcarbonat (Soda) hinzu und schwenkt jedes Glas kurz um.

Beobachtungen

Nach kurzer Zeit haben sich die Methanollösung nach schwach rosa, die Glykollösung gelblich verfärbt; die Glycerinlösung hat sich fast vollständig entfärbt. Im Unterschied zur Vergleichslösung (nur Wasser mit einem Tropfen Permanganatlösung) nehmen auch die Farbintensitäten in der Lösung von Ethanol und Isopropanol langsam ab.

Erläuterungen

Die einfache Versuchsreihe zeigt die unterschiedlichen Eigenschaften, die unterschiedliche Oxidierbarkeit (d.h. auch Abbaubarkeit in Abwässern) der Alkohole. Methanol, der einfachste Alkohol mit nur einem Kohlenstoffatom, und die beiden mehrwertige Alkohole, Glykol mit zwei Kohlenstoffatomen und zwei Alkohol(OH)-Gruppen sowie Glycerin mit drei Kohlenstoffatomen und drei OH-Gruppen werden schnell oxidiert, wobei zunächst organische Säuren und schließlich Kohlenstoffdioxid und Wasser entstehen.

Das bedeutende chemische Großprodukt Methanol wurde 1923 erstmals durch katalytische Umsetzung von Kohlenmonoxid mit Wasserstoff durch M. Pier technisch hergestellt. Das dafür erforderliche Synthesegas wird aus Erdölrückständen (oder aus Erdgas) gewonnen.

Phenol – aus der Oxidation von Toluol

Phenol wurde erstmals aus Steinkohlenteer isoliert (1834 von F. F. Runge in Oranienburg bei Berlin) und wurde lange Zeit als Desinfektionsmittel verwendet. Technische Bedeutung hat die Synthese durch Oxidation von Toluol, einer Primärchemikalie aus Erdöl, bzw. aus Cumol (2-Phenylpropan), das wiederum im technischen Maßstab durch Alkylierung von Benzol (ebenfalls ein Primärprodukt der Petrochemie) mit Propylen (aus dem Steamcracker, der Olefinanlage) gewonnen wird. Aus Phenol können dann Phenolharze, und Adipinsäure (Butan-1,4-dicarbonsäure) mit den Folgeprodukten Nylon, Weichmachern und Polyurethane gewonnen werden.

Experiment 6 Sublimation und Basisreaktion des Phenols mit Eisen

Materialien

Phenol, Eisen(III)chlorid-Lösung, trockenes Reagenzglas, Spirituslampe, Schnappdeckelglas, Plastikpipette

Durchführung

In einem trockenen Reagenzglas werden einige Kristalle des Phenols über der Flamme der Spirituslampe vorsichtig erwärmt.

In einem Schnappdeckelglas werden ebenso wenige Kristalle in Wasser gelöst und mit der verdünnten, schwach gelb gefärbten Eisen(III)chlorid-Lösung versetzt.

Beobachtungen

Im Reagenzglas entsteht rasch eine Schmelze aus Phenol. Die Flüssigkeit siedet, weiße Dämpfe steigen bis zur Hälfte des Glases auf und nachdem man das Glas aus der Flamme entfernt hat, bildet sich ein weißer Belag im oberen Teil des Glases, ein Teil des Dampfes kondensiert wieder und fließt auf den Boden des Reagenzglases zurück.

In der wässrigen Lösung entsteht mit dem Eisen(III)chlorid-Reagenz eine blauviolette Farbe.

Erläuterungen

Phenol (in Form von Nadeln) als einfachster Alkohol des bei Raumtemperatur flüssigen Benzols schmilzt bereits bei 40,8 °C und siedet bei 182,2 °C. Ein Teil des Phenoldampfes kann sich im kälteren Teil des Glases in fester Form absetzen (Bildung feiner Nadeln).

In Lösung bildet Phenol eine farbige Komplexverbindung mit Eisen(III)-Ionen, wie andere ähnliche Verbindungen (s. Experiment 10) auch.

Experiment 7 Synthese eines Farbstoffes

Auch für die technische Synthese von Farbstoffen, die mit einer überraschend kleinen Zahl von Primärsubstanzen wie Benzol, Toluol und den Xylolen (als petrochemischen Sekundärprodukten) sowie Naphthalin und Anthracen (aus dem Steinkohlenteer) auskommt, ist Erdöl ein Ausgangsprodukt (W. Kratzert u. R. Peichert)

Abb. 17 Teil einer Erdölraffinerie

Materialien

Reagenzien: Phthalsäureanhydrid, Pyrogallol

Reagenzglas, Reagenzglashalter, Spirituslampe, 100-ml-Becherglas, Natriumcarbonat (Soda), Spatellöffel, Porzellanschale

Durchführung

Je ein Spatellöffel voll der beiden Reagenzien werden in der Porzellanschale gut vermischt, das Gemisch in das trockene Reagenzglas gefüllt. Dann erwärmt man das Glas vorsichtig in der Spiritusflamme bis eine gleichmäßige gelb gefärbte Schmelze entstanden ist. Danach wird die Schmelze unter Hin- und Herbewegen des Reagenzglases vorsichtig einige Zeit weiterhin erwärmt, bis eine rote Farbe entsteht. Danach lässt man den Inhalt des Glases abkühlen, fügt dann bis zu einem Drittel des Volumens Wasser hinzu und erhitzt bis zum Sieden. Die heiße Lösung wird dann in das Becherglas gegossen und bis zur Beendigung des Schäumens mit festem Natriumcarbonat versetzt.

Beobachtungen

Beim Abkühlen des Reagenzglases, nachdem die Schmelze sich von gelb nach rot verfärbt hat, beobachtet man die Bildung von Nadeln, die aus zuvor feststellbaren Dämpfen entstanden sind. Der Schmelzkuchen löst sich nur langsam beim Erhitzen mit Wasser. Im Becherglas entsteht nach der Zugabe von Natriumcarbonat eine intensiv rot gefärbte Lösung.

Erläuterungen

Es handelt sich um die klassische Synthese eines Gallein-Farbstoffes. Der Name ist auf die Gallussäure zurückzuführen, aus der durch Decarboxylierung (Abspaltung der Carboxylgruppe) Pyrogallol entsteht. Pyrogallol schmilzt bei 128,5 °C, Phthalsäureanhydrid bei 130,8 °C (bildet sublimierbare Nadeln). Diese Synthese wurde erstmals von A. v. Baeyer 1871 beschrieben. Beide Verbindungen sind Benzolderivate: es reagieren zwei Moleküle Pyrogallol mit einem Molekül Phthalsäure (bzw. Phthalsäureanhydrid). Der Gallein-Farbstoff – 4′,5′-Dihydroxyfluorescein – ist in Wasser nicht löslich, bildet mit 1½ Molen Wasser ein rotbraunes Pulver, löst sich in Alkalien sowie in Alkohol und Aceton. In Säuren entstehen rotgelbe Lösungen. Gallein als Säure-Base-Indikator weist bei pH 3,8 eine braungelbe und bei pH 6,6 eine rosa Farbe auf. Führt man die Synthese temperaturkontrolliert (unter Verwendung eines Thermometers) bei 190 bis 200 °C durch, so erhält man höhere Ausbeuten, d.h. intensiver gefärbte Lösungen. Phthalsäureanhydrid gewann man bis 1960 fast ausschließlich aus Naphthalin – durch katalytische Oxidation mit Luftsauerstoff, heute meist durch Oxidation von *o*-Xylol. Die Xylole (Dimethylbenzole) fallen wiederum beim Reformieren und Cracken von Erdöl in der Aromatenfraktion an.

Experiment 8 Synthese eines Kunststoffes – von Polyurethan

Materialien

Reagenzien: Desmophen®-Aktivatorgemisch (Fa. Bayer), Desmodur® 44 V (Fa. Bayer)

0,2-l-Plastikbecher (durchsichtig), Holzstab (Schaschlik-Spieß)

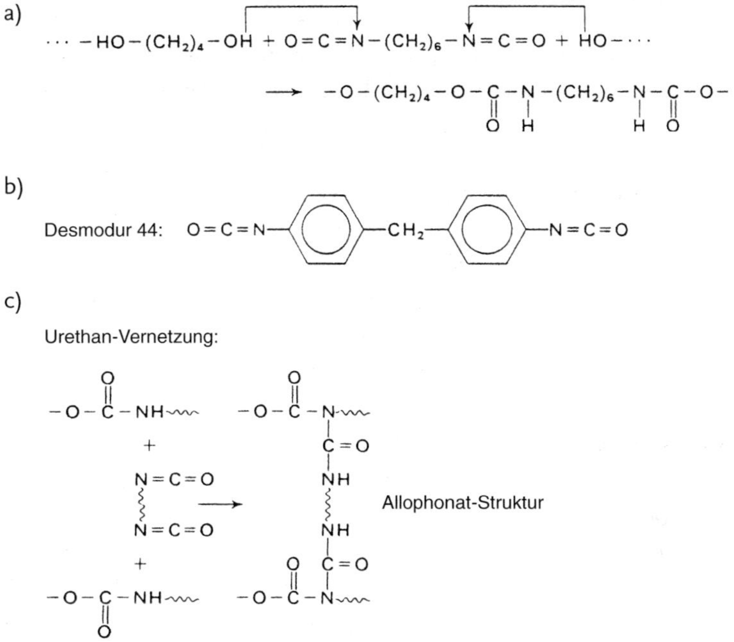

Abb. 18 Reaktionen zum Polyurethan-Schaum (Einzelheiten s. im Text)
a) Reaktion von 1,4-Butandiol mit Hexamethyldiisocyanat (lineares Polymer)
b) Isocyanatkomponente Desmodur H (reagiert mit Desmophen zu vernetzten Polyurethanen = Schaumstoffen)
c) Urethan-Vernetzung

Durchführung

In einem 0,2-l-Plastikbecher werden zu 4 g Desmophen®-Aktivatorgemisch 6 g Desmodur® 44 V gegeben. Die Mischung wird nach Zusatz von wenigen Tropfen Wasser mit einem Holzstab so lange gerührt, bis der Reaktionsbeginn durch die Entwicklung von Gasblasen erkennbar wird. (Eine Benetzung der Haut mit den beiden Komponenten muss unbedingt vermieden werden.)

Beobachtungen

Die zu Beginn entstehenden Gasblasen führen zu einer Schaumbildung. Der Schaum breitet sich bis zum Rand und auch darüber aus.

Erläuterungen

Die Polyurethane (PUR) – und damit das Polyadditionsverfahren – wurden 1937 von dem Chemiker Otto Bayer (1902–1982, ab 1933 Leiter der wissenschaftlichen Hauptabteilung in Leverkusen, zuletzt ab 1964 Aufsichtsratsvorsitzender der Farbenfabriken Bayer AG, Leverkusen) entdeckt und im selben Jahr patentiert.

Polyurethane sind Polymere, die durch eine Polyaddition von mehrwertigen Alkoholen (z.B. 1,4-Butandiol – hier Polyester mit endständigen OH-Gruppen) mit mehrwertigen Isocyanaten (z.B. Toluylendiisocyanat) gewonnen werden. Sie enthalten die Gruppe –NH-CO-O-. Die physikalischen Eigenschaften der vernetzten Polyurethane lassen sich in weiten Bereichen durch die Anzahl, Art und Stellung der reaktionsfähigen Gruppen und durch die Mischungsverhältnisse variieren. Die Schaumstoffe werden wie gezeigt durch direktes Vermischen der Komponenten unter Zusatz von Hilfsstoffen – Katalysatoren, Treibmitteln – hergestellt.

Mit den verwendeten Komponenten entstehen vernetzte Polyurethane – aus dem Diisocyanat im Desmodur 44 und den Polyestern oder Polyethern der Desmophenkomponente –, verzweigte Polyester aus Adipinsäure und Phthalsäure mit einem Überschuss an Triolen und Diolen, lineare Polyestern aus Adipinsäure mit einem Überschuss an Diolen oder Polyether mit freien OH-Gruppen.

Die Eigenschaften der synthetisierten Polyurethane hängen vom Vernetzungsgrad ab, der Vernetzungsgrad wiederum ist abhängig von der Anzahl der seitenständigen OH-Gruppen im Desmophen® und dem Anteil an Triisocyanaten. Der beobachtete Treibvorgang bei der Bildung des Polyurethan-Schaums wird durch Wasserzusatz bewirkt. Zwei Reaktionen laufen dann nebeneinander ab: die Umsetzung der Desmodur®-Komponente mit der Desmophen®-Komponente zu Polyurethan und die Reaktion (Decarboxylierung) der Desmodur®-Komponente mit Wasser zu Kohlenstoffdioxid:

$$R-N=C=O+H-OH \rightarrow R-NH-COOH$$
$$\rightarrow CO_2\uparrow + R-NH_2$$

Die Grundsubstanzen sind Produkte der Erdölchemie.

Pharmazeutische Produkte

Im 16. Jahrhundert schrieb der Baseler Goldschmied, Chymist und praktische Arzt Leonhardt Thurneysser (1530 oder 1531 bis 1596) über das Erdöl (zitiert nach W. Rühl):

»Täglich 3 Löffel eingenommen, ist dieses die edelste Feuchtigkeit, die hilfft, wenn die Nerven vertrucknet, bey heyserkeit und hundsbiss, vertreibet dieses Öl den Stein, stercket die memoriam, heylet fistelen, Teigwartzen und faulende stinckende Schäden, zertheilet knorren und beulen, und ist ein fürtrefflich remedium, in einer Fleischbrühe oder Honigwasser eingenommen, eine köstliche Artzney für die Würm im Leib und für die, denen allerhand Leuss Löcher in die Köpff gefressen gehabt.«

Experiment 9 »Schwarze Salbe« Ichtholan mit dem Wirkstoff Ammoniumbituminosulfonat

Materialien

ICHTHOLAN® 50 % Salbe (»Zusammensetzung: 100 g Salbe enthalten: Ammoniumbituminosulfonat (ICHTHYOL®) 50 g. Sonstige Bestandteile: gelbes Vaselin, mikrokristallines Wachs, Wollwachs und gereinigtes Wasser.«)

Reinigungsbenzin, Spiritus, Natriumcarbonat; Glasstab, Schnappdeckelgläser, 25-ml-Becherglas, Plastiktrichter mit Filterpapier

Durchführung

In zwei Schnappdeckelgläser wird mit Hilfe des Glasstabes je eine erbsengroße Menge der »Schwarzen Salbe« gebracht. Dann füllt man die Gläser bis zu einem Drittel des Volumens mit Benzin bzw. Spiritus und schüttelt die verschlossenen Gläser für ca. 30 Sekunden. Nach dem Absetzen die nicht gelösten Bestandteile vergleicht man die Farben der Lösungen.

Danach fügt man dem Glas mit Benzin das gleiche Volumen an Wasser und einen Spatellöffel voll Natriumcarbonat hinzu und schüttelt wiederum für ca. 30 Sekunden. Dem Glas mit der Spirituslösung wird je zur Hälfte des vorhandenen Volumens mit Wasser bzw. Benzin sowie einem Spatellöffel voll Natriumcarbonat versetzt und das Gemisch ebenfalls geschüttelt.

Im dritten Teil des Experimentes wird eine erbsengroße Menge der Salbe mit 10 ml Wasser in einem Schnappdeckelglas kräftig geschüttelt und der Extrakt filtriert.

Beobachtungen

Der Extrakt mit Wasser weist eine gelbgefärbte Emulsion (nach der Filtration nur noch als schwach gelbe Emulsion), die Lösung in Spiritus (Ethanol) ist gelb, diejenige in Benzin dunkel braungelb gefärbt.

Nach der Verteilung und Trennung der Phasen sind die unteren wässrigen Phasen leicht getrübt. Die wässrige Phase der Spirituslösung ist schwach gelb gefärbt, diejenige aus der Verteilung mit Benzin jedoch farblos. Die Benzinphase aus der Verteilung der Spirituslösung mit Wasser ist gelb gefärbt.

Erläuterungen

Das gelbe (unpolare) Vaselin – eine Komponente, die aus Erdöl gewonnen wurde, löst sich vor allem im Benzin. Die Färbung im polaren Spiritus ist auf den polareren Hauptbestandteil, das Ammoniumbituminosulfonat, zurückzuführen – das sich teilweise aber auch im Benzin löst – deshalb die dunkle braungelbe Farbe. Die gelbgefärbte

Emulsion in der wässrigen Phase und nach der Verteilung der Spirituslösung mit Benzin zeigt die wenn auch geringe Wasserlöslichkeit des Sulfonats.

Petroleum, auch als Steinöl bezeichnet, war seit 1874 Ausgangsprodukt für die Herstellung von Vaseline und auch von Ichthyol. R. Schroeter gelang es 1880, »das schon lange auch zu Heilzwecken genützte ›Steinöl‹ durch Sulfurierung wasserlöslich zu machen. In die Therapie führte das Ichthyol der Hamburger Dermatologe P. G. Unna (seit 1882) ein.« (W. Schneider)

Experiment 10 Salicylsäure, Resorcin und auch Vanillin – aromatische Verwandte des Phenols

Materialien

Eisen(III)chorid-Lösung (verdünnt, schwach gelb gefärbt), Salicylsäure, Vanillin, Resorcin
Schnappdeckelgläser

Durchführung

Je eine Spatelspitze der drei Stoffe wird jeweils in einem Schnappdeckelglas mit Wasser und verdünnter Eisen(III)schlorid-Lösung versetzt und geschüttelt.

Beobachtungen

Mit Salicylsäure tritt sofort eine intensive Rotviolettfärbung auf. Resorcin und Vanillin ergeben blaugefärbte Lösungen (mit einem Rotton). Die blaue Farbe ist beim Vanillin am schwächsten.

Erläuterungen

Salicylsäure ist die *o*-Hydroxybenzoesäure, Benzoesäure die einfachste Säure des Benzols. Resorcin verfügt im Unterschied zum Phenol über zwei Alkohol(OH)-Gruppen (1,3-Dihydroxybenzol) und Vanillin enthält am Benzolring drei verschiedene Gruppen: –OH, $–OCH_3$ (-methoxy) und –CHO, als 4-Hydroxy-3-methoxy-benzaldehyd. Alle drei Benzolderivate können wegen der OH-Gruppen mit Eisen(III)-Ionen farbige Komplexverbindungen bilden. Vanillin lässt sich zwar auf das Benzol zurückführen, kommt jedoch auch im Pflanzenreich (in Vanilleschoten) vor. Resorcin ist ebenfalls ein Destillationsprodukt natürlicher Harze und die Salicylsäure ist in ätherischen Ölen zu finden. Technisch wird sie durch Reaktion von Kohlenstoffdioxid auf das trockene Natriumsalz des Phenols (bei 120–140 °C und 5–6 bar) gewonnen. Resorcin kann durch eine Alkalischmelze der 1,3-Benzoldisulfonsäure gewonnen werden, diese wiederum durch die Sulfonierung von Benzol mit konzentrierter Schwefelsäure.

Experiment 11 Salicylsäure in der Aspirin-Tablette

Materialien

Aspirin-Tablette, Reagenzglas, Spirituslampe, Eisen(III)chlorid-Lösung (wie in den Experimenten 9 und 10)

Durchführung

Man lässt eine Tablette im Reagenzglas in Wasser etwas zerfallen und fügt Eisen(III)chlorid-Lösung hinzu. Dann erwärmt man über der Flamme der Spirituslampe.

Beobachtungen

Nach der Zugabe der Eisen(III)chlorid-Lösung färbt sich die zerfallene Tablette auf der Oberfläche sofort rotviolett. Beim Erwärmen geht die Farbe auch auf die gesamte Flüssigkeit über.

Aspirin®, die Acetylsalicylsäure, ist historisch ein Produkt des Kohlenteers, ebenso wie die ersten synthetischen Farbstoffe. Kohle- und Petrolchemie haben stofflich viele Gemeinsamkeiten, jedoch weist die Petrolchemie aus technologischer Sicht wesentliche Vorteile auf (s.o.). Phenol ist das Ausgangsprodukt für die Aspirin-Synthese und diese Substanz kann sowohl aus Kohlenteers als auch Erdöl gewonnen werden.

Abb. 19 Aufschrift einer Schachtel mit Aspirin-Tabletten

Um 1900 wurde die Acetylsalicylsäure, bereits 1897 vom dem 29jährigen Chemiker Felix Hoffmann synthetisiert, unter dem Markennamen Aspirin von der Firma Bayer/Elberfeld auf den Markt gebracht. Die erste Synthese wurde 1853 von dem französischen Liebig-Schüler Charles Frédéric Gerhardt beschrieben. Die als Mittel gegen Fieber bereits bekannte und seit der Mitte des 19. Jahrhunderts verwendete Salicylsäure hatte erhebliche Nebenwirkungen (Übelkeit und Ohrensausen), die beim Derivat nicht auftraten.

Literatur

Deutsches Erdölmuseum Wietze: Wanderweg zur Geschichte des Erdöls in Wietze, o.J.

Flechtner, Hans-Joachim: Du und die Chemie, Ausgabe Berlin 1960.

Gelius, Rolf: Erdöl, in: ABC Geschichte der Chemie, Leipzig 1989.

Greiling, Walter: Chemie erobert die Welt, Düsseldorf und Wien 1950.

Gulden, Walter: Ölfeldchemikalien. Kein Erdöl ohne Chemie, Chemie in unserer Zeit 35 (Nr. 2), S. 82–92 (2001)

Hildenbrand, Gebhard: Chemie der Kunst- und Farbstoffe, Herder, Freiburg/Basel/Wien 1976

Karlsch, Rainer u. Stokes, Raymond G.: Faktor Öl. Die Mineralölwirtschaft in Deutschland 1859–1974, C. H. Beck, München 2003

Kratzert, Wilfried u. Peichert, Rasmus: Farbstoffe, Quelle & Meyer, Heidelberg 1981.

Launer, Ekkehard: Zum Beispiel Erdöl, Lamuv, Göttingen 1991.

Mann, Charles C., Plummer, Mark L.: Aspirin. Wirtschaftskriege der internationalen Pharmaindustrie, München 1993.

Pietzsch, Andreas: Rund um das Erdöl. Arbeitsblätter zum Chemieunterricht mit Lösungen, Auer-Verlag, Donauwörth 2000.

Rühl, Walter: 125 Jahre Erdöl in Wietze, Vortrag am 17. September 1983, Erdölmuseum Wietze 1983.

Schivelbusch, Wolfgang: Lichtblicke. Zur Geschichte der künstlichen Helligkeit im 19. Jahrhundert, Frankfurt am Main, Ausgabe 1986.

Schneider, Wolfgang: Wörterbuch der Pharmazie. Band 4 Geschichte der Pharmazie, Wiss. Verlagsges., Stuttgart 1985

Strube, Wilhelm: Der historische Weg der Chemie, Köln 1989.

Weissermel, K. und H.-J. Arpe: Industrielle Organische Chemie, 5. Aufl., Weinheim 1998.

Wolter, Rolf: Der Ölschacht in Wietze. Werdegang des ehemaligen Erdölbergwerkes Wietze in der Gemeinde Wietze, Landkreis Celle. Veröffentlichungen aus dem Deutschen Erdölmuseum, Heft 3, Celle 2001

Zischka, Anton: Wissenschaft bricht Monopole, Goldmann Verlag, Leipzig 1936.

3. Chemische Experimente rund um das Salz

Deutsches Salzmuseum/Industriedenkmal Saline Lüneburg
Sülmeisterstraße 1, D-21335 Lüneburg,
Tel.: 04131/45065, Fax: 04131/45069
E-Mail: salzmuseum@aol.com,
www.salzmuseum.de

DEUTSCHES SALZMUSEUM

Die Lüneburger Saline (zur Geschichte s. weiter unten) wurde nach mehr als tausend Jahren 1980 geschlossen. Danach gründete sich ein gemeinnütziger Verein mit der Aufgabe, die alten Fabrikgebäude als Industriedenkmal zu erhalten und ein Salzmuseum einzurichten. 1983 entstand das Deutsche Salzmuseum/Industriedenkmal Saline Lüneburg. 1989 wurde das Salzmuseum eröffnet, 1991 erhielt das Museum vom Europarat in Straßburg den Europäischen Museumspreis für sein Konzept »Museum zum Anfassen«.

Industriedenkmal Saline Lüneburg, bestehend aus:

Brunnenhaus (1832 nach einem Entwurf des Salinen und Klosterinspektors Friedrich Laves aus Ratzeburg erbaut)

Siedehaus (1924 erbaut – mit Dauerausstellungen)

Eselstall (um 1850 erbaut, Ausstellungsfläche für Sonderausstellungen)

Wallrest mit Solebehältern (über den Kammern: Neubau aus Stahl und Glas mit Dauerausstellung »Salzmineralien« und dem Museumscafé »Salzsau«)

»Salz« im Deutschen Wörterbuch der Brüder Grimm

Der Ausflug in die Germanistik vermittelt Informationen für fächerübergreifende Betrachtungen – und ermöglicht zugleich einen Blick in die Geschichte.

Das »Deutsche Wörterbuch«, begründet von Jakob und Wilhelm Grimm (Band 14, erschienen 1893) verzeichnet unter dem Stichwort *salz* (in konsequenter Kleinschreibung!) eine Reihe unterschiedlicher chemischer Substanzen:

SALZ wird als *»gemeingermanische weiterbildung des indogerman. sal, das in den europäischen sprachen zu tage tritt«* beschrieben: engl. und schwed. salt – lat. sal. Ableitungen sind Sole und Sülze (Salzbrühe). Das Wort findet sich in Saline, Salpeter, Salmiak, Salami und Salat wieder und es spielte früher auch eine bedeutende Rolle in der Namensgebung von Siedlungen und Flüssen – so Salzach, Salzburg, Salzwedel, Salzgitter. Selters hieß früher Salt[a]rissa.

Im Deutschen Wörterbuch sind u.a. folgende Unterteilungen für Salz nachzulesen:

- *sal bezeichnet, wie das sal u.s.w. der verwandten sprachen, zunächst das bekannte küchengewürz, koch- oder küchensalz ...*
- *man theilt salz ein nach der gewinnung in steinsalz, das sich in mineralischer, krystallischer form in bergen findet ...*
- *salz, für salzwasser, besonders seewasser*
- *in weitern sinne bezeichnet salz auch andere stoffe, die an aussehen, geschmack und wirkung dem salz ähnlich sind ...*
- *von alaun, salpeter und ähnl. ... die neuere chemie bezeichnet mit salz jede verbindung eines metalls mit einem säurerest. Saure, basische, neutrale Salze.*
- *die volkssprache beschränkt den gebrauch von salz auf einige dem kochsalz besonders ähnliche salze, wie englisches, böhmisches, (...) salz für schwefelsaure talkerde.* CAMPE. *vgl. ferner bittersalz, glaubersalz, kleesalz u.a., während ihr soda, alaun u. dergl. nicht als salze gelten.*
- *salz speciell als riechsalz, englisches salz, zur belebung ohnmächtiger ...*

Abb. 20 Aufdruck auf einem Salzsäckchen des Museums

Die zusammengesetzten Wörter mit Salz reichen von *salzabgabe* bis *salzzoll* – darunter chemisch-technische Begriffe wie: salzablagerung, salzader, salzasche, salzbeimengungen, salzbereitung, salzbergwerk *(bergwerk, in dem steinsalz gewonnen wird)*, salzblühe *(eine art knotiges kochsalz, welches bei Hallstatt im thon eingesprengt gefunden wird)*, salzblume *(feine salzkristalle)*, salzbrennerei, salzbrühe, salzbrunnen, salzerde *(salzhaltige, mit salzen vermischte erde)*, salzerz *(mineralsalz, salz bez. salze in mineralischer form)*, salzflusz *(in den hüttenwerken eine mischung aus salpeter und weinstein, wodurch bei dem probieren die erze zum flusz befördert werden)*, salzgebirge, salzgehalt, salzgeist *(... benennung der salzsäure in der älteren chemie)*, salzgeschirr *(gerätschaften zur aufbewahrung oder zum transport von salz)*, salzgestein, salzgrube, salzhaltig, salzhaus, salzhütte *(hütte zur salzbereitung, salzsiederei)*, salzigkeit *(salzige beschaffenheit)*, salzkessel *(kessel zum salzsieden)*, salzkothe *(kothe oder hütte, in welcher das salz gesotten wird)*, salzkrücke *(krücke, mit der das salz in der salzpfanne hin und er bewegt wird)*,salzkrystall, salzmagazin, salzmine *(mine, erzgrube, in der steinsalz gewonnen wird)*, salzmühle *(mühle, in welcher salzstein zermalmt wird)*, salzpfanne *(grosze metall-*

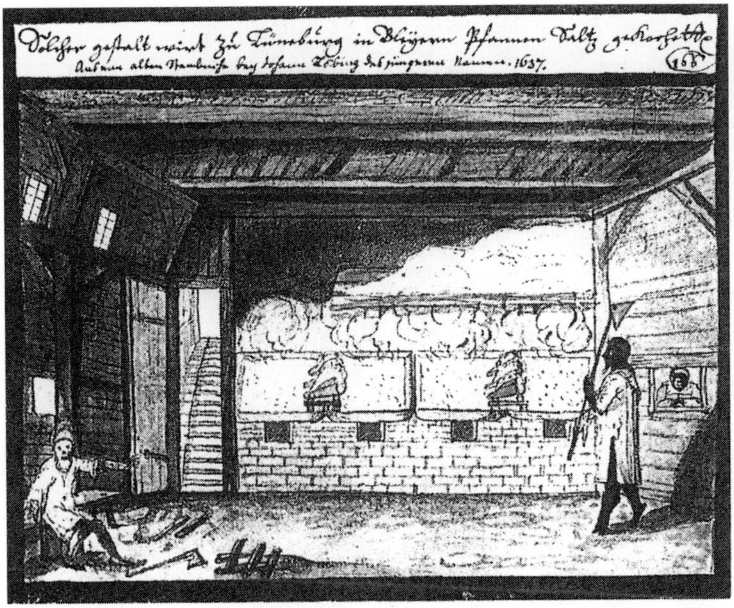

Abb. 21 Titelseite »Auf den Spuren des Salzes in Lüneburg. Ein salziger Stadtführer von Christian Lamschus, 2. Aufl. 1989 – Blick in ein Siedehaus (Gebhardi, Collectanea, Tl. 9, 1786)

pfanne in den salzwerken, in welcher die salzsole eingekocht wird), salzpfannenstein *(die feste, aus kochsalz und gips bestehende kruste, die sich beim salzsieden in den pfannen absetzt, als wiesendünger verwendet)*, salzprobe *(... 1) prüfung der sole auf ihren salzgehalt, 2) ein instrument zu diesem zwecke)*, salzprobekunst *(die kunst, salzsole auf ihren salzgehalt zu prüfen, sowie salzquellen aufzufinden)*, salzrinne *(rinne, in welcher die sole von der quelle bis zum salzwerk geleitet wird)*, salzsäure *(die im kochsalz enthaltene säure ...)*, salzschaufel, salzscheibe, salzschiff, salzsee, salzsieden, salzsiederei, salzsole, salzstadel, salzstätte *(eine erhöhung von erde, wo das fertig gesottene salz in körben getrocknet wird)*, salzstein *(eine compacte masse von kochsalz – 1) die mineralisch vorkommenden stücke salz, salzkrytsalle ... 2) das salz, welches sich beim sieden an der pfanne festsetzt, 3) eine harte, eisenfarbige gesteinart, die bei Salzdahlum in Braunschweig gebrochen wird)*, salzstock, salzthon *(mit steinsalz durchsetzter thon, wie er sich in steinsalzlagern befindet; als düngemittel verwendet)*, salztonne, salztopf, salztrockenofen *(ofen von eisenblech in salzwerken, um die kothe zu erwärmen und das trocknen des salzes zu befördern)*, salzwage, salzwasser, salzwerk ...

Die Salzgewinnung bei Agricola

Der Chemnitzer Stadtarzt und Bürgermeister Georg Agricola (1494–1555) verfasste die erste systematische Abhandlung über Bergbau und Hüttenwesen (s. auch Kap. 1). Sein Werk »De re metallica libri XII.«, ein Jahr nach seinem Tod 1556 in lateinischer Spra-

Die Sudhütten A. Gemalte Bilder B. Die erſte Abteilung der Hütte C. Die mittlere Abteilung D. Die hintere E. Zwei kleine Fenſter in der hinteren Wand F. Ein drittes Fenſter im Dach G. Brunnen H. Eine andere Art Brunnen I. Bottich K. Tragſtange L. Gabelförmige Stöcke, auf welche die Träger, wenn ſie ermüdet ſind, die Tragſtange auflegen M.

Abb. 22 Solbrunnen und Sudhütten (aus: Georg Agricola, Vom Berg- und Hüttenwesen, deutsche Ausgabe, Basel 1557, 12. Buch)

che und ein Jahr später in das Frühneuhochdeutsche übertragene Werk war zugleich das erste technologische Buch der Neuzeit und bis in das 18. Jahrhundert das grundlegende Handbuch des Berg- und Hüttenwesens (s. auch Kap. 1). Im »libri XII« (Kapitel 12) berichtet Agricola u.a. über die Salzgewinnung:

»Im vorhergehenden Buche habe ich die Vorschriften behandelt, wie man Silber von Kupfer scheidet, und es bleibt nun noch der Teil übrig, der sich mit den Verdichtungsprodukten aus Lösungen beschäftigt.«

Im Lateinischen schrieb Agricola für Verdichtungsprodukte *succi concreti*. Unter dem Begriff *succus concretus* versteht er Substanzen, die sich aus natürlichen oder künstlich hergestellten Lösungen abscheiden – somit sind Salze gemeint. Agricola fährt fort:

»Man kann nun zwar der Ansicht sein, dass dieser Teil mit dem eigentlichen Berg- und Hüttenwesen nichts zu tun hat; ich habe aber schon im zweiten Buche auseinandergesetzt, warum er von diesen Gebieten nicht getrennt werden darf. Diese Verdichtungsprodukte entstehen aus Wasser, das durch Vorgänge in der Natur oder durch künstliche Maßnahmen mit den entsprechenden Stoffen gesättigt wurde, oder aus solchen verflüssigten Stoffen selbst oder aus gemischten Mineralien. Kluge Menschen beobachteten einst, dass die Gewässer mancher Seen von Natur aus verschiedene Stoffe gelöst enthielten und sie unter der eintrocknenden Wirkung der Sonnenwärme in verdichtetem Zustande ausschieden, und dass auf diese Weise feste Körper entstanden. Es ist nun wahrscheinlich, dass man solche Gewässer an andere Stellen fließen ließ und sie an tiefliegende Stellen leitete, wo sie durch die Sonnenhitze eintrocknen konnten. Man sah aber, dass man auf diese Weise solche Verdichtungsprodukte nur im Sommer gewinnen konnte und auch nicht in allen Gegenden, sondern nur in warmen und gemäßigten, wo es im Sommer weniger regnet; und man fing deshalb an, solche Gewässer in Gefäßen durch daruntergebrachtes Feuer einzukochen. Auf diese Weise konnte man zu allen Jahreszeiten, in allen Gegenden, auch in recht kalten, aus salzhaltigen Wässern, die von Natur aus oder durch künstliche Maßnahmen mit diesen Salzen gesättigt waren, solche Verdichtungsprodukte gewinnen. Später sah man, dass von manchen gebrannten Steinen Flüssigkeiten tropften; man kochte solche Flüssigkeiten in Töpfen ein und gewann auf diese Weise feste Körper. In welchen Mengen und nach welchen Verfahren man diese festen Körper gewinnen kann, das kennenzulernen ist der Mühe wert.

Ich beginne mit dem Kochsalz. Es wird aus Wasser gewonnen, das von Natur aus oder durch menschliche Maßnahmen salzhaltig ist, aus Salzlösung oder Salzlauge. Aus natürlichem Salzwasser wird entweder in Salzgärten durch die Sonnenwärme oder in Pfannen und Rinnen mittels Eindampfen durch Feuer Salz gewonnen. Ebenso erhält man das Salz aus künstliche hergestelltem Salzwasser durch Eindampfen in der Hitze.«

Agricola beschreibt dann u.a. Salzgärten, die Gewinnung aus Meerwasser, das Einkochen von Salzwasser in Pfannen – und hier geht er sehr in die Details wie den Bau von Herden, die Konstruktion der Gebäude, die Größe von Eimern und Pfannen und ähnliches mehr.

Über den Vorgang des Salzsiedens ist zu lesen:

Die Schöpfeimer A. Die Kufe B. Der Bottich C. Der Siedemeißter D. Der Burſche E. Die Frau F. Holzſpatel G. Bretter H. Körbe I. Schaufel K. Rechen L. Stroh M. Becher N. Gefäß mit Blut O. Bierkanne P.

Abb. 23 Das Versieden der Sole in der Pfanne (Quelle: s. Abb. 22)

»Der Siedemeister und sein Stellvertreter sieden abwechselnd Tag und Nacht, die Festtage ausgenommen, Sole und gewinnen Salz. Keine Pfanne widersteht länger wie ein halbes Jahr der Einwirkung des Feuers. Der Siedemeister wäscht sie jede Woche mit Wasser aus, legt sie auf eine Unterlage von Stroh und klopft sie. Eine neue Pfanne behandelt man in dieser Weise in den ersten zwei Wochen dreimal, in den späteren zweimal. Bei dieser Behandlung fallen die Krusten vom Boden der Pfanne. Wenn man sie nicht entfernt, geht die Salzausscheidung auch bei stärkerem Feuer langsamer vor sich. Man braucht mehr Sole, und die Platten der Pfanne werden verbrannt. Risse, die sich in der Pfanne zeigen, werden mit Kitt verstrichen. Das Salz, das in den ersten zwei Wochen gewonnen wird, ist weniger gut, weil es gewöhnlich durch den Rost am Boden, an dem sich noch keine Krusten angesetzt haben, verunreinigt ist. Auf diese Weise wird Salz aus Salzbrunnen und Salzquellen gewonnen. Es kann aber ebenso auch aus Fluß-, See- und Meerwasser bereitet werden und auch aus Wasser, das künstlich salzhaltig gemacht worden ist. Denn an Orten, an denen man Salz gräbt, wirft man unreine Brocken und Abfälle in Süßwasser, das dann beim Einkochen Salz ausscheidet. Bisweilen siedet man auch Seesalz noch einmal in Süßwasser und bringt es in die Form von kleinen Kegeln.«

Agricola berichtet dann auch über die Gewinnung anderer Salze – so über die Gewinnung von Soda, Salpeter, Alaun und Vitriole, z.B. des Kupfers und Eisens (s. Kap. 1).

Aus der Geschichte der Lüneburger Salzgewinnung

Dass Jäger bei Lüneburg durch eine vom »sulen« in Salz weiße Wildsau die Salzquellen an der Ilmenau entdeckt hätten, ist eine Sage. Historisch belegt ist die Lüneburger Saline 956 in einer Urkunde König Ottos I., in der er die Schenkung des Salzzolles an das Kloster St. Michaelis am Fuße des Kalkberges verfügte. 1024 Jahre lang, bis zum 12. September 1980 wurde hier, wo sich heute das Deutsche Salzmuseum befindet, das lebensnotwendige Salz, das Kochsalz, als Siedsalz gewonnen.

Dazu schreibt Christian Lamschus u.a.: »Die Saline Lüneburg hatte als erster industrieller Großbetrieb Europas eine weit über die Grenzen Lüneburgs hinausragende Bedeutung. Die Lüneburger Saline war während des Mittelalters und der Frühen Neuzeit der bedeutendste Salzproduzent Nordeuropas; Lüneburger Salz war wegen seiner hohen Qualität ein begehrter Handelsartikel und wurde über Lübeck im gesamten Ostseeraum, einschließlich Rußlands gehandelt.«

Infolge der Zerstörung des Salzwerkes in Oldesloe durch Herzog Heinrich den Löwen 1152 erfolgte ein Aufschwung der Lüneburger Saline. 1273 verkaufte Herzog Johann von Braunschweig die Neue Sülze, verzichtete darauf, neue Salzwerke im Fürstentum zu gründen und ermöglichte damit der Lüneburger Saline eine Monopolstellung. Nach 1276 bestanden auf der Lüneburger Saline 54 Siedehäuser mit je 4 Siedepfannen von 1 m^2. Ab 1386 wurde die Neue Sülze ständig genutzt, die Sole von dort zur alten Saline geleitet. Der Bau des Stecknitzkanals ab 1390 ermöglichte einen Transport des Salzes über die Ilmenau, die Elbe, den Stecknitzkanal

Abb. 24 Aufbau einer Siedepfanne (Quelle: s. Abb. 22)

Abb. 25 Rundsiedepfanne um 1700 (Saline Hall/Tirol)

und die Trave bis nach Lübeck. Ab 1620 erfolgte ein Niedergang des Sülzwesens (Salzgewinnnung). Es traten Absatzschwierigkeiten auf, Siedehäuser mussten »kaltgelegt« (stillgelegt) werden. 1729 und 1799 erfolgten Reformen: Das Königliche Salinen-Reglement von 1729 versuchte, die Schwächen des Salinenwesens im Hinblick auf die Besitz- und Produktionsstrukturen zu beseitigen. 1799 erfolgte eine Salinenreform durch den Landschaftsdirektor von Bülow, welche die mittelalterliche Produktionsstruktur aufhob. Neue, größere Siedehäuser wurden gebaut und die Saline wandelte sich zu einem modernen Wirtschaftsbetrieb. 1813 sind die ersten Anfänge des Sol- und Moorbades Lüneburgs zu verzeichnen. 1852 wurde eine chemische Fabrik errichtet, die Produktionsanlagen wurden erweitert und man begann mit der Gewinnung von Soda, Schwefel, Chlorkalk und Glaubersalz (Natriumsulfat). 1888 schloss man sich der Norddeutschen Salinenvereinigung an, 1904 wurde vom Reichsgericht das Produktionsmonopol der Saline im ehemaligen Fürstentum Lüneburg aufgehoben. 1924 erfolgte die Umwandlung der Saline in eine Aktiengesellschaft. 1799 stellte man den Betrieb von der Holzfeuerung auf Torffeuerung, 1958 von der Kohlefeuerung auf Ölfeuerung um. Am 12. September 1980 stellte die Saline Lüneburg ihren Betrieb ein.

Die besonders gute Qualität des Lüneburger Salzes heben auch die Autoren der »Kulturgeschichte des Essens und Trinkens«, Gert v. Paczensky und Anna Dünnebier, unter der Überschrift *Der Mensch braucht Salz* hervor. Sie stellen fest, das Kochsalz, also Natriumchlorid, das einzige für den Menschen notwendige Gewürz ist. Der tägliche Bedarf liegt bei 5 g. Brot mit Salz war schon vor Christi Geburt das symbolische Mahl der Gastfreundschaft. Mit der Umstellung von tierischem Fleisch auf pflanzliche Nahrung fehlte den Menschen das Salz. Die Menschen nahmen bevorzugt und instinktiv salzhaltige Pflanzen zu sich. Vor allem Afrikaner, da sie in der Hitze viel schwitzten und dabei viel Salz verloren, brauchten unbedingt den täglichen Ersatz. In salzarmen Regionen wurde Salz zum weißen Gold. Es entstanden Salzstraßen, in Afrika zogen Karawanen durch den Kontinent. Der früheste bekannt gewordene Salzfund um 2200 v. Chr. stammt aus der Nähe von Luxor am Westufer des Nils. Im 2. Jahrtausend v. Chr. wurde auch in

Abb. 26 Salinenarbeiter und Siedebetrieb in Wieliczka (1645) südöstl. von Krakau im Karpatenvorland (700jähriges Salzbergwerk, seit 1978 UNESCO-Weltkulturerbe) – nach: Helga Schmiedel, Rund ums Salz, 3. Aufl., Leipzig 1986

Sachsen schon unterirdisches Salz gewonnen. Die Kelten beuteten um 1000 v. Chr. die Salzvorkommen von Hallstatt in Österreich aus.

»Salz diente nicht nur zum Würzen, sondern auch zum Haltbarmachen von Fisch, Fleisch, Butter und Käse. Entsprechend riesige Mengen wurden also zu allen Zeiten benötigt, wegen des Aufschwungs der Hochseefischerei besonders seit dem 15. Jahrhundert. Schon die alten Ägypter exportierten eingesalzenen Fisch.«

Die Gewinnungsverfahren von Salz, von der Verbrennung salzhaltiger Pflanzen bis zum Eindampfen salzhaltiger Wässer (wie auch Meerwasser), erforderten einen großen Aufwand an Energie, d.h. Brennmaterial. Die Menschen begannen somit die Wälder zu roden. Lüneburg wurde zu einem wichtigen Salzlieferant für die Heringsindustrie der Ostseeländer – und es entwickelte sich durch den hohen Bedarf an Holz die Heide.

Wegen der großen Bedeutung des Salzes entstanden Monopole, es wurden Salzkriege geführt, es fanden Salzaufstände statt und es wurden hohe Salzsteuern erhoben. Vom 9. bis 12. Jahrhundert waren viele Klöster Herren regionaler Salzmonopole, später gingen diese Pfründe an die Adeligen und auch auf Städte über. Das Monopol der Engländer auf Salz in Indien führte bis zum passiven Widerstand Gandhis gegen die Kolonialherrschaft. 1930 ließ Gandhi 50 000 Inder Salz von der Küste sammeln und in Läden ohne Steueraufschlag verkaufen. Tausende und auch Gandhi wurden eingesperrt, jedoch nach einem Jahr wurde Gandhi freigelassen und der Salzhandel freigegeben. In Deutschland wurde die Salzsteuer erst am 1. Januar 1993 abgeschafft.

Kochsalz = Natriumchlorid

Die Elemente, aus denen das Kochsalz besteht, Natrium und Chlor, wurden erst im 18. bzw. 19. Jahrhundert dargestellt. Der Apotheker C. Scheele, der auch den Sauerstoff entdeckte, gewann 1771 Chlorgas beim Behandeln von Braunstein mit »muriatischer Säure« (von lat. muria = Salzlake), der Salzsäure. Die Salzsäure wurde wahrscheinlich zum Ende des 13. Jahrhunderts entdeckt, 1650 gewann sie Glauber bei der Destillation von Natriumchlorid mit Schwefelsäure. 1758 konnte Marggraf anhand der Flammenfärbung Natrium- von Kaliumsalzen unterscheiden. Noch älter ist der Nachweis von Chloriden, den Salzen der Salzsäure. Robert Boyle beschrieb 1685 in seinem Buch zur Mineralwasseruntersuchung die Reaktion mit Silbersalzen, die wahrscheinlich schon Agricola (1494–1555) bekannt war.

Experiment 1 Nachweis von Chlorid mit Silbernitrat

Materialien Küchensalz (Kochsalz), 2%ige Silbernitrat-Lösung

Duchführung Ein halber Spatellöffel voll Küchen(Koch)salz wird in einem Schnappdeckelglas, das zur Hälfte mit entmineralisiertem Wasser gefüllt ist, gelöst. Dann fügt man einige Tropfen der Silbernitrat-Lösung hinzu.

Beobachtungen Es entsteht ein weißer, käsiger Niederschlag.

Erläuterungen

Es bildet sich das schwer lösliche Silberchlorid (Löslichkeit 10^{-5} mol/l = 1,43 mg/l AgCl).

Experiment 2 Flammenfärbung durch Natriumchlorid

Materialien

Reagenz: verd. (ca. 2 mol/l) Salzsäure
Magnesiastäbchen, Spirituslampe oder Gaslötbrenner,

Durchführung

Ein Magnesiastäbchen wird zunächst in der Flamme ausgeglüht. Dann befeuchtet man es mit Salzsäure, taucht es in Küchensalz und bringt auf diese Weise einige Kristalle in die Flamme.

Beobachtungen

Die Flamme färbt sich intensiv gelb.

Erläuterungen

Es handelt sich um die charakteristische Emissionsstrahlung des Natriums bei einer Wellenlänge von 589 nm.

Im Supermarkt findet man z.B. »Küchen Salz Siedesalz mittelgrob« mit den Angaben »ist ein hochwertiges, mittelgrobes Siedesalz. Es enthält keine Trennmittel bzw. Zusatzstoffe. Zutaten: Siede-Speisesalz«.

Die Flammenfärbung war bereits dem im 16. Jahrhundert lebenden Alchemisten Leonhardt Thurneysser zum Thurn (1630 oder 1631 in Basel geboren, 1596 in Köln gestorben) bekannt (s. in Kap. 1).

Bittersalz

Als *Bittersalz* wird das Magnesiumsulfat bezeichnet. Es trägt auch den Namen »Epsomsalz«, weil es erstmals 1695 durch den Engländer Nehemias Grew aus der Mineralquelle von Epsom in Südengland gewonnen wurde. Es wird bis heute als Abführmittel (Laxiersalz) geschätzt und war schon im 18. Jahrhundert in den Arzneibüchern verzeichnet. 1710 entdeckte man dieses Salz auch im Meerwasser, 1717 in der Quelle von Seidlitz in Böhmen und 1786 eine noch reichere Quelle in der Nähe von Saidschütz (Seidlitzer oder Saidschützer Salz).

Experiment 3 Nachweis von Magnesium mit Titangelb

Materialien

Reagenzien: 0,1%ige Titangelb-Lösung, 4 mol/l Natronlauge
Meersalz, Küchensalz
100-ml-Erlenmeyerkolben, Plastikpipette

Durchführung

Etwa 5 g Meersalz werden in 50 ml dest. Wasser gelöst und im Erlenmeyerkolben mit 0,2 ml Titangelb-Lösung bzw. 0,4 ml Natronlauge versetzt. Die gleiche Menge an Küchensalz wird in einem zweiten Kolben ebenfalls mit beiden Lösungen gemischt.

Beobachtungen

Die Lösung des Küchensalzes ist gelb, die des Meersalzes rotorange gefärbt.

Erläuterungen

Magnesiumionen bilden mit dem Titangelb als Reagenz einen rot gefärbten Komplex.

Im *Meersalz* ist Magnesium enthalten. Auf den Verpackungen ist z.B. verzeichnet: »körniges naturbelassenes Meersalz (...) Zum Kochen und für die Salzmühle. Es ist ein Naturprodukt aus den Salzgärten Siziliens.« Und speziell: »Marlin ist 100 % Meersalz und wird nach alten Verfahren nur aus Meerwasser mit Hilfe der Sonnenkraft und des Windes in den Salzgärten (Salinen) Siziliens gewonnen.«

Magnesiumchlorid verursacht auch das Feuchtwerden von Kochsalz, da es dort häufig als Beimengung auftritt. Aus diesem Grund wird unserem Speisesalz als sogenanntes Trennmittel auch Kaliumhexacyanoferrat(II) = gelbes Blutlaugensalz als Zusatzstoff (E 536) hinzugefügt.

Glaubersalz

Der in Karlstadt am Main 1604 geborenen Johann Rudolph Glauber war ein vielseitiger Erfinder chemisch-technologischer Verfahren. Er stellte Säuren und Salze her, u.a. auch sein »wundersames« Salz, nach ihm Glaubersalz genannt, das aus Natriumsulfat bestand. Um 1635 wirkte er auch als Leiter der Fürstlichen Hofapotheke in Gießen. Später besaß er ein großes Laboratorium in Amsterdam, wo er 1670 starb. Um 1680 wurde Glaubers Wundersalz auch in die Arzneibücher aufgenommen – als Sal Mirabile Glauberi. Es blieb bis in unsere Zeit als Abführmittel (Laxans) bzw. auch Diuretikum gebräuchlich.

Der
Verständige, kluge und ehrliche,
Auch der
Unverständige, dumme und betrügerische
Saltz-
und
Berg-Geist,
Oder
Kurtze doch gründliche Beschreibung des Saltz-wesens, worinn es bestehe, was ein wohl eingerichtetes Saltz-Werck einem jeden grossen Herren und allen dessen Unterthanen vor wichtigen Nutzen bringe, wie alle Saltzwercke um ein grosses zu verbessern, woran es bißhero gefehlet, daß so viele angefangene Saltzwercke, entweder gar nicht, oder doch nicht recht zum Stande gebracht werden können, auch wohl gar bald wieder eingangen, und nothwendig eingehen müssen.
Sehr deutlich, als wohl noch niemahls geschehen,
vorgestellet,
Durch einen sonderbahren Liebhaber aller grossen Herren ihres wahrhafften Interesse, auch Dero Unterthanen, zumahl der Armen, Wohlseyns und Aufnehmens.
Auf Kosten guter Freunde.
Gedruckt im Jahr, 1717.

Vollständige
auf Theorie und Erfahrung
gegründete
Anleitung zur Salzwerkskunde
von
Karl Christian Langsdorf
Hochfürstl. Brandenburg-Onolzbachischer Rath und Salinen-Inspektor zu Gerabronn; der Weltweisheit Doktor, der Hochfürstl. Hessischen und Königl. Schwed. patriotischen Gesellschaften, der Kurfürstl. Pfälzischen physikalisch-ökonomischen Gesellschaft zu Lautern und der Kurfürstl. Mainzischen Akademie der Wissenschaften zu Erfurth ordentlichem Mitglied.
Mit 22 Kupfertafeln.
Altenburg, 1784.
in der Richterischen Buchhandlung.

Abb. 27 Titelseiten von zwei Werken des 18. Jahrhunderts zum »Salzwesen«, zur »Salzwerkskunde«

Experiment 4 Nachweis von Sulfat

Materialien

Reagenzien: Bariumchlorid-Lösung (10%ig in 0,1%iger Salzsäure), 1%ige Salzsäure

Durchführung

1 Spatellöffel voll Meersalz wird in ca. 10 ml 1%iger Salzsäure in einem Schnappdeckelglas gelöst. Dann fügt man bis zu 10 Tropfen der Bariumchlorid-Lösung hinzu.

Beobachtungen

Es entsteht eine Trübung, die nach längerem Stehenlassen in einen weißen Niederschlag übergeht.

Erläuterungen

Bariumionen bilden mit Sulfationen das schwer lösliche Bariumsulfat (Löslichkeit: $2{,}5 \times 10^{-4}$ %, entsprechend 250 mg/l), auch als Baryt bezeichnet. Auch im *Salz* aus dem *Toten Meer* ist Sulfat enthalten (s. u. Badesalz).
Als weitere spezielle Salze aus dem Supermarkt kennen wir:
Iodsalz, Diätsalz und *Badesalz.*

Iodsalz

Iod ist ein Spurenelement, das im Meerwasser, in Fischen und in vielen Pflanzen vorkommt und im menschlichen Körper zum Aufbau des Schilddrüsenhormons Thyroxin benötigt wird. Der Bedarf pro Tag beträgt etwa 0,15 mg. Ein Iodmangel über längere Zeit führt zur Kropfbildung. Vor allem in iodarmen Gebieten, d.h. mit iodarmem Trinkwasser, gleicht man den Bedarf durch iodierte Speisesalze aus. Dem Kochsalz wird Iod als Iodat, in einer Verbindung mit Sauerstoff, zugesetzt, woraus im Körper durch Reduktion Iod oder Iodid gebildet werden kann.

Ein »Jodsalz mit Fluor« enthält z.B. als »Zutaten: Siedesalz, Kaliumfluorid, Kaliumjodat, Trennmittel: E 536«.

Bei dem Trennmittel E 536 handelt es sich um das Kaliumhexacyanoferrat(II), das gelbe Blutlaugensalz.

Experiment 5 Iodat-Nachweis in iodiertem Speisesalz

Materialien

Reagenzien: konz. Salzsäure, Kaliumiodid (als Feststoff)
0,2%ige Stärkelösung (z.B. aus Gustin Fix neu: modifizierte Stärke)

Durchführung

1 Spatellöffel voll iodiertem Speisesalz wird in einem Schnappdeckelglas in ca. 10 ml Wasser gelöst. Dann werden 0,5 ml der Stärkelösung, zwei bis drei Tropfen der konz. Salzsäure und einige wenige Kaliumiodid-Kristalle hinzugefügt. Der gleiche Vorgang wird mit Kochsalz ohne Iodat-Zusatz wiederholt.

Beobachtungen

Nach der Zugabe des Kaliumiodids färbt sich die Lösung intensiv blau. Beim Kochsalz ohne Iodat-Zusatz tritt keine Blaufärbung auf.

Erläuterungen

Das Iod, welches die Blaufärbung mit der Stärke verursacht, bildet sich aus dem Iodat nach folgender Gleichung (Vorgang der Komproportionierung):

$$IO_3^- + 5\,I^- + 6\,H^+ \rightarrow 3\,I_2 + 3\,H_2O$$

Neben dem Iodat können solche speziellen »Kochsalze« auch das Element Fluor als Fluorid enthalten. Fluor gehört ebenfalls zu den Spurenelementen. Es fördert die Härtung des Zahnschmelzes und verringert bei einer Aufnahme von 1 mg/Tag die Karieshäufigkeit. Durch die Nahrung werden durchschnittlich jedoch nur 0,2 bis 0,5 mg aufgenommen.

Experiment 6 Fluoridnachweis

Materialien

Reagenzien: 0,1 mol/l Eisenthiocyanat-Lösung (aus 2,7 g Eisen(III)chlorid und 2,3 g Ammoniumthiocyanat, jeweils in 100 ml dest. Wasser gelöst und dann gemischt)

Durchführung

Einige Tropfen der intensiv rot gefärbten Eisenthiocyanat-Lösung werden jeweils in zwei Schnappdeckelgläsern mit dest. Wasser so weit verdünnt, dass noch eine deutliche Rotfärbung bestehen bleibt. Dann fügt man einen großen Spatellöffel voll Küchensalz bzw. fluoridhaltigem Iodsalz hinzu.

Beobachtungen

Im Glas mit dem Küchensalz verändert sich die Farbe im Vergleich zur Lösung mit dem fluoridhaltigen Iodsalz kaum.

Erläuterungen

Fluoridionen bilden mit Eisen(III)-Ionen einen farblosen Fluorokomplex, so dass die Konzentration an dem rotgefärbten Eisen(III)thiocyanat abnimmt.

$$Fe(SCN)_3 + 6\ F^- \rightarrow [FeF_6]^{3-} + 3\ SCN^-$$

Diätsalze

Diätsalze werden als Ersatz für Kochsalz verwendet, wenn bestimmte Erkrankungen wie Bluthochdruck, Herz- und Nierenleiden eine kochsalzarme Nahrung bzw. Diät erforderlich machen. Als Kochsalzersatz sind Verbindungen von Kalium, Calcium und Magnesium mit Adipin-, Bernstein-, Glutamin-, Kohlen-, Milch-, Salz-, Wein- und Citronensäure zum Würzen der Speisen zugelassen.

Beispiel: »Diät Salz. Jodierter Kochsalzersatz Natriumarm.«

Zutaten: Kaliumchlorid, Monokaliumphosphat, Geschmacksverstärker E 622, Trennmittel Calciumsilikat, Geschmacksverstärker E 628 und E 632, Kaliumjodat mind. 0,0025 %.«

E 622: Kaliumglutamat, E 628: Kaliumguanylat, E 632: Kaliuminosinat

Experiment 7 Nachweis von Kalium

Materialien

Reagenz: 2%ige Lösung von Kalignost

Durchführung

In einem Schnappdeckelglas wird ein kleiner Spatellöffel voll Diätsalz in etwa 10 ml dest. Wasser gelöst. Dann tropft man einige (wenige) Tropfen der Kalignost-Lösung hinzu. Zum Vergleich fügt man einer Kochsalzlösung die gleiche Tropfenzahl an Kalignostlösung hinzu.

Beobachtungen

Die Lösung des Diätsalzes ist schwach getrübt. Beim Zutropfen der Kalignost-Lösung entsteht eine intensive weiße Fällung.

Erläuterungen

Die Trübung der Diätsalz-Lösung ist auf das Trennmittel Calciumsilikat zurückzuführen. Kalignost ist der geschützte Name (Warenzeichen) für das Kalium-Reagenz Natriumtetraphenylborat. Es bildet mit Kalium- (aber auch Ammonium-, Rubidium- und Cäsium-)Ionen eine schwerlösliche Verbindung. 1949 wurde das Natriumtetraphenylborat von Georg Wittig (1897–1987, zuletzt Prof. Heidelberg, Nobelpreis für Chemie 1979) und Mitarbeitern erstmals beschrieben.

Experiment 8 Nachweis von Silikat

Materialien

Reagenzien: Ammoniummolybdat-Lösung (5 g Ammoniumheptamolybdat-Tetrahydrat in 100 ml dest. Wasser gelöst), verd. Salpetersäure (ca. 2 mol/l), 1%ige Oxalsäure-Lösung

Durchführung

Ein kleiner Spatellöffel voll Diätsalz wird in wenig Wasser gelöst, dann fügt man etwa das gleiche Volumen an verd. Salpetersäure hinzu und einige Milliliter der Ammoniummolybdat-Lösung. Nachdem man die Farbveränderung festgestellt hat, fügt man einige Tropfen der Oxalsäure-Lösung hinzu.

Beobachtungen

Die Lösung färbt sich intensiv gelb. Vorausgesetzt man hat nicht zuviel an Ammoniummolybdat-Lösung hinzugefügt, entfärbt sich die Lösung nach der Zugabe der Oxalsäure-Lösung wieder.

Erläuterungen

Silicationen bilden mit der Molybdänsäure eine gelb gefärbte Heteropolysäure, die Molybdatokieselsäure – $H_4[Si(Mo_3O_{10})_4]$ – bzw. das Ammoniumsalz. Diese Verbindung ist löslich – im Unterschied zur gleichen Verbindung mit Phosphat (s. folgendes Experiment). Durch Oxalsäure wird der Komplex aus Kieselsäure und Molbydänsäure im Unterschied zum Molybdatophosphat wieder zerstört.

Experiment 9 Nachweis von Phosphaten

Materialien

s. Experiment 8

Durchführung

Nach der Zugabe der Oxalsäure wird erneut die Ammoniummolybdat-Lösung hinzu gefügt. Die Lösung wird dann im Reagenzglas über der Spiritusflamme schwach erwärmt.

Beobachtungen

Es bildet sich eine hellgelbe Trübung, die sich nach kurzer Zeit als Niederschlag absetzt.

Erläuterungen

s. Experiment 8 – Ammoniummolybdat fällt aus salpetersaurer Lösung erst in großem Überschuss aus und ab etwa 40 °C bildet sich der Niederschlag des gelben Ammoniummolybdatophosphats (in Form kleiner Würfel und Oktaeder).

Badesalze

Ein ganz spezielles Salz stellt das *Badesalz* dar. Es gehört in den Bereich der Bedarfsgegenstände (nach dem Lebensmittel- und Bedarfsgegenständegesetz) bzw. der Kosmetika.

Ein historisches Badesalz ist das »Original Totes Meer Bade-Salz«. Hinweise auf der Verpackung lauten: »Totes Meer Wasser enthält kostbare Salze und Mineralien: je Liter 413 g wertvoller Mineralien wie Kalzium, Magnesium, Natrium- und Kaliumchloride und einen besonders hohen Anteil an gelöstem Brom.«

Experiment 10 Nachweis der Brom-Salze im »Original Totes Meer Bade-Salz«

Materialien

Reagenz: verd. Schwefelsäure (ca. 2 mol/l)
Chlorhaltiger Rohrreiniger, Reinigungsbenzin; Plastiktropfpipette

Durchführung

In einem großen Schnappdeckelglas wird ein gehäufter großer Spatellöffel voll Totem Meer Bade-Salz in wenig Wasser gelöst. Dann fügt man 1–2 Tropfen des chlorhaltigen Rohrreinigers hinzu. Vom Reinigungsbenzin wird nun zur Gesamtlösung ein gleich großes Volumen sowie einige Milliliter der verdünnten Schwefelsäure hinzugegeben. Das verschlossene Glas wird für ca. 30 Sekunden schwach geschüttelt, dann wartet man eine Phasentrennung ab.

Beobachtungen

Bereits nach der Zugabe der Tropfen des chlorhaltigen Rohrreinigers tritt eine Gelbfärbung in der Lösung auf, die sich nach der Zugabe der verd. Schwefelsäure wesentlich verstärkt. Nach dem Ausschütteln mit Benzin und der Trennung der Phasen färbt sich die obere Benzin-Phase braungelb.

Erläuterungen

Der deklarierte »hohe Anteil an gelöstem Brom« ist in Form von Brom-Salzen, als Bromide, vorhanden. Mit Hilfe der Oxidation durch Chlor erhält man aus den Bromid-Ionen elementares Brom, das sich gut im Benzin mit braungelber Farbe löst.

$$2\,Br^- + Cl_2 \rightarrow 2\,Cl^- + Br_2$$

Das chemische Element Brom (vom griech. Wort bromos: Gestank) wurde 1826 von dem französischen Apotheker und Chemiker Antoine Jérôme Balard (1802–1876, zuletzt Prof. für Chemie an der Sorbonne in Paris) in den wässrigen Extrakten von Algenaschen und auch in den Mutterlaugen von Meeressalzlösungen bei der Umsetzung mit Chlorwasser (wie im diesem Experiment) entdeckt.

Ein *synthetisches Badesalz* dagegen kann z.B. enthalten, angegeben als »Ingredients«:

a) »Sodium Chloride, Caprylic/Capric Triglyceride, Buxus Chinensis, Citrus Aroma, Tocopherol, PEG-40 Sorbitan Peroleate, Parfüm.« (Wellness Badesalz – pH-neutral)

b) »Belebendes Bade-Salz«. »Bestandteile: Sodium Sesquicarbonate; Sodium Bicarbonate; Sodium Carbonate; Magnesiumsulfate; Sodium Dodecylbenzenesulfonate; Pentasodium Triphosphate; Parfüm; CI 47005; CI 42051«

Experiment 11 Synthetische Badesalze – neutral oder basisch

Materialien

Rotkohl(Blaukraut)saft, Badesalze

Durchführung

Der Boden eines Schnappdeckelglases wird mit dem Badesalz bedeckt und das Glas bis zu einem Drittel des Volumens mit Wasser gefüllt. Nach dem Lösen des Salzes fügt man einige Tropfen des Rotkohlsaftes hinzu. Im Vergleich dazu wird Rotkohlsaft mit dest. Wasser verdünnt.

Beobachtungen

Das Badesalz ohne Farbstoff (ohne CI-Nr.) zeigt die gleiche Farbe wie der Rotkohlsaft in dest. Wasser. Die grünlich gefärbte Lösung des Badesalzes mit CI-Nr. verändert die Farbe des violetten Rotkohlsaftes bereits an der Eintropfstelle deutlich nach Grün.

Erläuterungen

Der als pH-Indikator wirkende Rotkohlsaft zeigt, dass beim Badesalz ohne CI-Nr. die deklarierte Hautneutralität (keine pH-Wert-Änderung) tatsächlich aus dem Experiment auch erkennbar wird. Die Zusammensetzung des Badesalzes mit CI-Nr. zeigt bereits, dass hier eine alkalische Lösung (Grünfärbung des Rotkohlsaftes) entstehen wird.

Experiment 12 Badesalz-Ingredientien – Reaktion mit Kaliumpermanganat

Materialien

Reagenz: 2%ige Kaliumpermanganat-Lösung

Durchführung

Ein kleiner Spatellöffel voll Badesalz wird jeweils in einem Schnappdeckelglas in Wasser gelöst. Dann tropft man 1–2 Tropfen der Kaliumpermanganat-Lösung hinzu.

Beobachtungen

Im »Belebendes Bade-Salz« bleibt eine anfängliche Rotviolettfärbung bestehen, im Wellness Badesalz verändert sich diese Farbe langsam nach Braungelb.

Erläuterungen

Die organischen Inhaltsstoffe im Wellness Badesalz werden durch Permanganat-Ionen oxidiert, wobei sich kolloidales braungelbes

Mangan(IV)oxidhydrat bildet. Mit dieser Reaktion werden somit oxidierbare organische Stoffe nachgewiesen.

Literatur

Lamschus, Christian: Die Sulte. Auf den Spuren des Salzes in Lüneburg, 2. Aufl. Lüneburg 1989.

Schmiedel, Helga: Rund um das Salz, 3., verbesserte Auflage, Leipzig 1986.

Emons, Hans-Heinz und Hans-Henning Walter: Mit dem Salz durch die Jahrtausende, Deutscher Verlag für Grundstoffindustrie, Leipzig 1984

Hocquet, Jean-Claude: Weißes Gold. Das Salz und die Macht in Europa von 800 bis 1800, Klett-Cotta, Stuttgart 1993

Durst-Benning, Petra: Die Salzbaronin (historischer Roman), Ullstein (Taschenbuch), Berlin 2000

Kurlansky, Mark: Salz. Der Stoff, der die Welt veränderte. Claasen Verlag, München 2002

4. Analysen mit einem historischen chemischen Probierkabinett

Deutsches Apotheken-Museum
Schloss Heidelberg, Ottheinrichsbau Schlosshof 1, D-69117 Heidelberg
Tel.: 06221/2 58 80
E-Mail: info@deutsches-apotheken-museum.de, www.deutsches-apotheken-museum-de

Aus der Geschichte des Museums

Das Deutsche Apotheken-Museum wurde 1937 gegründet und 1938 in München in der Herzog-Heinrich-Straße 20 eröffnet. Der »Auftakt zur Gründung eines deutschen Apothekenmuseums« erfolgte auf der Hauptversammlung der Gesellschaft für Geschichte der Pharmazie (1926 in Hall bei Innsbruck gegründet) in Stuttgart 1936 durch die Berufung einer Kommission zur Erfassung und Katalogisierung von Apothekenaltertümern. Im Zweiten Weltkrieg wurde es 1944 zum Teil zerstört. Die geretteten Bestände konnte man nach dem Krieg zunächst in Bamberg unterbringen. Bei der Suche nach geeigneten Ausstellungsräumen entschied man sich für den Ottheinrichsbau sowie Ludwigsbau im Heidelberger Schloss. Das Land Baden-Württemberg und die Stadt Heidelberg boten zur Einrichtung in diesem historischen Gebäude mit seinem so genannten »Apothekerturm« für den Wiederaufbau weitgehende Unterstützung an. Und so konnte im Oktober 1957 das Deutsche Apotheken-Museum neu eröffnet werden. Seit Oktober 1999 präsentiert sich die Dauerausstellung des Museums in neuem Gewande und mit neuem Konzept.

Zur Konzeption der Dauerausstellung schreibt die Leiterin des Museums Elisabeth Huwer u.a. (Pharm. Ztg. Nr. 49, 144. Jahrgang, 9. Dezember 1999, S. 4053–4058):

»Die neue Konzeption sollte den Ansprüchen einer modernen Museumspräsentation ebenso gerecht werden wie das Erlebnis des einmaligen Ortes berücksichtigen. Anhand eines chronologisch-thematischen Mischkonzepts wurde daher die Thematik der Dauerausstellung – Geschichte und Entwicklung des Apothekenwesens von der Antike bis zur Gegenwart – in Beziehung zur wertvollen

Abb. 28 Eingang zum Deutschen Apotheken-Museum im Ottheinrichsbau des Heidelberger Schlosses

und vielfältigen Sammlung gebracht und diese hierfür neu geordnet.«

Zu den insgesamt zehn Räumen werden hier vier Bereiche näher vorgestellt.

(Texte aus der Dauerausstellung – von E. Huwer und M. Anton)

Der Arzneischatz – die »Materia medica«

Unter dem Begriff »Materia medica« versteht man die Gesamtheit aller Rohstoffc, die zur Herstellung von Medikamenten verarbeitet werden. Dieser Arzneischatz umfasste lange Zeit ausschließlich Produkte aus den drei Natrurreichen (regna naturae): dem Pflanzenreich (Vegetabilia), dem Tierreich (Animalia) und dem Mineralreich (Mineralia). Alle diese meist getrockneten Rohstoffe bezeichnet man in der pharmazeutischen Fachsprache als »Droge«, ein Begriff, der eng mit dem Wort »trocken« verwandt ist.

Der Arzneischatz der Antike, wie ihn Dioskurides (1. Jh.) und Galen (ca. 129–199) schildern, erfuhr zunächst durch die arabisch-islamische Heilkunde Erweiterung. Seit den Kreuzzügen stieg der Anteil orientalischer Drogen weiter an, einheimische Rohstoffe überwogen jedoch weiterhin deutlich. Bis in das 19. Jh. bildeten die Vegetabilia den größten Anteil der »Materia medica«, die Animalia einen deutlich kleineren. Mineralia fanden besonders seit Paracelsus (1493/94–1541) Anwendung, die Häufigkeit ihres Gebrauches blieb aber dennoch zumeist hinter jener pflanzlicher und tierischer Drogen zurück.

Das Pflanzenreich ist der älteste und traditionell meistgenutzte Lieferant arzneilicher Drogen. Seit den frühesten Tagen der Menschheit setzte man Pflanzen frisch oder getrocknet, als ganzes Kraut oder nur bestimmte Teile, wie Blätter, Blüten, Samen, Früchte, Wurzeln oder Rinden, in mannigfaltiger Weise zur Behandlung von Krankheiten ein.

Als Lieferanten der Animalia kamen in erster Linie natürlich die Tiere, daneben aber auch der Mensch selbst in Frage. Tierische Fette waren z.B. als Salbengrundlage unentbehrlich, das Horn des sagenhaften Einhorns wurde wegen seiner vermeintlich giftwidrigen Wirkung geschätzt. Schwerer verständlich ist uns heute die Verwendung von menschlichen Ausscheidungen oder von Mumienteilen, die bis weit ins 18. Jh. vorkam.

Die Liste gebräuchlicher »Mineralia« war lang: Essig, Petroleum und Alkohol gehörten im 16./17. Jh. ebenso dazu wie Edelsteine, besondere Erden, Metalle und ihre Verbindungen, Quecksilber oder Schwefel.

Die Vorratshaltung der Apotheke

Als Vorratslager für die nicht in der Offizin aufbewahrten Substanzen dienten in der Apotheke bis ins 19. Jh. hauptsächlich zwei Räume. Die Material- und Kräuterkammer für trocken und der Arzneikeller für kühl zu lagernde Materialien. Als Folge der Industrialisierung galt es, zunehmend auch »Arzneispezialitäten« (heute: Fertigarzneimittel) sachgerecht zu lagern.

Seit dem 16. Jh. sollten die Apotheken die in den Arzneibüchern (Pharmakopöen) verzeichneten Arzneimittel vorrätig halten. Einheimische Arzneipflanzen konnten im eigenen Apothekergarten angebaut oder beim Kleinhändler (Kräuterfrau oder -mann) gekauft werden. Arzneistoffe und Arzneimittel (Simplicia bzw. Composita) wurden auch ein- oder zweimal im Jahr auf den großen Messen, z.B. in Frankfurt, oder auf überregionalen Märkten angeboten.

Zur Verarbeitung der pflanzlichen, tierischen und mineralischen Drogen fanden sich in der Stoß- und Schneidekammer zahlreiche spezielle Geräte, von denen in diesem Raum eine typische Auswahl vorgestellt wird.

Im Laufe des 18./19. Jh. bezogen die Apotheken ihre Materialien zunehmend über die neu entstehenden Drogengroßhandlungen, aus denen schließlich die vollsortierten pharmazeutischen Großhandlungen hervorgingen. Durch deren hohe Lieferbereitschaft entfiel zunächst die Notwendigkeit und dann die gesetzliche Vorschrift, alle Sorten an Arzneimitteln und -stoffen für mehrere Monate vorrätig zu halten. Die heutige Apothekenbetriebsordnung verpflichtet die Apotheken

Der Apotecker.

Ich hab in meiner Apoteckn
Viel Matery die lieblich schmeckn/
Zucker mit Würtzen ich conficier
Mach auch Purgatzen vnd Clistier/
Auch zu stercken den krancken schwachn
Kan ich mancherley Labung machn/
Das alles nach der Artzte raht
Der seinen Brunn gesehen hat.

Abb. 29 Der Apotheker. Aus: Jost Amman, Das Ständebuch, Frankfurt 1568 – Vers von Hans Sachs

aber immer noch, Arzneimittel für den durchschnittlichen Bedarf einer Woche vorrätig zu halten. Auch Drogen und Rezeptursubstanzen finden sich nach wie vor in den Vorratsräumen jeder Apotheke.

Das Apothekenlabor – von der Alchemie zur pharmazeutischen Chemie

»Laboratorium« bedeutet wörtlich übersetzt »Arbeitsraum«, bezog sich aber schon bald

Abb. 30 Darstellung eines Apothekers im Labor auf einer spanischen Wandkachel

speziell auf einen Raum, in dem (al-)chemische Tätigkeiten ausgeübt wurden. Immer fand sich in ihm mindestens eine Feuerstelle, deren Wärme zur Durchführung zahlreicher Operationen, besonders der Destillation, nötig war. Im Mittelpunkt des Apothekenlaboratoriums stand bis ins 19. Jh. der Ofen, der mit Holz oder Holzkohle befeuert wurde.

Für die Bedeutung und insbesondere für die apparative Ausstattung des Apothekenlaboratoriums spielte die Entwicklung der Alchemie eine zentrale Rolle. Obwohl die arabische Alchemie ab dem 12. Jh. im mittelalterlichen Europa bekannt war, wurden zunächst nur wenige ihrer Techniken und Methoden zur Arzneigewinnung genutzt. Ihre wichtigste Arbeitstechnik, die Destillation, war seit dem 15. Jh. aber auch aus der Pharmazie nicht mehr wegzudenken: Die »gebrannten Wässer« und die ätherischen Öle erfreuten sich nicht nur in der Heilkunde großer Beliebtheit.

Von größter Bedeutung für die weitere Entwicklung der pharmazeutischen Alchemie wurde das Wirken des großen Arztes Theophrastus von Hohenheim (1493/94–1541), der sich selbst Paracelsus nannte. Für ihn war die Herstellung wirksamer Arzneimittel die eigentliche Aufgabe der Alchemie. Durchsetzen konnte sich die Sichtweise des Paracelsus allerdings erst im Laufe des 17. Jh.. Damals fanden eine große Zahl von

Arzneimitteln alchemistischer Prägung, wie Tinkturen und Essenzen, Elixiere und Spiritusse, Eingang in die Pharmakopöen und Arzneibücher. Spätestens jetzt verfügten die Apotheken über diejenigen Gerätschaften, die zur Herstellung dieser Arzneimittelgruppen notwendig waren. Im Laboratorium befanden sich nun meist mehrere Öfen und eine große Anzahl von Laborgeräten. Im »Tripus hermeticus« von Johann Joachim Becher aus dem Jahr 1680 sind 64 gebräuchliche Geräte des Apothekenlaboratoriums genannt, die zur fachgerechten Durchführung der chemischen Praktiken notwendig waren.

Das Apothekenlabor der Neuzeit

Die Entwicklung des modernen Apothekenlaboratoriums wurde vor allem von zwei historischen Prozessen entscheidend beeinflusst: vom rasanten historischen Fortschritt der Naturwissenschaften seit dem 18. Jh. und von der Industrialisierung, die ab der Mitte des 19. Jh. einsetzte. An die praktischen Fähigkeiten des Apothekers, seine wissenschaftlichen Kenntnisse und die technische Ausstattung des Laboratoriums wurden im Verlauf dieser grundlegenden Veränderungen neue und höhere Anforderungen gestellt.

Neben der Herstellung von Medikamenten und Arzneistoffen etablierte sich ab dem 18. Jh. ein neuer Tätigkeitsbereich im Laboratorium: die Analyse. Als Folge der Entdeckung chemischer und physikalischer Zusammenhänge standen bald neue Methoden und Geräte zur Prüfung der verwendeten Stoffe zur Verfügung. Eine Vielzahl analytischer Geräte (z.B. Analysenwaage, Pipette, Bürette) sowie eine Reihe anderer Prüfmittel (z.B. Reagenzien) wurden zu wichtigen Arbeitsinstrumenten des Apothekers.

Die herkömmlichen offenen Destillieröfen wichen ab der Mitte des 19. Jh. zunehmend Dampfdestillierapparaten, mit deren Hilfe sich auch viele andere pharmazeutische Tätigkeiten problemlos ausführen ließen. Aber auch neue Maschinen fanden sich bald: Die preußische Apothekenbetriebsordnung von 1902 verlangte unter anderem das Vorhan-

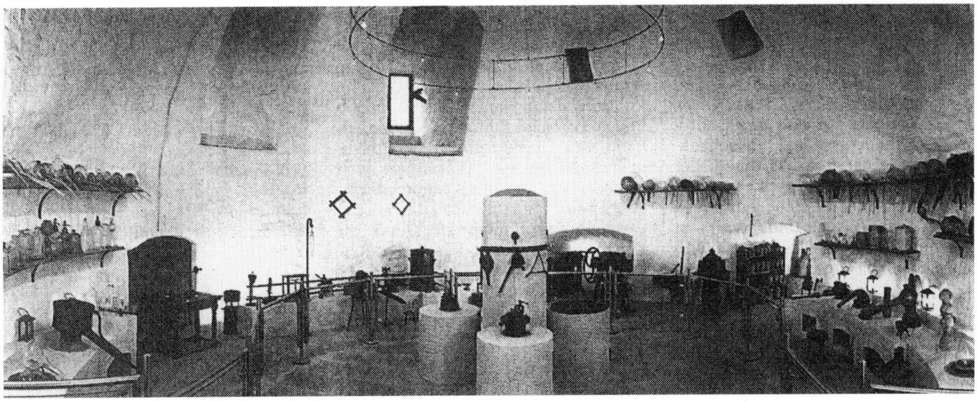

Abb. 31 Das Labor im so genannten Apothekerturm (Heidelberger Schloss) des Deutschen Apotheken-Museums

Almanach
oder
Taschen-Buch
für
Scheidekünstler und Apotheker
auf das Jahr 1790.

Eilftes Jahr.

Weimar,
in der Hoffmannischen Buchhandlung.

Abb. 32 Titelseite des »Almanach oder Taschen-Buch für Scheidekünstler und Apotheker«, herausgegeben von J. F. A. Göttling, im Erscheinungsjahr 1790 seines chemischen Probierkabinetts

densein einer Tablettenmaschine und eines Dragierkessels.

Auch am Ende des 20. Jh. verfügt jede Apotheke über ein Laboratorium, in dem Reinheit und Identität der zum Einsatz kommenden Stoffe überprüft und Arzneimittel hergestellt werden. Im Laufe seiner Geschichte wurde es zu einem unverzichtbaren Arbeitsbereich der Apotheke und erlangte darüber hinaus große Bedeutung als Stätte des Experiments und der naturwissenschaftlichen Forschung: Die in den Apothekenlaboratorien des 18. und 19. Jh. gewonnenen neuen Erkenntnisse wurden zu einer wichtigen Triebfeder für die Entwicklung der modernen Chemie.

Göttlings chemisches Probierkabinett

Chemische Experimentierkästen sind keine Kinder unserer Zeit. Schon der aus Speyer stammenden Johann Joachim Becher (1635–1682) beschrieb in seinem 1689 postum erschienenen Werk ein »Laboratorium portatile« (portatile = transportierbar). Sein Bilderkatalog – »Schema Instrumentorum Laboratoro Portatili Inserventium« – zeigt insgesamt 64 Gefäße und Gerätschaften unterschiedlicher Formen und Funktionen: Tiegel, Becher und Retorten, Werkzeuge wie Zangen, Löffel, Mörser mit Pistill, eine Hasenpfote als Reinigungsbürste und einige Handwaagen. Becher, Sohn eines protestantischen Pfarrers, begab sich bereits mit 13 Jahren auf Wanderschaft durch Deutschland, Italien, Holland und Schweden. Er wurde Arzt und war für kurze Zeit (1663/64) in Mainz Professor der Medizin und Leibarzt des Kurfürsten. Danach wirkte er als Hofmedicus und Mathematiker am kurfürstlichen Hof zu München, anschließend in Wien und ab 1680 in England.

Von Johann Friedrich August Göttling (1753–1809) stammt das erste chemische Probierkabinett. Er war bei dem Apotheker Johann Christian Wiegleb (1732–1800) in Langensalza in die Lehre gegangen, trat 1775 in die Hofapotheke in Weimar ein und wurde nach Studien in Göttingen und der Promotion in Jena – gefördert von Goethe, der Göttlings Probierkabinett in seinem Roman »Die Wahlverwandtschaften« ein literarisches Denkmal setzte – zum Dr. phil., und 1789 zum Professor für Chemie, Pharmazie und Technologie an der Universität Jena ernannt. 1790 erschien von ihm ein unscheinbares, 215 Seiten umfassendes Buch in kleinem Formate, ohne Abbildungen, mit dem Titel:

Vollständiges chemisches Probir-Cabinet zum Handgebrauche für Scheidekünstler, Aerzte, Mineralogen, Metallurgen, Technologen Fabrikanten, Oekonomen und Naturliebhaber ... Untersuchungen auf dem nassen Wege.

Darin beschreibt er den Aufbau und Inhalt seines Probierkabinetts. Dieses Buch wird auch als erstes Hochschullehrbuch der qualitativen Analyse bezeichnet. In ihm wird erstmals die Blindprobe als wichtiger Teil einer qualitativen Analyse – und damit die Reinheit der Reagenzien als Voraussetzung – beschrieben. Alle Anleitungen sind so abgefasst, dass sie sich auch heute noch nachvollziehen lassen. Anstelle der später üblichen Reagenzgläser verwendete er Weingläser für die Durchführung der Reaktionen. Laborgläser waren damals noch keine Massenartikel, sondern mussten für den jeweiligen Zweck hergestellt werden. 1802 veröffentlichte Göttling als Fortführung seiner »Anleitung« ein weiteres Buch mit dem Titel »Praktische Anleitung zur prüfenden und zerlegenden Chemie«. Darin schreibt er auch über das Probierkabinett:

Seit der Herausgabe dieser Schrift habe ich nun eine nicht unbeträchtliche Anzahl solcher Probir-Cabinette an in- und ausländische Chemiker zu versenden Gelegenheit gehabt, und noch immer laufen Bestellungen ein, ungeachtet auch andere etwas Ähnliches einzurichten versucht haben.

Abb. 33 Johann Bartholomäus Trommsdorff – Lithographie um 1820
(aus: G. Schwedt, J. B. Trommsdorff. Zum 150. Todestag, Deutsche Apotheker Zeitung 127, Nr. 9 (1987), 453–456)

Zu diesen »anderen« gehörte der Pharmazeut Johann Bartholomäus Trommsdorff (1770–1837) in Erfurt, dessen Experimentierkasten mit 42 Reagenzien und einigen Geräten sich jedoch an eine andere Zielgruppe wandte, nämlich an »Interessenten, die im Gebiete der Chemie zu Hause sind«. Im Unterschied zu Göttling beschrieb Trommsdorff aber die Darstellung der Reagenzien in allen Einzelheiten. »Bei Trommsdorff wurde bei den einzelnen Versuchen auf die Mengenangabe der einzusetzenden Chemikalien verzichtet, das Gelingen des Versuchs bedurfte daher einiger Wiederholungen oder Erfahrung im chemischen Experiment.«

Göttling dagegen wollte den »normalgebildeten Durchschnittsbürger, der keinerlei Geschicklichkeit im Umgang mit Chemikalien mitbringen musste« erreichen. Trommsdorff bezieht sich auch auf seinen Vorgänger Göttling. 1800 veröffentlichte Trommsdorff in dem von ihm herausgegebenen »Journal der Pharmacie für Aerzte und Apotheker« (TJdP) eine »Nachricht von meinen neuen chemischen Probierkabinetten« (TJdP Band 8, 1. St., S. 158–162), 1807 berichtete er in dem früher von Göttling herausgegebenen »Almanach oder Taschenbuch für Scheidekünstler und Apotheker« über »Neue chemische Probierkabinette, für Freunde der Chemie, Naturforscher, Aerzte, Mineralogen, Metallurgen und Technologen« (S. 211–215). 1810 publizierte er nochmals über »Die chemischen Probierkabinette ...« in seinem Journal (TJdP Band 19, 1. St., S. 3–13). 1818 erscheint dann sein Werk »Chemisches Probircabinet oder Nachricht von der Bereitung, den Eigenschaften und dem Gebrauche der Reagentien« in der 3. Auflage.

1792 kündigte Göttling in dem von ihm herausgegebenen Almanach (s.o.) »eine Sammlung chemischer Präparate zu unterhaltenden und nützlichen Experimenten der physischen Scheidekunst und vorzüglich für Jugendlehrer beym Unterricht« an, zu dem auch eine ausführliche Anleitung auf insgesamt 423 Seiten erschien. In dieser Sammlung befanden sich unter anderem vier übereinander geschichtete Flüssigkeiten – Quecksilber, Kalilauge, Terpentinöl und Alkohol – zur Demonstration des spezifischen Gewichts (der Dichte), insgesamt 34 Reagenzien sowie einige Reagenzpapiere und elf Geräte. Ein dritter Experimentierkasten wurde 1808 in der Einleitung zu seinem Werk »Elementarbuch der chemischen Experimentierkunst« vorgestellt. Chemische Experimente waren für Göttling auch ohne ein großes Laboratorium möglich, sie sollten mit Hilfe der Experimentierkästen als »nützliche Unterhaltung« dienen. An speziellen Geräten enthielt dieses dritte Probierkabinett eine Weingeistlampe, ein Stativ, ein Gerät zum Schmelzen, einen gläsernen Gasentwicklungsapparat, Kolben mit Helm und Vorlage, ein Gerät zum Verbrennen von Phosphor, Retorten, Abdampfschalen, Drahtkörbe, Glasmörser und andere kleine Geräte.

In seiner Dissertation beschäftigte sich W. Aigner (»Die Beiträge des Apothekers Johann Friedrich Göttling (1755–1809) zur Entwicklung der Pharmazie und Sauerstoffchemie«, München 1985) ausführlich auch mit Göttlings Probierkabinetten. Er stellt fest, dass bisher kein Exemplar ausfindig gemacht werden konnte, auch nicht in Jena oder Weimar. Ebenso sei ein Porträt von Göttling unbekannt. Der erste Analytiker der Universität Jena sei stets bemüht gewesen, die Chemie auch als eine populäre Wissenschaft bekannt zu machen. In seinem Werk »Der physisch-chemische Hausfreund« von 1804 schrieb Göttling:

Man hat sich bisher nicht ohne erwünschten Erfolg bemüht, für mehrere Zweige der Naturwissenschaften ein allgemeines Interesse zu erwecken, nur von seiten der Chemie ist hier noch nicht viel geschehen.

Göttlings drittes Porbierkabinett kostete nur 10 Taler.

Göttling und Trommsdorff haben mit ihren Probierkabinetten eine Tradition begonnen, die sich bis in unsere Zeit fortgesetzt hat und die wesentlich dazu beiträgt, bei Jugendlichen das Interesse an den experimentellen

Naturwissenschaften zu entwickeln. Römpps chemische Experimentierbücher und die Kosmos-Experimentierkästen sind Beispiele dazu aus unserer Zeit.

4.1 »Die Aechtheit pharmaceutisch-chemischer Zubereitungen bey Visitation der Apotheken zu entdecken«

Sedativsalz = Borsäure

Natriumtetraborat, Borax, ist in allen Pharmakopöen seit dem 16. Jahrhundert enthalten. Die aus dem Salz bereitete Borsäure wurde im 18. Jahrhundert als *Sal sedativum Hombergii* (1702 von Wilhelm Homberg (1652–1715, Sohn eines Quedlinburger Apothekers, zuletzt Leibarzt des Herzogs von Orléans) entdeckt) in die Pharmakopöen aufgenommen – als schmerz- und krampfstillendes, beruhigendes Mittel, von Göttling daher als »Sedativsalz« bezeichnet. Homberg schied die Borsäure durch Erhitzen von Borax mit einer Eisen(II)sulfat-Lösung ab.

Göttling schrieb:

Das ächte Sedativsalz ist in fünf Theilen siedendem Weingeist auflöslich, und die Auflösung brennt, wenn sie angezündet wird, mit einer grünen Flamme ...

Experiment 1 Borsäure

Materialien Borsäure, Weingeist, Porzellanschale, hohes 50-ml-Becherglas

Durchführung Der Boden des Becherglases wird mit Kristallen der Borsäure bedeckt. Nach der Zugabe von 10 ml Ethanol (Weingeist = Spiritus) erhitzt man bis zum Sieden, gießt dann einen Teil der Lösung in eine Porzellanschale und zündet den Spiritus an.

Beobachtung Die Flamme erscheint grün, zum Teil mit gelbem Saum.

Erläuterungen Bei 25 °C lösen sich in Ethanol bereits 1,52 Mol (ca. 100 g/l) der kristallinen Borsäure.

Borsäure und deren Salze zeigen eine grüne Flammenfärbung, der gelbe Saum ist auf die Flamme des Ethanols zurückzuführen.

Weinsteinsalz = Kaliumcarbonat

Das *Kalium carbonatum* wurde als *Weinsteinsalz* bezeichnet, wenn es durch Glühen von Weinstein (Kaliumhydrogentartrat) gewonnen worden war. Man verwendete es vor allem für pharmazeutisch-chemische Arbeiten, im 19. Jahrhundert auch als Diuretikum, gegen Rheuma und Gicht, äußerlich bei Geschwüren als Reiz- und Ätzmittel.

Göttling: *Für reines Weinsteinsalz erhält man sehr oft bloß gereinigte Pottasche, die aber selten von fremden Beimengungen frey ist. Es enthält dieses Salz oft Kieselerde, auch wohl andere fremde Salze der Vitriol- und Salzsäure mit sich vermischt. Um die dabey befindliche Kieselerde zu entdecken, löst man etwas davon in destillirtem Wasser auf, und sättigt es mit irgend einer im Cabinette befindlichen reinen Säure, wo die Kieselerde gefällt wird; eben dadurch werden auch andere etwa damit vermischt Erden abgeschieden. Vitriolsäure läst sich entdecken, wenn man das Laugensalz in destillirtem Wasser aufgelöst mit ganz reiner Salpetersäure oder Essigsäure sättigt, und dann Schwererdenauflösung hinzutröpfelt, wo ein Niederschlag entstehet ...*

Experiment 2 Kaliumcarbonat

Materialien

Kaliumcarbonat, Natriumsulfat, Natriumsilikat, Salpetersäure, Bariumchlorid-Lösung

Durchführung

Ein großer Spatellöffel voll reinen Kaliumcarbonats wird in einem Weinglas in wenig Wasser gelöst. Dann verteilt man die Lösung auf zwei Gläser. Dem einen Glas fügt man soviel an Essigsäure hinzu, bis sich keine Gasblasen mehr entwickeln, und verteilt die Lösung auf zwei Gläser. Nach dem Lösen eines kleinen Spatellöffels voll Natriumsulfat in einem dieser Gläser fügt man einige Tropfen Bariumchlorid-Lösung hinzu, ebenso dem zweiten Glas der essigsauren Auflösung. Im dritten Glas (ohne Essigsäure) löst man zunächst einen kleinen Spatellöffel voll Natriumsilikat, dann fügt man anstelle von Essigsäure verdünnte Salpetersäure hinzu.

Beobachtungen

Im ersten Glas der essigsauren Lösung erhält man bei Anwesenheit von Natriumsulfat und Zusatz von Bariumchlorid eine weiße Fällung, die im zweiten Glas der essigsauren Lösung nicht auftritt. Im dritten Glas entsteht nach dem Ansäuern mit Salpetersäure eine weiße gallertartige Fällung.

Erläuterungen

Mit Bariumchlorid lässt sich die Anwesenheit von Sulfaten durch die Fällung des schwer löslichen Bariumsulfats (in unbedingt angesäuerten Lösung, da sonst Bariumcarbonat ausfällt) nachweisen. Bei Anwesenheit löslicher Silikate bildet sich nach dem Zusatz einer starken Säure, hier der Salpetersäure, ein Kieselsäure-Gel.

Trockenes flüchtiges Laugensalz = Ammoniumcarbonat

Göttling: *Dieses Salz muss völlig flüchtig seyn, denn wollte man eine Vermischung aus Salmiak und Weinsteinsalz dafür ausgeben, so würde sich solches durchs Erhitzen desselben aus einem eisernen Instrumente bald zeigen, wo ein Digestivsalz zurück bleiben würde. Ist dieses Laugensalz bis zur öligen Sättigung in destillirtem Wasser aufgelöst, und man vermischt diese Auflösung mit Weingeist, so gerinnt es in eine krystallinische Masse zusammen, weil das flüchtige Laugensalz durch den Weingeist abgesondert wird.*

Experiment 3 Ammoniumcarbonat

Materialien

Ammoniumcarbonat, Spiritus, Reagenzglas, Spirituslampe, kleine Schnappdeckelgläser, Plastikpipette

Durchführung

Der Boden des Reagenzglases wird mit festem Ammoniumcarbonat bedeckt und in der Flamme der Spirituslampe erhitzt.

Im zweiten Teil des Experimentes wird ein kleines Schnappdeckelglas zu einem Drittel mit Ammoniumcarbonat gefüllt. Dann fügt man bis fast zum Rand Wasser hinzu und schüttelt das verschlossene Glas. Ein Teil der gesättigten Lösung wird in ein zweites Glas dekantiert, zur Lösung tropft man Spiritus hinzu.

Beobachtungen

Das feste Ammoniumcarbonat wird beim Erhitzen leicht beweglich, als ob es auf einer Flüssigkeit schwimmt. Nach kurzem Erwärmen ist die Festsubstanz am Boden des Glases verschwunden, in der oberen Hälfte des Glases hat sich Wasser niedergeschlagen. Ein Geruch nach Ammoniak ist am Glasrand deutlich wahrnehmbar.

Beim Lösen des Ammoniumcarbonats fühlt man eine deutliche Abkühlung des Wassers.

Aus der gesättigten Lösung, die sich bei der Zugabe von Ethanol stark trübt, fallen feine seidig glänzende Kristalle aus.

Erläuterungen

Ammoniumcarbonat zersetzt sich beim Erhitzen:

$$(NH_4)_2CO_3 \rightarrow 2\ NH_3 + CO_2 + H_2O$$

Der vollständige Zerfall in Ammoniak (Geruch), Kohlenstoffdioxid und Wasser (der Dampf kondensiert) ist ein Reinheitskriterium für Ammoniumcarbonat.

In Wasser lösen sich bei 16,7 °C 21 %, in Ethanol dagegen ist Ammoniumcarbonat unlöslich (in Methanol nur wenig löslich).

Hirschhornsalz

Durch trockene Destillation von pulversierten Hirschgeweihen gewann man u.a. ein flüchtiges Salz (*Sal Cornu Cevi volatile*), das als schweiß- und harntreibendes sowie krampfstillendes Mittel verwendet wurde. In gereinigter Form – seit Beginn des 19. Jahrhunderts auch industriell hergestellt – hieß es »Ammonium carbonicum« (noch im DAB 6, 1926) und enthielt in wechselnder Zusammensetzung vor allem Ammoniumhydrogencarbonat und Ammoniumcarbamat (heute ein Backhilfsmittel).

Göttling: *Die Aechtheit des Hirschhornsalzes kann auf nehmliche Art als die des flüchtigen Laugensalzes entdeckt werden, denn es unterscheidet sich von jenem bloß dadurch, dass es mit etwas thierisch-oeligten Theilen geschwängert ist.*

Experiment 4 Hirschhornsalz

Materialien

Hirschhornsalz (aus dem Supermarkt), Reagenzglas mit Reagenzglashalter, Spirituslampe

Durchführung

Der Boden des Reagenzglases wird mit Hirschhornsalz bedeckt und in der Flamme der Spirituslampe erhitzt.

Beobachtungen

Die weiße Substanz verflüchtigt sich ebenso wie in Experiment 3 vollständig.

Erläuterungen

Die beiden oben genannten Substanzen zersetzen sich auf folgende Weise:

Ammoniumhydrogencarbonat: $NH_4HCO_3 \rightarrow NH_3\uparrow + H_2O\uparrow + CO_2\uparrow$

Ammoniumcarbamat: $H_4N\text{-}OOC\text{-}NH_2 \rightarrow 2\ NH_3\uparrow + CO_2\uparrow$

Salmiak = Ammoniumchlorid

In der Antike kannte man eine natürliche Salzausblühung aus Afrika, die nach einem Ammonstempel benannt wurde. Die Araber gewannen bereits echten Salmiak (Ammoniumchlorid) durch Sublimation. Im 16. Jahrhundert wurde es bereits in allen Pharmakopöen aufgeführt. Im 19. Jahrhundert gehörte das Salz zu den Heilmitteln gegen Fieber, Masern, Scharlach, Entzündungen aller Art, Schwindsucht und Wassersucht.

Göttling: *Der ächte Salmiak muß auf einem heißen Eisen völlig verfliegen, und darf, wenn er von Vitriolsäure völlig frey ist, und etwas davon in destillirtem Wasser aufgelöst wird, durch hinzugegossene Schwererden (...) keinen Niederschlag geben.*

Experiment 5 Ammoniumchlorid

Materialien

Ammoniumchlorid, Eisenblech (blank), Spirituslampe, Pinzette oder Tiegelzange

Durchführung

Ein kleiner Spatellöffel voll Ammoniumchlorid wird auf dem Eisenblech über der Flamme der Spirituslampe erhitzt.

Beobachtungen

Nach kurzer Zeit steigt über dem weißen Salz ein weißer Rauch (Nebel) auf und das Ammoniumchlorid verflüchtigt sich vollständig von dem Eisenblech.

Erläuterungen

Ammoniumchlorid wird bei 350 °C in Gegenwart von Spuren an Wasser vollständig in Ammoniak und Salzsäure gespalten, wobei sich aus beiden Gasen in der Luft wieder Ammoniumchlorid als Nebel bildet.

Glaubersalz

Johann Rudolph Glauber (1604–1670), ein vielseitiger chemisch-technologischer Chemiker, der seinen Lebensunterhalt ausschließlich durch die Herstellung und den Verkauf von anorganischen Säuren und Salzen verdiente, propagierte das Natriumsulfat, das ab etwa 1680 als Glaubers Wundersalz (*Sal mirabile Glauberi*) bezeichnet wurde. Es wurde im 18. Jahrhundert in die Pharmacopöen aufgenommen und bis in die Gegenwart als Laxans, als auch Diuretikum verwendet. (s. auch Kap. 3)

Göttling: *Das Glaubersalz muß weder überflüssige Säure noch Laugensalz enthalten und nicht mit erdigten Salzen vermischt seyn; ersteres entdeckt man durch die Lakmustinktur und durch die gefärbten Papiere, wenn man die Auflösung dieses Salzes in destillirtem Wasser damit prüft. Dabey befindliche erdigte Salze entdeckt man, wenn man der Auflösung desselben von dem reinen luftvollen Laugensalzes zutröpfelt ...*

Abb. 34 Johann Rudolf Glauber, Porträt um 1654

Experiment 6 Natriumsulfat – Glaubers Wundersalz

Materialien

pH-Papier, Natriumsulfat, Kaliumcarbonat, Magnesiumsulfat

Durchführung

Ein Spatellöffel voll Natriumsulfat wird in dest. Wasser gelöst, die Lösung auf zwei Gläser verteilt. Mittels pH-Papier wird der pH-Wert geprüft. Dann fügt man dem einen Glas einen kleinen Spatellöffel voll Magnesiumsulfat hinzu und nach dem Lösen beiden Gläsern je einen kleinen Spatellöffel voll Kaliumcarbonat (= *luftvolles Laugensalz*).

Beobachtungen

Der pH-Wert beträgt annähernd 7. Nur im Glas mit Magnesiumsulfat fällt ein weißer Niederschlag aus.

Erläuterungen

Magnesium fällt als basisches Carbonat aus – als $4\ MgCO_3 \cdot Mg(OH)_2 \cdot 4\ H_2O$ wird es Magnesia alba oder basisches kohlensaures Magnesiumhydroxidcarbonat genannt.

Blättererde = Kaliumacetat

Um 1700 wurde Kaliumacetat als *Terra foliata Tartari* in den Pharmakopöen aufgeführt – mit den medizinischen Anwendungen als harn- und stuhltreibend, gegen Hypochondrie und Fieber.

Göttling: *Die ächte Blättererde ist in vier Theilen Weingeist völlig auflöslich, und daher können fremde ihr etwa beygemischte in Weingeist unauflößliche Salze dadurch entdeckt werden, weil solche unaufgelößt zurück bleiben. Die zu einer Auflösung dieses Salzes in destillirtem Wasser getröpfelte Salpeter- oder Salzsäure darf keinen Weinsteinrahm [= Salzkruste aus Kaliumhydrogentartrat; G. S.] absondern aber die Essigsäure muß dadurch frey werden, welches man durch den sauern entweichenden Essiggeruch bemerkt ....*

Experiment 7 Kaliumacetat

Materialien

Kaliumacetat, 2 mol/l Salpetersäure, Lackmuspapier blau, niedriges Schnappdeckelglas

Durchführung

Ein Löffel voll Kaliumacetat wird in Wasser im Schnappdeckelglas gelöst. Dann fügt man einige Milliliter der Salpetersäure hinzu und legt auf die Öffnung des Glases ein angefeuchtetes (blaugefärbtes) Stück Lackmuspapier.

Beobachtungen

Das blaue Lackmuspapier färbt sich nach kurzer Zeit direkt über der Glasöffnung rot, der über den Rand hängende Teil bleibt blau.

Erläuterungen

Die Löslichkeit von Kaliumacetat in Wasser beträgt bei 20 °C 72 %. Die schwache Essigsäure wird durch die starke Salpetersäure verdrängt, verflüchtigt sich zum Teil und färbt somit das Lackmuspapier rot.

Bittersalz = Magnesiumsulfat

Magnesiumsulfat verwendete man ursprünglich als natürliches Brunnensalz (s. auch folgenden Abschnitt über »Künstliche Mineralwässer«) – als Laxiersalz (Abführsalz) bis in die Gegenwart (s. auch Kap. 3).

Göttling: *Das Bittersalz kann salzsaures Bittersalz und auch Glaubersalz enthalten. Ist salzsaures Bittersalz dabey vorhanden, so wird es leicht feucht, und aus der Auflösung desselben in destillirtem Wasser, wird die Silberauflösung (...) Hornbley niederschlagen. (...); ist es bloßes Glaubersalz, so wird sich auch durch die Laugensalzauflösung keine Bittersalzerde daraus absondern lassen.*

(Laugensalzauflösung: Lösung von Kaliumcarbonat; Bittersalzerde: Magnesiumhydroxid bzw. basisches Magnesiumcarbonat s. Experiment 6; Hornbley: gemeint ist Silberchlorid)

Abb. 35 Frontispiz aus: Johann Schröders trefflich-versehene Medicin-chymische Apotheke ... in die hochteutsche Sprache übers ... von Johann Ulrich Müllern. Nürnberg/Jena 1685 (Calvörsche Bibliothek, UB Clausthal)

Experiment 8 Magnesiumsulfat

Materialien Magnesiumsulfat, Magnesiumchlorid, 2%ige Silbernitrat-Lösung

Durchführung Magnesiumsulfat in Wasser gelöst wird mit einer Spatelspitze an Magnesiumchlorid versetzt. Nach dem Lösen fügt man einige Tropfen der Silbernitrat-Lösung hinzu, im Vergleich dazu auch zu einer Auflösung von reinem Magnesiumsulfat.

Beobachtungen Bei Anwesenheit von Magnesiumchlorid fällt nach dem Zutropfen der Silbernitrat-Lösung weißes Silberchlorid aus. Nur bei einer hohen Sulfat-Konzentration tritt mit Silberionen auch eine schwache Trübung durch das im Vergleich zum Silberchlorid jedoch wesentlich leichter lösliche Silbersulfat auf. Magnesiumchlorid bildet farblose, zerfließliche hexagonale Kristalle, das Bittersalz (Magnesiumsulfat) enthält 7 Mol Kristallwasser und zerfließt an der Luft nicht. Das Natriumsulfat als Glaubersalz liegt als Dekahydrat vor.

4.2 Mineralwasseranalytik und künstliche Mineralwässer

»Mineralwasseranalysen mit dem Chemischen Probierkabinett« wurden bereits im Buch »Chemische Experimente in Schlössern, Klöstern und Museen« (Kap. 12) ausführlich vorgestellt – s. auch Kap. 3 und 7.1 in diesem Buch. An dieser Stelle soll daher nur über die Geschichte und Bedeutung *künstlicher Mineralwässer* (heute: *Tafelwässer*) berichtet werden. Um diese den natürlichen Mineralwässern möglichst nahekommend herstellen zu können, mussten verständlicherweise zuvor deren Inhaltsstoffe analysiert werden.

Auch heute hat die Mineralwässer-Industrie eine erhebliche auch gesamtwirtschaftliche Bedeutung. Daher soll an dieser Stelle vor allem auf die historischen Wurzeln eingegangen werden.

Geschichtliches

Im sechsten Band des Werkes »Muspratt's Theoretische, praktische und analytische Chemie, in Anwendung auf Künste und Gewerbe« – fortgesetzt von Bruno Kerl, Professor an der Königl. Bergakademie in Berlin (2. Aufl., Braunschweig 1870) wird das Thema *Künstliche Mineralwässer* ausführlich behandelt:

»Wenn auch die ersten, und zwar in Deutschland angestellten Versuche künstlicher Nachbildung der natürlichen Mineralwässer bis in die Mitte des 16. Jahrhunderts zurückdatiren, so vergingen doch noch fast 300 Jahre, ehe die Darstellung der künstlichen Mineralwässer aus dem Stadium tastender Versuche in dasjenige wissenschaftlich begründeter Fabrikation überging. Erst als die gewaltigen Fortschritte der Chemie in den letzten Jahrzehnten des 18. und den er-

Abb. 36 Arbeitstisch eines Apothekers aus: H. Brunschwyg: Liber de arte distillandi de compositis, Straßburg 1507 (Bl 89 v)

sten des 19. Jahrhunderts es möglich gemacht hatten, die Bestandtheile der Mineralwässer qualitativ und quantitativ in früher ungeahnter Schärfe nachzuweisen, waren, mit Unterstützung einer vervollkommneten Technik, die wesentlichen Grundlagen zu einer genauen Nachbildung dieser Naturproducte gegeben.

Friedrich Adolph August Struve, Doctor der Medicin und Besitzer der Salomonis-Apotheke zu Dresden, war es, dem wir die Einführung der künstlichen Mineralwässer in den Arzneischatz verdanken. Im Jahre 1808 mit Versuchen über die Darstellung der damals noch wenig bekannten Blausäure beschäftigt, athmete er in Folge Zersprengung des Apparates die giftigen Dämpfe dieser Säure ein, und behielt nach Beseitigung der ersten dringenden Lebensgefahr neben anderen anhaltenden Gesundheitsstörungen eine langwierige Lähmung der unteren Gliedmaßen. Zu seiner Herstellung besuchte er wiederholt die Heilquellen von Karlsbad und Marienbad, und faßte zuerst den Gedanken an eine künstliche Nachbildung der Mineralwässer, welcher neue Nahrung durch den Umstand erhielt, dass ihm der spätere persönliche Besuch der Quellen unmöglich wurde, und er von dem Gebrauch der von der Kurorten bezogenen Mineralwässer die frühere günstige Wirkung nicht in gleichem Maße erzielte.«

Friedrich Adolph August Struve (1781–1840) wurde als Sohn eines Arztes in Neustadt (Sachsen) geboren, besuchte ab 1794 die Fürstenschule in Meißen, studierte Medizin ab 1799 in Leipzig und Halle, wo er 1802 den Grad des Dr. med. erwarb. 1805 übernahm er die Praxis und Apotheke seines Vaters. Im selben Jahr erwarb er die Salomon-Apotheke in Dresden und gab die ärztliche Praxis auf. 1820 eröffnete er die erste Mineralwasseranstalt in Dresden, kurz danach auch in Leipzig und 1823 eine Anstalt in Berlin. In Königsberg, Brighton, Warschau, Moskau und Kiew wurden weitere Mineralwasseranstalten eröffnet. 1823 erhielt er für sein Verfahren zur Herstellung künstlicher Mineralwässer ein preußisches Patent.

(Quelle: Deutsche Apotheker-Biographie, Stuttgart 1978)

»Den Grund dieser verminderten Wirksamkeit fand Struve in den Veränderungen, welche die natürlichen Mineralwässer je nach ihrer Zusammensetzung in höherem oder geringerem Grade bei der Füllung, Versendung und Aufbewahrung erleiden, wenn dabei nicht besondere, auch heute noch nur ausnahmsweise und unzureichend angewendete Vorsichtsmaßregeln beobachtet werden. Er warf sich nun mit seiner ganzen, durch gediegene Kenntnisse unterstützten Energie auf Erforschung derjenigen Umstände, welchen die natürlichen Mineralwässer ihre Entstehung verdanken; auf genaue qualitative und quantitative Untersuchung als heilkräftig bekannter Quellen; endlich auch deren künstliche Nachbildung selbst; und hatte die Genugthuung, nach zehnjährigen Anstrengungen im Jahre 1820 die ersten Trinkanstalten in Dresden und Leipzig, im Jahre 1823 im Verein mit Hofrath Soltmann die erste Trinkanstalt in Berlin eröffnen zu können, denen unter seiner und seines Sohnes Leitung bald eine Reihe anderer in Deutschland, England und Rußland folgte.

Den großen und wesentlichen Einfluß, welchen die freie Kohlensäure auf Bildung der natürlichen Mineralwässer ausübt, indem sie im Verein mit Wasser, besonders bei erhöhtem Druck, eine Reihe zusammengesetzter Mineralien, die der alleinigen Einwirkung des Wasser widerstehen, aufschließt und in theilweise Lösung überführt, hatte Struve nicht nur erkannt, sondern auch wissenschaftlich und experimentell nachgewiesen. Welche Bedeutung aber im Laufe der Jahre die Kohlensäure als integrirender oder vorherrschender Bestandtheil der künstlichen Mineralwässer und der sogenannten Luxuswässer als diätetisches und als Genußmittel, und welche Ausdehnung besonders nach letzterer Richtung hin die Mineralwasserfabrikation überhaupt erlangen würde, ließ sich damals nicht voraussehen.

Zunächst diente die Kohlensäure nur als Lösungsmittel bei der Darstellung und als Conservirungsmittel der fertigen künstlichen Mineralwässer. Als Lösungsmittel für eine Anzahl von Stoffen, die in kohlensäurefreiem Wasser nur sehr schwer oder gar nicht löslich sind, wie kohlensaures Mangan- und Eisenoxydul, und die Verbindungen der

Einige Bemerkungen
über
künstliche Mineralwässer
und Salzmischungen.

Vortrag,
gehalten in der Balneologischen Gesellschaft am 9. März 1895
von
O. Liebreich.

Sonder-Abdruck
aus
„Deutsche Medizinal-Zeitung" 1895. No. 38.

Abb. 37 Titelseite eines Exemplars aus dem Deutschen Museum, München – gestiftet von Prof. Hörmann – ausgeschieden; im Archiv des Autors)

Kohlensäure und Phosphorsäure mit Magnesia und alkalischen Erden. Als Conservirungsmittel in doppelter Hinsicht, nämlich durch die Austreibung der im Wasser enthaltenen atmosphärischen Luft, und durch die Verhinderung des Zutrittes derselben zu dem fertigen Product vermöge der unter erhöhtem Drucke bewirkten Uebersättigung des Wassers mit Kohlensäure. Daß nämlich die Veränderlichkeit der natürlichen Mineralwässer bei ihrer Aufbewahrung sich in den meisten Fällen auf den beim Füllen erfolgten Einschluß oder auch auf späteren Zutritt atmosphärischer Luft zurückführen lasse, hatte Struve's Scharfblick bald erkannt.

Am augenscheinlichsten ist der Einfluß der atmosphärischen Luft auf die eisen- (und mangan-)haltigen Quellen; und es giebt verhältnißmäßig nur wenige ohne Eisengehalt. Das Eisen und das Mangan ist in ihnen als kohlensaures Oxydulsalz vermittelst freier Kohlensäure gelöst enthalten; mit dem Entweichen der immer nur in geringer Menge vorhandenen freien Kohlensäure wird, unter Aufnahme von Sauerstoff aus der atmosphärischen Luft die Verbindung in Oxyd umgesetzt, als solches ausgeschieden, und kann darnach auch durch größere Mengen freier Kohlensäure nicht mehr in Lösung gebracht werden. Die Ausscheidung findet um so schneller Statt, je höher die Temperatur des Wassers ist; so bedeckt sich der mit einer Temperatur von 73° C. zu Tage tretende Karlsbader Sprudel schon in Minutenfrist mit einem gelben ockerartigen Ueberzug von ausgeschiedenem Eisenoxyd; während die ganz gleich zusammengesetzten aber kälteren Karlsbader Quellen, wie der Mühlbrunnen bei 52,5° und der Schloßbrunnen bei 50° C. diese Erscheinung erst nach weit längerem Zeitraum und in erheblich geringerem Grade zeigen; und von Natur kalte Quellen ihren, wenngleich höheren Eisengehalt, oft erst nach Stundenfrist durch einen schillernden Ueberzug der Oberfläche andeuten. Aber nicht nur die warmen, sondern auch die kalten eisenhaltigen Quellen, wie z.B. Marienbader, Kissinger, Pyrmonter, Elster erleiden bei der Füllung und auch nur ganz kurzen Aufbewahrung eine mehr oder minder vollständige Ausscheidung ihres Eisengehaltes, der sich bald als dunkle Flocken, bald als lehmige Trübung, bald als ockerartiger Absatz an den Flaschenwandungen ablagert oder in der Flüssigkeit schwebend findet. Diese bei nur einiger Aufmerksamkeit gar nicht zu übersehenden Abscheidungen, der im Vergleich zur frisch geschöpften Quelle nur schwach eisenartige Geschmack, die durch gerbstoffhaltige Mittel wie Galläpfel- oder Theeaufguß erzeugt, verhältnißmäßig geringe, öfter sogar ganz ausbleibende Reaction beweisen genugsam den in allen Fällen bedeutenden Verlust an Eisengehalt, dessen Wirkung doch gerade eine so hervorragende und häufig ausdrücklich beabsichtigte ist.

Die Veränderungen, welche die natürlichen Mineralwässer bei der Füllung, Aufbewahrung, Versendung erleiden, beschränken sich aber keineswegs allein auf ihren Eisengehalt; es gehen zunächst auch die gasförmigen Bestandtheile mehr oder minder verloren; manche Verbindungen, welche in der Quelle nur vermöge höherer Temperatur und gesteigerten Druckes (Momente, die einander in gewissem Grade zu vertreten vermögen) gelöst sind, scheiden sich aus oder setzen sich um, nachdem Druck und Wärme gesunken sind; manche erleiden schon sinnlich auffällig wahrnehmbare Zersetzungen, wie z. B. an Wässern, welche schwefelsaure Salze enthalten, nicht selten ein fauliger, von Schwefelwasserstoffbildung herrührender Geruch und Geschmack wahrgenommen wird. Die natürlichen Mineralwässer werden ferner nicht, wie die künstlichen, ausschließlich in Glasflaschen, sondern der weit überwiegenden Menge nach noch immer in thönerne Kruken gefüllt, welche mitunter vermöge ungenügender Erhitzung beim Brennen Salzgehalt an das Wasser abgeben, porös sind oder Brandrisse besitzen, welche einen luftdichten Verschluß außerordentlich erschweren.

Zu diesen, die Zuverlässigkeit der versendeten natürlichen Mineralwässer beschränkenden Momenten tritt noch ein anderer, durch öfter wiederholte Analysen derselben Quellen zu verschiedenen Zeiten festgestellter Umstand. Ein und dieselbe Quelle, in verschiedenen Jahren oder verschiedenen Jahreszeiten untersucht, zeigt keineswegs immer dieselbe Zusammensetzung; der Gehalt an den hauptsächlich wirksamen Bestandtheilen schwankt mitunter in überraschender Weise; es verschwinden einzelnen Bestandtheile, während andere an ihre Stelle treten; kurz die Voraussetzung, daß die Natur an derselben Stelle immer dasselbe unveränderliche Product schaffe, ist keineswegs zutreffend. Und wenn man, nach den Forschungen Struve's, die natürlichen Mineralwässer als Producte der Auslaugung zusammengesetzter Gesteine und verschiedener Erdschichten durch Wasser, meist unter Mitwirkung von Kohlensäure, erhöhtem Druck und gesteigerter Temperatur, betrachtet, so können die häufig nachgewiesenen Schwankungen nicht befremden. So wenig man sich ihnen aber beim Gebrauch der natürlichen Brunnen entziehen kann, so leicht sind sie bei deren künstlicher Darstellung zu vermeiden, indem man zwischen abweichenden Analysen mit Gewissenhaftigkeit ein für alle Mal eine feste Wahl trifft, und darnach die Fabrikation unabänderlich ausführt.

Wenn es nun auch dem Fabrikanten durchaus nicht zusteht, die natürliche Zusammensetzung eines Mineralwassers zu kritisieren, sie verbessern oder vereinfachen zu wollen; wenn es vielmehr für ihn Pflicht und Ehrensache ist, seine Fabrikate mit der größten Genauigkeit nach den einmal festgestellten Analysen anzufertigen; so ist doch nicht zu leugnen, dass viele natürliche Mineralwässer im Sinne medicinischer Behandlung keineswegs rationell zusammengesetzt sind, daß sie häufig Stoffe enthalten, welche die beabsichtigte Wirkung abschwächen, die Geschmacksorgane ohne Noth belästigen oder die Verdauung stören, wie z. B. der oft in großer Menge vorhandene schwefelsaure oder kohlensaure Kalk. Es war daher als ein erfreulicher Fortschritt zu begrüßen, daß man allmälig die künstlichen Mineralwässer zu Trägern rationeller Arzneimittel machte; ihnen Stoffe zusetzte, die gar nicht oder nicht in gleich zweckmäßiger Zusammenstellung in den natürlichen Quellen sich finden; und so eine neue, annehmliche, das Nervensystem wohlthätig anregende Arzneiform schuf, welche sehr mannigfaltige Beimischungen gestattet.

So gewährte Struve's bedeutsame Erfindung die Möglichkeit, die heilkräftigen Quellen aller Zonen mit Zuverlässigkeit an den entlegensten Orten nachzubilden, und Jahre lang unverändert aufzubewahren; sie bietet den Leidenden Erleichterung und Hilfe in angenehmer Form; sie schafft durch die gewaltige Verbreitung der sogenannten Luxuswässer in der Neuzeit ein gesundes, wirksames und billiges Erfrischungsmittel für alle Schichten der Bevölkerung.«

Bereits im »Vollständigen Materialien-Lexicon« von Nicolai Lemery (Leipzig 1721) wird unter dem Stichwort »AQUA« auf die Bedeutung der Mineralwässer hingewiesen – und vor allem auch darauf, dass sie nur an Ort und Stelle ihr Wirkung zeigen:

Die mineralischen Wasser, frantzösisch, Eaux minerales, lateinisch, Aquae minerales, sind sol-

che Wasser, welche voll Saltz stecken, das sie aus allerhand mineralischer und metallischer Erde, durch welche sie gelauffen, gezogen haben: und es giebet ihrer zweyerley, warme und kalte. Warme sind die in Bourbon, zu Vichi, zu Balerue und zu Aix. Diese werden durch unterirdische Feuer, darüber sie weggelauffen, erwärmet, oder auch, wann sie durch entzündete Erde sind gegangen. Das ist auch die Ursache, warum man so ofte des Schwefels, den diese Wasser mit sich fortgeführet, an den Seiten des Beckens gewahr wird, darinne man sie hat stehen lassen. Es mag auch wohl seyn, daß einige solche mineralisch Wasser ihre Wärme von dem natürlichen Kalch

Fig. 2232.

Fig. 2233.

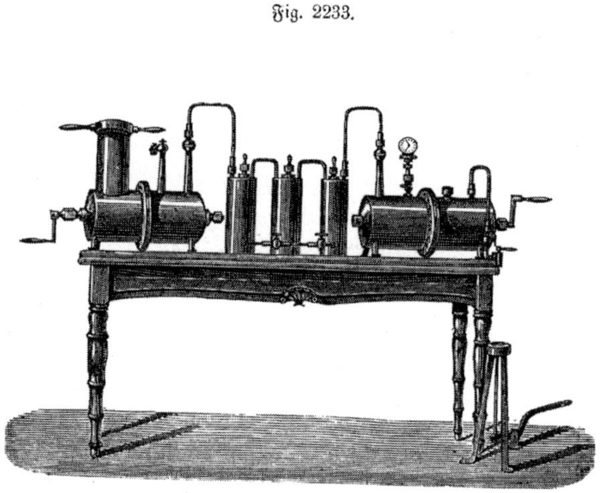

Fig. 2234.

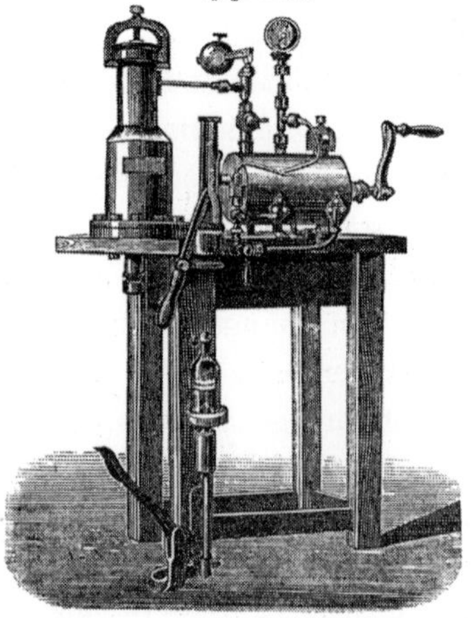

Fig. 2235.

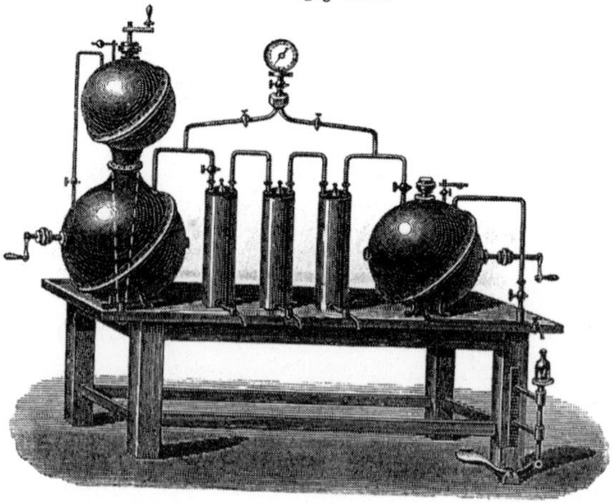

Abb. 38 Mineralwasser-Apparate (s. Text. »Darstellung«)
Aus: Muspratt's Theoretische, praktische und analytische Chemie, in Anwendung auf Künste und Gewerbe. Sechster Band, 2. Aufl., Braunschweig 1870
(Kapitel: Künstliche Mineralwässer. Darstellung)

(Kalk) *empfangen, auf welchen sie in dem Eingeweide der Erde unterwegs getroffen: iedoch geschiehet dieses allemahl vermittelts des unterirdischen Feuers, dann dieser Kalk ist ein von selbsten calcinirter Stein.*

Gemeiniglich enthalten sie schweflicht Saltz, auch flüchtiges und fixes, welches aus der Erde und den mineren (Mineralien) *kommen, dadurch dergleichen Wasser gehen. Sie verrichten das ihrige wunderwohl, und haben bey vielerley Kranckheiten recht erstaunenswürdige Wirckung, wenn man sich deren an Ort und Stelle, unter Anführ- und Regierung eines verständigen Medici gebraucht. Werden sie aber verführet, so haben sie nicht mehr dieselbe Kraft, weil ihre flüchtigen Theilgen davon fliegen, oder aber sich zusammen setzen und solcher Gestalt ihre Bewegung verliehren.*

(Kohlenstoffdioxid wurde erst 1755 durch J. Black bei der thermischen Zersetzung von Magnesiumcarbonat entdeckt.)

Darstellung

In Muspratt's Handbuch erfahren wird dann über die Herstellung künstlicher Mineralwässer (heute als Tafelwässer bezeichnet) Folgendes:

»Die Darstellung der künstlichen Mineralwässer erfolgt im Allgemeinen in der Weise, daß man das Wasser mit den, wo möglich in lösliche Form gebrachten Ingredienzien versetzt, darnach mit Kohlensäure unter einem Druck von mehreren Atmosphären sättigt, und endlich das fertige Wasser auf sogleich luftdicht zu verschließende Flaschen zieht. Die dazu erforderlichen Mineralwasser-Apparate sind von sehr verschiedener, immer aber ziemlich complicirter Construction; sie zerfallen in die sogenannten Selbstentwickler, die Pumpenapparate und in, aus diesen beiden combinirte Constructionen.«

Es folgen im Original 14 Seiten mit Konstruktionsabbildungen und Erläuterungen der Apparaturen, dann eine ausführliche Darstellung der »Mineralwasser-Ingredienzien« und schließlich die analytischen Daten sowie die Angaben zur Herstellung eines künstlichen Mineralwassers aus den Salzen, von denen das Beispiel der berühmten Selters-Quelle ausgewählt wurden.

Selters

Selters aus Niederselters im Taunus darf nicht mit Selters an der Lahn verwechselt werden. Das Vorkommen eines heilkräftigen Mineralwassers wird schon in Urkunden aus der Zeit Karls des Großen erwähnt. »Selterswasser« wurde im 18. Jahrhundert an alle großen Fürstenhäuser in Deutschland und in den benachbarten Ländern geliefert – der Name war gleichbedeutend mit Mineralwasser. Selterswasser wird als alkalisch-muriatischer Säuerling bezeichnet – mit insgesamt fast 4 g an Mineralstoffen, davon über 2 g an Natriumchlorid. M. Strick charakterisiert Selters wie folgt: »Der überwiegende Natriumanteil ergibt zusammen mit dem Chlorid einen einprägsamen salzigen Geschmack, dem das Hydrogencarbonat geringfügig hart gegensteuert. Alles in allem ein stimulierendes Wasser von durchaus eigenwilligem Charakter.«

Mineral- und Tafelwasser-Verordnung

Seit dem 1. August 1984 gilt in Deutschland die »Verordnung über natürliches Mineralwasser, Quellwasser und Tafelwasser« – die so genannte Mineral- und Tafelwasser-Verordnung. In ihr sind die Zulassungsbedingungen, Vorschriften für die Abfüllung am Quellort, eine jährliche Überprüfung und die erlaubten Veränderungen an natürlichem Mineralwasser sowie die Kennzeichnungspflicht festgelegt.

Zu den *Zulassungsbestimmungen* zählt die Forderung, dass jedes Mineralwasser einem eigenen Brunnen entstammen muss und mit einem entsprechenden Namen versehen wird. Nach wissenschaftlich anerkannten Methoden muss dessen ursprüngliche Reinheit – geologisch, hydrologisch, physikalisch, chemisch und mikrobiologisch – nachgewiesen werden. Es muss die Forderung von mindestens 1 Gramm gelöster Mineralstoffe oder 250 Milligramm freier Kohlensäure (gelöstem Kohlenstoffdioxid) je Liter erfüllt sein. Mineralwasser gehört zu den genehmigungs- und kennzeichnungspflichtigen Lebensmitteln.

Mineralwasser darf weiterhin nur am Quellort in direkt für den Verbraucher bestimmte Behältnisse abgefüllt werden. Aus einem Zapfhahn fließt somit kein Mineralwasser – sondern Tafelwasser (s. weiter unten). Eine jährliche Überprüfung – die Feststellung der »Brunnenwahrheit« – erfolgt hinsichtlich der Zusammensetzung und Reinheit. Werden Schwankungen festgestellt, muss eine neue Zulassung mit neuen Angaben der Analysendaten auf dem Etikett erfolgen. Aus dem Datum der Analyse lässt sich somit schließen, wie konstant sich die Zusammensetzung eines Mineralwassers erwiesen hat.

Tafelwasser ist nach der Mineral- und Tafelwasser-Verordnung ein *künstliches Mineralwasser*: Ein Quell- oder Trinkwasser ist zur geschmacklichen Verbesserung mit natürlichem Salzwasser, Mineralwasser, Meerwasser, Natriumchlorid (Kochsalz), Natriumcarbonat (Soda) oder Natriumhydrogencarbonat angereichert worden. Bei Tafelwasser sind die Gehalte an Fluorid bzw. Sulfat auf 1,5 bzw. 240 Milligramm je Liter beschränkt.

An natürlichen Mineralwässern dürfen folgende Veränderungen vorgenommen werden:

Geschmack und Aussehen beeinträchtigende Inhaltsstoffe dürfen durch Filtration bzw. Oxidation entfernt werden (z.B. suspendierte Eisenverbindungen, Schwefelverbindungen wie Sulfide). Freie Kohlensäure darf nur mit Hilfe physikalischer Verfahren (z.B. durch Herausquirlen) entzogen werden. Andererseits ist es auch erlaubt, das Mineralwasser mit Kohlensäure (gemeint ist immer Kohlenstoffdioxid) zu versetzen (s. Etikett-Angaben).

Zur *Kennzeichnungspflicht* gehören folgende Angaben: »Natürliches Mineralwasser« – »Natürliches kohlensäurehaltiges Mineralwasser« (gleicher Kohlensäuregehalt bei der Abfüllung wie beim Quellaustritt) – »Natürliches Mineralwasser mit eigener Quellkohlensäure versetzt« – »Natürliches Mineralwasser mit Kohlensäure versetzt« (mit Kohlensäure aus anderen Quellvorkommen als das Wasser) – »Kohlensäure ganz entzogen« oder »Kohlensäure teilweise entzogen« – »Fluoridhaltig« (ab 1,5 mg/l) – »enteisent« oder »entschwefelt« (Entfernung vor allem von Eisen – abgefiltert oder als Bodensatz entfernt).

Experiment 9 Zur Enteisenung von Mineralwasser

Materialien

Reagenz: Eisen(II)sulfat ($\times$ 7 H_2O)

Mineralwasser (mit viel Calcium – z.B. Marke Wildsberg), Soda (Natriumcarbonat)

Durchführung

Einige wenige (grünliche) Kristalle des Eisen(II)sulfats werden in einem Schnappdeckelglas im Mineralwasser gelöst. In ein zweites Glas gießt man ebenso viel an Mineralwasser. Dann fügt man beiden Gläsern je einen Spatellöffel voll Soda hinzu. In einem dritten Glas werden einige Eisen(II)sulfat-Kristalle in Wasser gelöst. Dann fügt man einen kleinen Spatellöffel an Soda hinzu.

Beobachtungen

Das grünlich gefärbte Eisen(II)sulfat löst sich im Mineralwasser zu einer farblosen Lösung. Nach der Zugabe von Soda entsteht eine gelbbraune, im zweiten Glas dagegen eine farblose Trübung. Nach kurzer Zeit setzt sich die weiße Trübung auf dem Glasboden als Niederschlag ab. Im Glas mit dem Eisensalz bleibt die Trübung zunächst bestehen, bei der Betrachtung gegen das Licht sind kleine gelb-braune in der Lösung schwebende Flocken zu erkennen, die sich beim Erhitzen der Lösung zusammenballen. Es bildet sich nach einigen Minuten ein ockerfarbener Niederschlag. Im dritten Glas, in der Lösung ohne Kohlensäure, bildet sich nach dem Zusatz von Soda sofort ein bläulicher Niederschlag, der schnell eine intensive grüne Farbe annimmt. Nach einiger Zeit hat sich ein dunkelbrauner Niederschlag abgesetzt, die Lösung erscheint gelb.

Erläuterungen

Eisen(II)sulfat löst sich im Mineralwasser unter Bildung von Eisen(II)-Ionen zu Hexaaquoeisen(II)-Kationen $[Fe(H_2O)_6]^{2+}$, deren blassgrünliche Farbe erst bei höherer Konzentration gut erkennbar wird. Auch in kohlensäurehaltiger Lösung erfolgt langsam eine Oxidation zu Eisen(III)-Ionen, vor allem in alkalischer (hier: sodaalkalischer) Lösung. Setzt man einer Lösung, die nur Eisen(II)-Ionen enthält, Natriumcarbonat hinzu, so entsteht ein weißer Niederschlag von $FeCO_3$, das sich wie auch $CaCO_3$ bei Anwesenheit freier (überschüssiger) Kohlensäure unter Bildung von Fe(II)- und Hydrogencarbonat-Ionen auflösen lässt. Eisen(II)hydrogencarbonat, in Ionen dissoziiert (d.h. gelöst), kommt in allen Eisensäuerlingen und Stahlquellen vor. Durch geringe Spuren von Luftsauerstoff erfolgt jedoch eine Oxidation, wobei unter Hydrolyse schließlich Eisen(III)hydroxid ausflockt und Kohlenstoffdioxid entgast:

$$4\ Fe^{2+} + 8\ HCO_3^- + O_2 + 2\ H_2O \rightarrow 4\ Fe(OH)_3\downarrow + 8\ CO_2\uparrow$$

In alkalischer (hier: sodaalkalischer) Lösung erhält man aus der Lösung eines Eisen(II)salzes, das meist nicht frei von Eisen(III)-Anteilen ist, keinen rein weißen sondern einen grünlich gefärbten Niederschlag, der beim Stehen an der Luft von Dunkelgrün nach Braun übergeht. Als Zwischenprodukt entsteht eine Eisen(II)-eisen(III)-oxidhydrat $Fe_3O_4 \cdot x\ H_2O$, das weiter zu Eisen(III)hydroxid oxdiert wird. Die gelbliche Ockerfarbe deutet auf basische Eisen(III)carbonate hin.

Experiment 10 Hohe Calciumgehalte im Mineralwasser – ohne freie Kohlensäure

Materialien

Mineralwasser (mit viel Calcium – z.B. Wildsberg, s. voriges Experiment), Soda, Plastikpipette

Durchführung

Einem halb mit Mineralwasser gefülltem Schnappdeckelglas wird ein kleiner Spatellöffel voll Soda hinzugefügt. Wenn sich der Niederschlag weitgehend abgesetzt hat (s. voriges Experiment), gießt man die darüber stehende Lösung vorsichtig ab – oder saugt sie mit Hilfe der Plastikpipette ab, ohne den Niederschlag am Boden aufzuwirbeln. Dann fügt man Mineralwasser hinzu und rührt vorsichtig mit einem Glasstab um, so dass nur wenig Kohlenstoffdioxid entweicht – beim Schütteln des verschlossenen Glases entsteht ein zu starker Überdruck.

Beobachtungen

Der weiße Niederschlag löst sich fast vollständig wieder auf – man darf jedoch nicht zuviel an Soda hinzufügen.

Erläuterungen

Zunächst fällt Calciumcarbonat aus, das sich nach der Zugabe des Mineralwassers (mit CO_2) wegen des sich nach rechts verschiebenden Gleichgewichts zwischen Carbonat- und Hydrogencarbonat-Ionen wieder auflöst. Es ist keine für eine Fällung von Calciumcarbonat ausreichende Carbonat-Konzentration mehr vorhanden:

$CaCO_3 + CO_2 + H_2O \rightleftarrows Ca^{2+} + 2\ HCO_3^-$
$CO_3^{2-} + H_2O + CO_2 \rightleftarrows 2\ HCO_3^-$
(s. auch ausführlich in Kap. 7.1)

Experiment 11 Das Verhalten von Mangan(II)-Ionen im Mineralwasser

Materialien

Reagenzien: Mangan(II)sulfat oder Mangan(II)chlorid
Mineralwasser, Soda (Natriumcarbonat), Kalium-Brausetablette, Reinigungstablette mit Perborat

Durchführung

Zwei Schnappdeckelgläser werden zur Hälfte mit Mineralwasser gefüllt. In beiden Gläsern löst man einen kleinen Spatellöffel voll Mangan(II)salz auf und danach je einen kleinen Spatellöffel voll Soda. Dann fügt man dem einen Glas ein Viertel einer Kalium-Brausetablette bzw. dem anderen Glas ein Viertel einer Reinigungstablette hinzu.

Beobachtungen

In beiden Gläsern tritt nach der Zugabe von Soda zunächst eine weiße Trübung auf. Nach der Zugabe der Kalium-Brausetablette löst sich die Trübung unter Gasentwicklung wieder auf. Im Glas mit der Reinigungstablette bildet sich zunehmend eine braungelbe Trübung.

Erläuterungen

Mangan(II)carbonat ist ebenso wie Calciumcarbonat in Wasser schwer löslich und verursacht die kurzzeitige Trübung nach der Zugabe von Natriumcarbonat. Im Glas mit der Kohlenstoffdioxid produzierenden Kalium-Brausetablette – sie wird anstelle anderer Brausetabletten verwendet, das sie keine Farbstoffe enthält – löst sie sich wieder unter Bildung von Hydrogencarbonat-Ionen auf (s. voriges Experiment). Aus der Reinigungstablette wird aus dem Perborat Sauerstoff freigesetzt, wodurch Mangan(II)-Ionen zum braunen Mangan(IV)dioxidhydrat (Braunstein; schwer löslich) oxidiert werden.

$$2\ Mn^{2+} + O_2 + 2\ H_2O \rightarrow 2\ MnO_2 + 4\ H^+$$

Da die Lösung Carbonat-Ionen enthält (aus der Soda), die im Gleichgewicht mit Wasser (infolge Hydrolyse) auch Hydroxyl-Ionen bilden, werden die nach der Gleichung gebildeten Wasserstoff-Ionen neutralisiert.

Literatur

Sabine Buseck: Die historische Apotheke. Das Deutsche Apotheken-Museum und andere pharmazeutische Sammlungen im deutschen Sprachgebiet, Govi-Verlag, Frankfurt am Main/Eschborn 1997.

Georg Schwedt (Hrsg.): Göttling (Jena 1790) und Trommdsdorff (Erfurt 1818): Chemische Probierkabinette, HisChymia Buchverlag, Seesen 2001

Wolfgang Schneider: Wörterbuch der Pharmazie. Band 4 Geschichte der Pharmazie, Wiss. Verlagsges., Stuttgart 1984

Helmut Hilz und Georg Schwedt: ›Zur Belustigung und Belehrung‹ Experimentierbücher aus zwei Jahrhunderten, GNT-Verlag / Deutsches Museum, Berlin, München, Diepholz 2002

Martin Strick: Mineralwasser und Heilwasser. Entstehung – Zusammensetzung – Wirkungsweise – Heilanzeigen, Heyne Verlag, München 1987

Georg Schwedt: Chemische Experimente in Schlössern Klöstern und Museen, Wiley-VCH, Weinheim 2002

Reinhard Löbbert, Dietlind Hanrieder, Ulrike Berges, Joachim Beck: Lebensmittel. Waren – Qualitäten – Trends (Kap. 13 Alkoholfreie Getränke), Verlag Europa-Lehrmittel, Haan-Gruiten, 1. Aufl. 2000

Walter Carlé: Die Mineral- und Thermalwässer von Mitteleuropa. Geologie, Chemismus, Genese, Wiss. Verlagsges., Stuttgart 1975

5. Alltagschemie und Tintenchemie

Landesmuseum für Technik und Arbeit in Mannheim
Museumsstraße 1, D-68165 Mannheim
Tel.: 0621/4298-9,
www.landesmuseum-mannheim.de,
E-Mail: lta@lta-mannheim.de

Landesmuseum für Technik und Arbeit in Mannheim

Das 1990 eröffnete Landesmuseum stellt auf sechs Ebenen den technischen, sozialen und wirtschaftlichen Wandel Südwestdeutschlands vom 18. Jahrhundert bis zur Gegenwart dar. Die Zeitreise beginnt im Zeitalter der Aufklärung und des Barock, als in der Kurpfalz Carl Theodor (1742–1799) regierte. Die Wissenschaftsförderung durch den Kurfürsten wird am Beispiel der Mannheimer Sternwarte, die vorindustrielle Wirtschaftspolitik am Beispiel der Manufakturstadt Frankenthal gezeigt (Ebene A). Erste Industriezweige, wie die von Heilbronn ausgehende mechanisierte Papierfabrikation und das Druckereiwesen in Stuttgart sowie das Beispiel des erfolgreichen Verlegers Johann Friedrich Cotta (1764–1832), der Mathematik, Geschichte und Jura studiert hatte, werden daran anschließend mit zahlreichen Exponaten vorgestellt (Ebenen B und C). Die Ausstellung widmet sich dann (Ebene D) dem Wandel von der Agrar- zur Industriegesellschaft – mit der aktiven Rolle des Staates und der Kommunen sowie den Themenfeldern Erziehung, Bildung und Wissenschaft. Hier wird auch die Bedeutung von Gewerbe- und Industrieausstellungen behandelt. In der zweiten Hälfte des 19. Jahrhunderts entstand in Südwestdeutschland eine eigenständige Maschinenfabrikation. Sie wird am Beispiel der 1846 gegründeten Maschinenfabrik Esslingen sowohl aus dem Blickwinkel der Technik (Beispiel Eisenbahn) als auch der Sozialgeschichte vorgestellt (Ebene E). Die historische Arbeiterkneipe (als Museumsrestaurant) sowie Blicke in eine Arbeiterwohnung vermitteln einen Einblick in das Leben in einer Großstadt um 1900 – am Beispiel von Mannheim. Die Industrialisierung im 20. Jahrhundert verdeutlichen Ausstellungseinheiten zur Kunststoffproduktion, zur Energieversorgung, Kernenergie und Automation sowie zur modernen Kommunikation und über das Automobil (Ebene F).

Das museumspädagogische Angebot des Landesmuseums umfasst Workshops, Lerngänge und Vorführungen. In der Zukunftswerkstatt, der Kinderwerkstatt, an der Papieranlage (Ebene B) sowie in der Maschinenfabrik (Ebene E) können die folgenden Experimentalprogramme gezeigt bzw. von Besuchern selbst durchgeführt werden.

5.1 Alltagschemie – Säuren und Laugen (in der Zukunftswerkstatt)

Siehe dazu auch die Bücher des Autors:

1. Experimente mit Supermarktprodukten. Eine chemische Warenkunde (Wiley-VCH, 2. Aufl., Weinheim 2003)
2. Noch mehr Experimente mit Supermarktprodukten. Das Periodensystem als Wegweiser (Wiley-VCH, Weinheim 2003)
3. Chemische Experimente in Schlössern, Klöstern und Museen. (Wiley-VCH, Weinheim 2002)

Historisches

Von Chemiehistorikern wird die Entdeckung mineralischer, starker Säuren als bedeutendster Fortschritt in der Chemie seit der Entdeckung der Eisenerzverhüttung bezeichnet. Griechen und Arabern im Altertum war nur die *Essigsäure* als stärkere Säure bekannt. Von dieser bzw. von deren Eigenschaften, *sauer* (vom althochdeutschen Wort ›sur‹) als Gegensatz von süß zu schmecken, leitet sich der heutige Name für eine chemische Stoffgruppe, die Säuren ab. Die Säuren des Essigs, des Weins und unreifer Äpfel waren die ersten (organischen) Säuren, die man in den frühen Zeiten der Chemie kannte.

Durch Erhitzen von Salzen konnten etwa vom 13. Jahrhundert an mineralische Säuren – *Salpeter-, Salz- und Schwefelsäure* – gewonnen werden. Mit solchen Säuren, in konzentrierter Form, ließen sich zahlreiche neue chemische Reaktionen durchführen. Viele Substanzen, vor allem Metalle und Erze, lösen sich in ihnen auf. Das *Königswasser*, ein Gemisch aus Salz- und Salpetersäure, ermöglichte sogar die Auflösung von Gold; das *Scheidewasser*, die Salpetersäure, die Trennung des Goldes vom sich darin auflösenden Silber. Diese Säuren, sowohl organischer als auch mineralischer (anorganischer) Herkunft, bildeten eine Gruppe mit einigen schon damals bekannten gemeinsamen Eigenschaften:

- sie schmecken sauer, die mineralischen Säuren ohne gesundheitliche Gefährdung natürlich nur in starker Verdünnung,
- sie verändern die Färbung bestimmter Blütenfarbstoffe (s.u.),
- sie reagieren mit Metallen wie Eisen und Zink, indem sie die Metalle auflösen: es entstehen Salzlösungen, und es bildet sich gleichzeitig Wasserstoffgas.

Der Gruppe von Säuren steht eine andere Gruppe von Stoffen mit entgegengesetzten Eigenschaften gegenüber, die erstmals 1666 als *Basen* bezeichnet wurden. Man erkannte, dass Mischungen von Säuren und Basen im richtigen Verhältnis ihre speziellen Eigenschaften verlieren, es entsteht eine *Salzlösung*. Der Name *Base* leitet sich von Basis ab, weil starke Basen wie die Natronlauge (in fester Form auch Ätznatron genannt) die nichtflüchtige Grundlage zur Bindung flüchtiger Säuren wie der Salzsäure bilden. Diese *Neutralisationsreaktionen* wurden vor allem von dem deutschen Chemiker Jeremias Benjamin Richter (1762–1807, ab 1798 Arkanist bei der Porzellanmanufaktur in Berlin) intensiv und messend untersucht.

Säure und *Base* sind auch heute noch wesentliche Grundbegriffe der Chemie, deren Definition jedoch bis in unsere Zeit mit der Entwicklung von Theorien in der Chemie

Abb. 39 Ausschnitt der Titelseite eines Experimentierbuches zur »Praktischen Chemie« (Einführung in die praktische Chemie, von Dr. Felix B. Ahrens, weiland Professor an der Universität Breslau. Zweite Auflage, durchgesehen, verbessert und erweitert von Prof. Dr. F. W. Hinrichsen, Verlag Ernst Heinrich Moritz, Stuttgart 1912)

sich immer wieder gewandelt hat. Robert Boyle (s.u.) definierte eine Säure als einen Stoff, *der mit Kreide aufbraust, (...) gewisse Pflanzenfarbstoffe rötet und durch eine Base neutralisiert wird, wodurch alle diese Eigenschaften aufgehoben werden.* Erst Justus Liebig (1803–1873) bezeichnete den Wasserstoff als den Träger der sauren Eigenschaften von Säuren. Als der schwedische Chemiker und Physiker Arrhenius (1859–1927) seine Theorie der Ionen entwickelt hatte, wurde schließlich das Wasserstoff-Ion als der alleinige Träger der Säureeigenschaften bezeichnet. Die Eigenschaft der *Antisäure,* der Base, wird durch das Hydroxyl-Ion hervorgerufen. Beide Ionen bilden schließlich das neutrale Wassermolekül – diese Reaktion findet bei der Neutralisation statt:

$$H^+ + OH^- \rightleftarrows H_2O$$

Reines Wasser mit der Formel H_2O, das auch nicht in Spuren andere Stoffe gelöst enthält, ist bei Raumtemperatur in geringem Maße in das Wasserstoff-Ion H^+ und das Gegenion OH^-, das Hydroxyl-Ion, gespalten (dissoziiert). 1 Liter Wasser enthält ein zehnmillionstel Mol (10^{-7}; bei einer Molmasse das Wasserstoffs von 1 auch die gleiche Menge in Gramm) des Wasserstoff-Ions und gleichzeitig ebenfalls ein zehnmillionstel Mol (multipliziert mit der Zahl 17 als Molmasse für OH^- in Gramm) des Hydroxyl-Ions. Um die Schreibweise dieser geringen Konzentrationen zu vereinfachen, gibt man als pH-Wert nur den Exponenten, also die Zahl 7 (mit positivem Vorzeichen) an. Ein pH-Wert von 7 bedeutet also, dass die Konzentration an Wasserstoff-Ionen der in reinem Wasser entspricht. Wird nun eine starke Säure wie die Salzsäure HCl in sehr geringer Menge in reinem Wasser gelöst, so erhöht sich die Konzentration an Wasserstoff-Ionen, die jetzt zusätzlich aus der Salzsäure stammen. Salzsäure als eine starke Säure wird vollständig in ihre Ionen, das Wasserstoff-Ion und das Chlorid-Ion gespalten. Diese von der Salzsäure hervorgerufene Erhöhung der Wasserstoff-Ionenkonzentration zeigt sich demnach an einem niedrigeren pH-Wert – der pH-Wert nimmt ab. Damit das oben in der »Wasser-Gleichung« beschriebene Gleichgewicht erhalten bleibt, muss sich die Konzentration der Hydroxyl-Ionen somit erniedrigen. Die Summe der Exponenten von Wasserstoff- und Hydroxyl-Ionenkonzentrationen ist immer gleich 14.

Die Erniedrigung des pH-Wertes um eine Einheit bedeutet eine Zunahme der Konzentration an Wasserstoff-Ionen um eine Zehnerpotenz, also um den Faktor 10 zur vorherigen Konzentration, und gleichzeitig die Abnahme der Hydroxyl-Ionenkonzentration um ebenfalls eine Zehnerpotenz. Schwache Säuren, die in Wasser nicht vollständig in ihre Ionen gespalten werden, wie z.B. die Essigsäure, werden aufgrund dieser Eigenschaft bei gleichen Konzentrationen (bezogen auf den Wasserstoff im Säuremolekül – Essigsäure enthält ein Wasserstoff-Ion und den Acetatrest als Gegenion, vergleichbar mit dem Chlorid in der Salzsäure) im Wasser den pH-Wert weniger erniedrigen als starke Säuren. Bei den Laugen (wässrige Lösungen von Basen) bzw. Basen spielen sich die Vorgänge in der anderen Richtung ab, wobei das Hydroxyl-Ion frei wird, die Wasserstoff-Ionenkonzentration sinkt und der pH-Wert über 7 ansteigt.

Auch durch die Reaktion von Stoffen mit dem Wasser können aus chemischen Stoffen, die selbst im Wasser keine eigenen Wasserstoff- bzw. Hydroxyl-Ionen liefern, pH-Wert-Änderungen auftreten. Löst sich Kohlenstoffdioxid aus der Luft im Wasser, so werden in geringem Maße Hydrogencarbonat- und Wasserstoff-Ionen nach folgender Gleichung entstehen:

$$CO_2 + H_2O \rightarrow H^+ + HCO_3^-$$

Aus Wasser und Kohlenstoffdioxid entstehen je ein Wasserstoff- und ein Hydrogencarbonat-Ion. Der pH-Wert eines Wassers, das infolge des Kontakts mit der Atemluft Kohlenstoffdioxid gelöst hat, liegt daher immer unter 7. Auch das Lösen von Salzen, die aus einer schwachen Base und einer starken Säure bzw. einer starken Base und einer schwachen Säure bestehen, verschieben beim Lösen im Wasser den pH-Wert.

Beispiel Natriumacetat (starke Base Natronlauge, schwache Säure Essigsäure): Das Acetat-Ion nimmt ein Wasserstoff-Ion auf und bildet die undissoziierte Essigsäure. Es entstehen mehr Hydroxyl-Ionen, der pH-Wert steigt über 7.

Beispiel Ammoniumchlorid (starke Säure Salzsäure, schwache Base Ammoniak): Das Ammonium-Ion NH_4^+ aus Ammoniumchlorid NH_4Cl (zuvor aus NH_3 + HCl durch Neutralisation entstanden) gibt ein Wasserstoff-Ion an das Wasser ab, der pH-Wert sinkt unter 7. Man bezeichnet diesen für den pH-Wert einer Lösung von Salzen wichtigen Vorgang zwischen den Ionen eines Salzes und den Wassermolekülen als *Hydrolyse*.

Die pH-Skala reicht von 0 bis 14. An dem unteren Ende stehen die starken Mineralsäuren, am oberen Ende die starken Basen bzw. deren Lösungen (Laugen) wie die Natronlauge.

Beginnt man mit einer Konzentration der Salzsäure von 0,1 Mol/Liter – mit dem pH-Wert 1 für 10^{-1} Mol/Liter an Wasserstoff-Ionen), so lässt sich für Säuren, Salze und Basen gleicher Konzentration folgende pH-Skala aufstellen:

- pH 1,0: Salzsäure
- pH 1,6: Phosphorsäure
- pH 2,2: Citronensäure
- pH 2,9: Essigsäure
- pH 3,7: »Kohlensäure« (Kohlenstoffdioxid gelöst im Wasser)
- pH 7,0: reines Wasser
- pH 8,4: Lösung von Natrumhydrogencarbonat (»Natron«)
- pH 8,9: Lösung von Natriumacetat

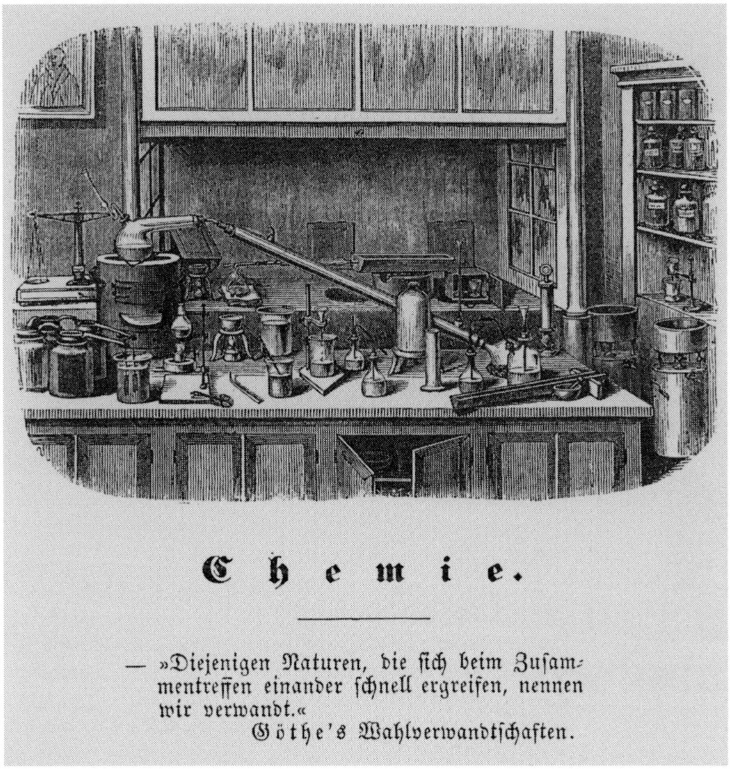

Abb. 40 Kupferstich zur Einleitung des Kapitels Chemie in: Das Buch der Natur, die Lehren der Physik, Chemie, Mineralogie, Geologie, Physiologie, Botanik und Zoologie umfassend. Allen Freunden der Naturwissenschaft, insbesondere den Gymnasien, Real- und höheren Bürgerschulen gewidmet von Dr. Friedrich Schödler, Lehrer der Naturwissenschaft am Gymnasium zu Worms, früher Assistent am chemischen Laboratorium zu Gießen. Braunschweig, F. Vieweg u. Sohn 1846
(Schödler war Schüler von Liebig – s. in G. Schwedt: Liebigs Schüler, Springer-Verlag, Berlin/Heidelberg 2002)

pH 11,6: Lösung von Natriumcarbonat (Soda)
pH 13,0: Natronlauge

(nach: G. Schwedt, Chemischen Elementen auf der Spur, Franckh-Kosmos, Stuttgart 1985)

Abb. 41 Umschlagbild des Buches von O. Nothdurft: Chemisches Experimentierbuch: praktische Einführung in das Studium der Chemie auf Grund leicht ausführbarer Versuche. Stuttgart, Union Deutsche Verlags-Anstalt, 1920

Produktbeispiele aus dem Supermarkt

1. Anorganische Säuren

Salzsäure

Poliboy Silber-Gold-Bad (Inhaltsstoffe: unter 5 % nichtionisches Tensid (biologisch abbaubar), Alkohol, anorganische Säure, Schwefelverbindungen)

Bloo WC Urinstein- und Kalk-Löser (Inhaltsstoffe gemäß EG-Empfehlung: unter 5 % nichtionische Tenside, kationische Tenside. Weitere Inhaltsstoffe: Mineralsäure, Parfümöl, Farbstoff.)

Salze: Küchen(Koch)salz NaCl

Schwefelsäure

Salze: *00 Null-Null* WC-Reiniger. Inhaltsstoffangabe (gem. EG-Empfehlung: unter 5 % anionische Tenside. Weitere Inhaltsstoffe: Natriumhydrogensulfat, Salze, Phosphat und Parfümöl.

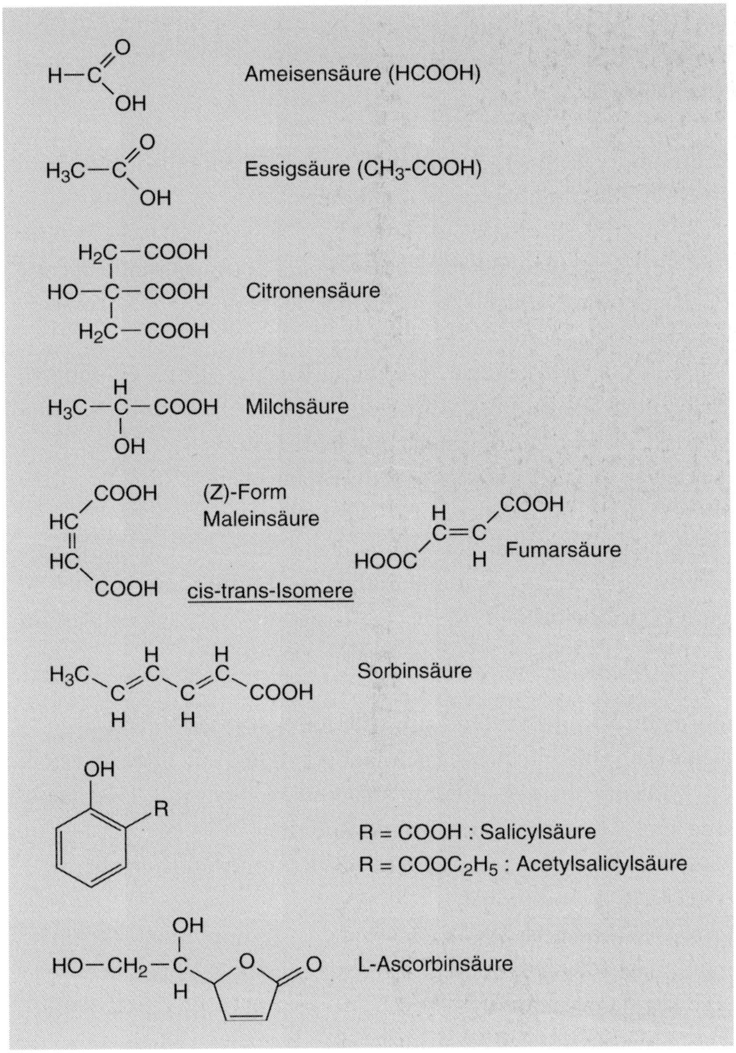

Abb. 42 Organische Säuren in Supermarktprodukten

Amidosulfonsäure — *Cillit Anti-Kalk Tabs* Geräte-Entkalker. Enthält Amidosulfonsäure und Maleinsäure sowie Hilfsstoffe.
Swirl® Schnell-Entkalker. Inhaltsstoffe: Zitronensäure, Amidosulfonsäure

Schweflige Säure — Haushaltsessig (mit E 223 Schwefeldioxid)
Salze: — Essig mit Antioxidationsmittel E 220 Natriumetabisulfit $NaHS_2O_5$

Salpetersäure	*IROX* Anti-Kalk Powergel (Inhaltsstoffe: < 15 % nicht ionogene Oberflächen-Aktivstoffe; < 15 % anionogene Oberflächen-Aktivstoffe; Salpetersäure; Duftstoffe.)
Salze: Nitrate	Rohrreiniger *Rohrrein*. Inhaltsstoffe: < 5 % Natriumhydroxid, Natriumnitrat, Aluminiumgranulat, Stellmittel.
Phosphorsäure	*CEKAPUR*® 90 (Reiniger für Sanitär-Keramik) (Inhaltsstoffe: (gemäß EG-Empfehlung) unter 5 % nichtionische Tenside, Phosphorsäure, Farbstoffe, Duftstoffe)
Salze: Phosphate	*00 Null-Null* WC-Reiniger. Inhaltsstoffangabe (gem. EG-Empfehlung): unter 5 % anionische Tenside. Weitere Inhaltsstoffe: Natriumhydrogensulfat, Salze, Phosphat und Parfümöl. *Backpulver*. Zutaten: Säuerungsmittel Diphosphate (E 450), Backtriebmittel Natriumhydrogencarbonat, Weizenstärke. *Scholl* Belebendes Bade-Salz. Bestandteile: Sodium Sesquicarbonate; Sodium Bicarbonate; Sodium Carbonate; Magnesium Sulfate; Sodium Dodecylbenzenesulfonate; Pentasodium Triphosphate; Parfum; CI 47005; CI 42051. (CI: Colour Index – Farbstoffe)
»Kohlensäure«	allgemein: Natürliches Mineralwasser mit Kohlensäure versetzt. *Coca-Cola*® koffeinhaltiges Erfrischungsgetränk mit Pflanzenextrakten (Zutaten: Wasser, Zucker, Kohlensäure, Farbstoff 150d, Säuerungsmittel Phosphorsäure, Aroma, Koffein.)
Salze: Carbonate, Hydrogencarbonate	*Waschsoda* (Natriumcarbonat), *Natron* (Natriumhydrogencarbonat), *Pottasche* (Kaliumcarbonat) *Scholl* Belebendes Bade-Salz. Bestandteile: Sodium Sesquicarbonate; Sodium Bicarbonate; Sodium Carbonate; Sodium Dodecylbenzenesulfonate; Pentasodium Triphosphate; Parfum; CI 47005; CI 42051.

2. Organische Säuren

Ameisensäure	*biff* Bad-Reiniger universal (Henkel) Inhaltsstoffangabe (gem. EG-Empfehlung): 5–15 % nichtionische Tenside. Weitere Inhaltsstoffe: Zitronensäure, Ameisensäure, Duftstoff.
Essigsäure	Produktauswahl: *Essigessenz*. 25%ige Säure. *Tafelessig* aus Branntwein. Zutaten: Branntweinessig, Antioxidationsmittel E 220. 5 % Säure biologisch gewonnen.

Wein-Branntweinessig. Zutaten: Branntweinessig, Weinessig, Farbstoff E 150c, Antioxidationsmittel: E 223.
Apfel-Essig aus Apfelwein. 5 % Säure.
WC-Essig-Reiniger. Inhaltsstoffe gem. EU-Empfehlung: unter 5 % anionische Tenside. Weitere Inhaltsstoffe: Organische Säuren, Duft-, Farb- und Hilfsstoffe.

Citronensäure

Zitronensäure, E 330 als Lebensmittel
Swirl® Schnell-Entkalker flüssig. Inhaltsstoffe: Zitronensäure, Milchsäure.
Schnell-Entkalker fest. Inhaltsstoffe: Zitronensäure, Amidosulfonsäure.
Bio-Kalklöser. Inhaltsstoffe: Zitronensäure. (»Bio-Kalklöser besteht aus Zitronensäure, die auf Basis eines biologischen Verfahrens gewonnen wird.«)

Milchsäure

Swirl® Schnell-Entkalker flüssig. Inhaltsstoffe: Zitronensäure, Milchsäure.

Maleinsäure

Kalkreiniger. Inhaltsstoffe (Angaben gemäß EU-Empfehlung) weniger als 5 % nichtionische Tenside. Weitere Inhaltsstoffe: Maleinsäure, Farb- und Duftstoffe.
Cillit Anti-Kalk Tabs Geräte-Entkalker. Enthält Amidosulfonsäure und Maleinsäure sowie Hilfsstoffe.

Fumarsäure

Götterspeise-Pulver Zitrone-Geschmack (Fa. Ruf). Zutaten: Gelatine, Säuerungsmittel Fumarsäure, Aroma, Farbstoffe Chinolingelb und Gelborange S, Vitamin C.

Sorbinsäure

Einmach-Hilfe. Inhalt: 2,5 g Sorbinsäure (E 200) – zur Lebensmittelkonservierung
Extra Gelier Zucker. Zutaten: Zucker, Geliermittel Pektine. Säuerungsmittel Citronensäure, Konservierungsstoffe Sorbinsäure, pflanzliches Fett gehärtet.

Salicylsäure

Hühneraugentinktur. Wirkstoff: Salicylsäure. 1 g Lösung enthält: 0,125 g Salicylsäure. Sonstige Bestandteile: Campfer; Aceton; Methoxypropanol; Pyroxilin; Rizinusöl.
Aspirin® Wirkstoff: Acetylsalicylsäure. 1 Tablette enthält 500 mg Acetylsalicylsäure.

Ascorbinsäure Beispiel: Vitamin C Brausetabletten Zitrone. Wirkstoff Ascorbinsäure.

3. Laugen

Ammoniak Ammoniak-Lösung 9,6–9,9 %. Salmiakgeist einfach. Zum Fensterputzen, zur Fleckentfernung

Natronlauge *MOC Rohr Rein.* Enthält 54 % Natriumhydroxid, Aluminium und Hilfsstoffe. (Vorsicht: ätzend – Hinweise auf der Verpackung beachten)
Reinex Rohrrein. Inhaltsstoffe: > 5 % Natriumhydroxid, Natriumnitrat, Aluminiumgranulat, Stellmittel. (Vosicht: ätzend – Hinweise auf der Verpackung beachten)

Experiment 1 Sauer – neutral – basisch: Rotkohlsaft als Indikator

Materialien Wässriger Extrakt aus einem Stück Rotkohl, verschiedene Produkte (s. Übersicht)

Durchführung Verdünnter Rotkohlextrakt wird jeweils mit einigen Tropfen des flüssigen Produktes bzw. einem kleinen Spatellöffel festen Produktes versetzt.

Beobachtungen Es lassen sich folgende Farben unterscheiden: rot für sauer, violett für schwach sauer, blau für neutral, grün für alkalisch bzw. gelb für stark alkalisch.

Erläuterungen Die pH-Wert-abhängigen Farbänderungen sind auf Anthocyane zurückzuführen. (s. auch Kap. 7.2)

Experiment 2 Andere Säure-Base-Indikatoren und ihre Geschichte

Materialien

Verschiedene Formen von Indikatoren: Lösung, Indikatorpapier, pH-Papier, pH-Teststäbchen, Mischindikatoren, Universalindikatoren

Durchführung

Die verschiedenen Materialien werden am Beispiel verschiedener Produkte eingesetzt und die eingesetzten Indikatoren ausgewertet bzw. bewertet.

Erläuterungen

Säure-Base-Indikatoren sind selbst schwache Säuren oder Basen, die bei Aufnahme bzw. Abgabe eines Wasserstoffions die Farbe ändern. Man unterscheidet *einfarbige Indikatoren* (im sauren Medium farblos, im alkalischen Bereich gefärbt: Beispiel Phenolphthalein) von *zweifarbigen Indikatoren* (im sauren und alkalischen Bereich unterschiedliche Farben mit einer Mischfarbe im Äquivalenzbereich). *Mischindikatoren* bestehen aus zwei Farbstoffen – entweder aus einem Indikator-Farbstoff und einem indifferenten Farbstoff (*Kontrastindikator* – Beispiel: Methylenblau und Methylrot, Farbumschlag violett (pH 4) – grau (4–6) – grün (6)) oder aus zwei verschiedenen Indikatorfarbstoffen mit gleichem Umschlagsbereich (*Mischindikator* im engeren Sinne – Beispiel: Methylrot und Bromkresolgrün, Farbumschlag orange – grau – grün, pH-Werte wie oben). *Universalindikatoren* bestehen aus verschiedenen Indikatoren, die über einen weiten pH-Bereich verschiedene Farbumschläge zeigen (Beispiel: Mischungen aus Methylrot, Phenolphtalein, Thymolblau und Bromthymolblau mit Farbumschlägen von rot (pH 3) über orange, gelb, grün, blau bis violett (pH 10). Säure-Base-Indikatoren werden in Form von Lösungen (tropfenweise) verwendet – oder in Form von *Indikatorpapieren* bzw. *Indikatorstäbchen* mit Indikator-Testzonen (Farbvergleichszonen). Als pH-Wert wird die Wasserstoffionen-Konzentration (als negativer dekadischer Logrithmus) angegeben.

Auswahl an bekannten pH-Indikatoren

Indikator	*Umschlagsbereich (Farbwechsel)*		*Indikatorlösung mg/100 ml*
Methylgrün	0,1 – 2,3	gelb – blau	100 mg (Wasser)
Kresolrot	0,2 – 1,8	rot – gelb	100 mg (20% Ethanol)
Kristallviolett	0,8 – 2,6	gelb – blauviolett	100 mg (70% Ethanol)
Thymolblau	1,2 – 2,8	rot – gelb	40 mg (20% Ethanol)
Bromphenolblau	3,0 – 4,6	gelb – blauviolett	100 mg (20% Ethanol)
Methylorange	3,1 – 4,4	rot – gelborange	40 mg (20 % Ethanol)
Bromkresolgrün	3,8 – 5,4	gelb – blau	100 mg (20 % Ethanol)
Alizarinsulfonsäure	4,3 – 6,3	gelb – violett	100 mg (50% Ethanol)
Methylrot	4,4 – 6,2	rot – gelborange	100 mg (96% Ethanol)
Lackmus	5,0 – 8,0	rot – blau	4 g (Wasser)
Bromthymolblau	6,0 – 7,6	gelb – blau	100 mg (20% Ethanol)
Kresolrot	7,0 – 8,8	orange – purpur	100 mg (50% Ethanol)
Thymolblau	8,0 – 9,6	gelb – blau	40 mg (20% Ethanol)
Phenpolphthalein	8,2 – 9,8	farblos – rotviolett	100 mg (96% Ethanol)
Thymolphthalein	9,3 – 10,5	farblos – blau	100 mg (50% Ethanol)
Titangelb	12,0 – 13,0	gelb – rot	100 mg (96% Ethanol)
Indigocarmin	11,5 – 13,0	blau – gelb	250 mg (50% Ethanol)

Historischer Exkurs

Als Säure-Base-Indikator (von lat. indicare = anzeigen) wurde Veilchensaft schon von dem aus Basel stammenden Leonhardt Thurneysser (1530–1596) beschrieben. Ausführlich beschäftigte sich der Engländer Robert Boyle (1627–1691) in seinem Buch »Experimenta et considerationes de coloribus« (1663) mit dem Verhalten verschiedener Pflanzensäfte, von Veilchen, Kornblume, Rose, Fernambukholz, Cochenille und Lackmus, gegenüber Säuren und Laugen.

1822 zählte Christian Heinrich Pfaff (1773–1852, ab 1797 Professor für Chemie und Pharmazie an der Universität Kiel) in seinem »Handbuch der analytischen Chemie« 11 Indikatoren auf: Lackmus, Rhabarber, Fernambuk, Curcuma, Heidelbeeren, Gichtrosen, Kohl, Alkanna, Rosen, Herbstrosen und Veilchenextrakte.

Als erster synthetischer Säure-Base-Indikator setzte sich 1877 das Phenolphthalein durch, ab 1878 wurden von Georg Lunge (1839–1923, ab 1876 o. Prof. für technische Chemie am Polytechnikum in Zürich) auch mehrere Azofarbstoffe, darunter das Methylorange, empfohlen.

Experiment 3 Metalle lösen sich in Säuren

Materialien

Eisennagel / Feile oder Eisenpulver, Teelöffel, hohes 50-ml-Becherglas, Schnell-Entkalker (Citronensäure und Amidosulfonsäure)

Durchführung

Ein halber Teelöffel voll Schnell-Entkalker wird in 20 ml Wasser gelöst. Dann fügt man einen kleinen Spatellöffel voll Eisenpulver hinzu und erwärmt das Becherglas auf einer Heizplatte.

Beobachtungen

Nach kurzer Zeit bilden sich erhebliche Mengen an kleinen Gasblasen. Die Gasentwicklung hält auch an, wenn man das Becherglas von der Heizplatte entfernt hat.

Erläuterungen

Beide Säuren bilden infolge Dissoziation im Wasser Wasserstoffionen. Das elementare Eisen löst sich unter Bildung von Wasserstoffgas und Eisen-Ionen.

$$Fe + 2\,H^{+} \rightarrow H_2\uparrow + Fe^{2+}$$

Experiment 4 Aluminium löst sich auch in Laugen

Materialien

Alu-Folie (zerkleinert), Produkt »Rohrrein« mit Natriumhydroxid (s. Übersicht), hohes 100-ml-Becherglas, Schutzbrille, Heizplatte

Durchführung

Im Becherglas wird ein großer Spatellöffel voll »Rohrrein« in ca. 20 ml Wasser gelöst. Dann fügt man einige (wenige) kleine Stückchen Alu-Folie hinzu und erwärmt auf der Heizplatte.

Beobachtungen

Während des Erwärmens setzt eine Gasentwicklung ein – man beobachtet die Entstehung sehr kleiner Gasblasen in der Umgebung der Alu-Folie. Nach einiger Zeit haben sich die kleinen Stückchen Alu-Folie vollständig aufgelöst.

Erläuterungen

Das Leichtmetall Aluminium bzw. das Aluminiumhydroxid hat amphotere Eigenschaften – es löst sich sowohl in Säuren (wie das Eisen im Experiment 3) als auch in Laugen. In diesem Experiment erfolgen zwei Reaktionsschritte hintereinander – zunächst die Oxidation zum Aluminium-Kation (unter Bildung von Wasserstoff) und Bildung von schwer löslichem Aluminiumhydroxid, dann die Auflösung zum Aluminat-Anion:

$$2\,Al + 6\,H_2O \rightarrow 2\,Al(OH)_3 + 3H_2\uparrow$$
$$Al(OH)_3 + OH^- \rightarrow [Al(OH)_4]^-$$

Experiment 5 Der spezifische Säurerest in Salzen – Nachweisreaktionen (Carbonat, Sulfat, Chlorid und Phosphat)

Materialien

Reagenzien: 20 % Calciumchlorid-Lösung, Eisen(III)sulfat-Lösung, Silbernitrat-Lösung, *00 Null-Null* WC-Reiniger, Backpulver, Pottasche, Kochsalz, dest. Wasser, Schnappdeckelgläser, Plastiktrichter mit Filterpapier

Durchführung

Alle Reaktionen werden in Schnappdeckelgläsern durchgeführt. Dazu werden je ein Spatellöffel der Produkte in dest. Wasser bis zu einem Drittel des Glasvolumens gelöst und jeweils einige Tropfen der Reagenzlösungen hinzu gegeben. Die Suspension des Backpulvers muss filtriert werden.

Pottasche (Carbonat): + Calciumchlorid-Lösung
Kochsalz (Chlorid): + Silbernitrat-Lösung
WC-Reiniger (Sulfat): + Calciumchlorid-Lösung
Backpulver (Phosphat): + Eisen(III)sulfat-Lösung

Beobachtungen

Es bilden sich weiße Niederschläge.

Erläuterungen

Es entstehen folgende schwer lösliche Verbindungen:

Carbonat: Calciumcarbonat $CaCO_3$
Chlorid: Silberchlorid AgCl
Sulfat: Calciumsulfat $CaSO_4$ – da die Lösung sauer reagiert, fällt unter diesen Bedingungen nicht das ebenfalls schwer lösliche Calciumphosphat aus.
Phosphat: Eisen(III)phosphat $FePO_4$
(s. auch in Kap. 3)

Experiment 6 Flüchtige Säuren

Materialien

WC-Essig-Reiniger, biff Badreiniger (mit Ameisensäure), Reagenzgläser, Reagenzglashalter, Spirituslampe, Lackmuspapier blau

Durchführung

Die Reagenzgläser werden jeweils etwa 1 cm hoch mit den Reinigern gefüllt. Dann legt man über die Öffnung der Gläser jeweils ein befeuchtetes blaues Lackmuspapier, klemmt es mit Hilfe des Reagenzglashalter fest und erhitzt die Lösungen vorsichtig über der Flamme der Spirituslampe bis zum Sieden.

Beobachtungen

Das Lackmuspapier färbt sich rot, nachdem die ersten Dämpfe den Rand der Gläser erreicht haben.

Erläuterungen

Die Siedepunkte von Ameisen- bzw. Essigsäure betragen 100,75 bzw. 118,5 °C. Sie gehören zu den so genannten flüchtigen Säuren, die entsprechend ihres hohen Dampfdruckes auch schon bei Raumtemperatur am stechenden Geruch erkennbar sind.

Experiment 7 Die anorganische Säure aus Kohlenstoff

Materialien

Soda (Natriumcarbonat), Natron (Natriumhydrogencarbonat), Citronensäure

Durchführung

Je ein Spatellöffel voll Soda bzw. Natron wird in Wasser gelöst. Dann fügt man den Lösungen je einen Spatellöffel voll Citronensäure hinzu.

Beobachtungen

In beiden Lösungen bildet sich ein Gas.

Erläuterungen

Die zweibasige Säure »Kohlensäure«, die in wässriger Lösung im Gleichgewicht

$$CO_2 + H_2O \rightleftarrows H_2CO_3$$

vorliegt (mit 99,9 % auf der linken Seite), bildet zwei Reihen von Salzen: Hydrogencarbonate (früher Bicarbonate genannt) mit der allgemeinen Formel $M^{I}HCO_3$ bzw. Carbonate $M^{I}_2CO_3$ wie die verwendeten

Produkte $NaHCO_3$ (Natron) bzw. Na_2CO_3 (Soda). Nur die Carbonate der Alkalimetalle (K: Pottasche) sind in Wasser löslich, alle anderen Metallcarbonate sind schwer löslich (s. Experiment 5). Der Zusatz der Citronensäure führt zur Bildung von Kohlenstoffdioxid. Aus den Ionen Carbonat bzw. Hydrogencarbonat bildet sich »Kohlensäure«, wobei infolge der Gleichgewichtslage (s.o.) überwiegend Kohlenstoffdioxid entsteht, dessen Löslichkeit in Wasser schließlich überschritten wird. Deshalb entstehen dann sichtbare Gasblasen von Kohlenstoffdioxid.

Experiment 8 Fruchtsäuren entdecken

Materialien

Zitronensaft, Weißwein, Apfelsaft, Rotkohlsaft (blau – mit wenig Natron neutralisiert)

Durchführung

Zu stark verdünntem (blauem) Rotkohlsaft wird jeweils etwa ein Viertel des Volumens an Fruchtsäften hinzugefügt.

Beobachtungen

Es tritt eine mehr oder weniger intensive Rotfärbung auf – am deutlichsten beim Zitronensaft.

Erläuterungen

Als Fruchtsäuren werden in erster Linie Citronensäure, Weinsäure und Äpfelsäure bezeichnet. Sie verursachen den Indikatorumschlag (s. auch Experiment) von Blau nach Rot. Zitronensaft enthält bis zu 6 % an Citronensäure, Weißwein 0,7 % an Gesamtsäure – davon 0,2 % an Weinsäure – und Apfelsaft 0,25 % an Äpfelsäure.

Experiment 9 Ungesättigte organische Säuren

Materialien

0,1%ige Kaliumpermanganat-Lösung Kalkreiniger (mit Maleinsäure), Sorbinsäure (Einmachhilfe) – s. Übersicht

Durchführung

Einer verdünnten, deutlich rotviolett gefärbten Lösung an Kaliumpermanganat fügt man je einen kleinen Spatellöffel des Produktes hinzu.

Beobachtungen

Nach kurzer Zeit tritt eine Entfärbung der Lösung bzw. eine schwache Gelbfärbung ein.

Erläuterungen

Die *Maleinsäure* ist die einfachste ungesättigte Dicarbonsäure der Formel HOOC-CH=CH-COOH. Sie ist zugleich eine verhältnismäßig starke organische Säure. Die *Sorbinsäure* (als Konservierungsmittel verwendet) ist die *trans-trans*-2,4-Hexadiensäure mit der Formel $H_3C–CH=CH–CH=CH–COOH$. Beide Säuren werden aufgrund der C=C– Doppelbindungen durch Permanganat-Ionen oxidiert (und zerfallen dabei unter Decarboxylierung). Die entstehenden Mangan(II)-Ionen sind farblos, die Gelbfärbung ist auf einen geringen Anteil an kolloidal gelöstem Mangandioxid zurückzuführen.

Experiment 10 Säuren als Kalklöser – und der Saure Regen

Materialien

»Stilles Wasser« mit viel Calcium, Schnellentkalker, Soda

Durchführung

Durch Zusatz von Soda wird aus dem Mineralwasser (ohne Kohlensäurezusatz) Calciumcarbonat ausgefällt. Nach dem Absetzen des Niederschlages gießt man die darüber stehende Lösung ab. Dann fügt man einen Spatellöffel voll Schnellentkalker und wenig Wasser hinzu.

Beobachtungen

Das Calciumcarbonat (Kalk) löst sich vollständig auf. Es entsteht eine klare Lösung (Erläuterungen s. Experiment 7). Calciumcarbonat löst sich unter Bildung von Kohlenstoffdioxid. Der Entkalker enthält außer der Citronensäure auch ein Derivat der Schwefelsäure, die Amidosulfonsäure mit der Formel $H_2N–SO_2–OH$ (in fester Form) anstelle der flüssigen Schwefelsäure $HO–SO_2–OH$. Die Amidosulfonsäure hat im Unterschied zur Schwefelsäure nicht nur den Vorteil, dass sie bei Raumtemperatur fest ist, sondern sie bildet mit Calcium-Ionen auch kein schwerlösliches Sulfat (Gips – s. Experiment 5). Durch die Verbrennung schwefelhaltiger Materialien entsteht zunächst Schwefeldioxid, dann infolge Oxidation die Schwefelsäure, welche im Boden dann ebenfalls Kalk in den wesentlich stärker löslichen Gips umwandelt, wodurch es zu einer Auswaschung dieses wichtigen Mineralstoffs kommt.

Experiment 11 Die schweflige Säure im Haushaltsessig

Materialien

Haushaltsessig mit Antioxidationsmittel (E 220 oder E 223), Essigessenz 0,1%ige Lösung von Kaliumpermanganat, Plastikpipetten

Durchführung

Zur verdünnten intensiv rotvioletten Kaliumpermanganat-Lösung fügt man einige Milliliter an Essig hinzu. Zum Vergleich werden einer zweiten Verdünnung von Kaliumpermanganat einige Tropfen an Essigessenz zugetropft.

Beobachtungen

Die Permanganat-Lösung wird durch Essig mit Sulfit bzw. Schwefeldioxid sofort entfärbt. Essigessenz dagegen verursacht in der gleichen Zeit keine Veränderung.

Erläuterung

Sulfite bzw. Schwefeldioxid sind Reduktionsmittel. Die Permanganat-Ionen werden zu den farblosen Mangan(II)-Ionen reduziert.

$$2\ MnO_4^- + 5\ HSO_3^- + H^+ \rightarrow 5\ SO_4^{2-} + 2\ Mn^{2+} + 3\ H_2O$$

(H^+ aus der Essigsäure)

Experiment 12 Reaktionen der Salicylsäure mit einem Eisen(III)salz

Materialien

Hühneraugen-Tinktur, Plastikpipette
Reagenz: 2%ige Eisen(III)sulfat-Lösung

Durchführung

Man verdünnt einige Tropfen der Hühneraugen-Tinktur mit Wasser und fügt ein bis zwei Tropfen der Eisen(III)sulfat-Lösung hinzu.

Beobachtungen

Die Lösung färbt sich nach dem Umschwenken dunkelrotviolett.

Erläuterungen

Die 2-Hydroxybenzoesäure, Salicylsäure – wegen ihres Vorkommens in der Rinde der Weide (*Salix*) so genannt – bildet mit Eisen(III)-Ionen eine farbige Komplexverbindung (s. auch in Kap. 2).

Experiment 13 Brausepulver – selbst hergestellt

Materialien

Zucker (Saccharose), Weinsäure, Natron (Natriumhydrogencarbonat), Trinkglas, Teelöffel

Durchführung

2 Teile Zucker werden mit 2 Teilen Weinsäure und 1 Teil Natron gemischt. Von diesem Gemisch wird ein Teelöffel voll in einem Glas mit Trinkwasser gelöst. Das Getränk wird schluckweise auf seinen Geschmack geprüft.

Beobachtungen

Das Gemisch schäumt beim Lösen im Wasser heftig auf. Es schmeckt angenehm erfrischend und sauer zugleich.

Erläuterungen

Beim Lösen von Weinsäure und Natron wird aus dem Hydrogencarbonat Kohlenstoffdioxid freigesetzt, das zum Teil im Wasser gelöst verbleibt und einen prickelnden Geschmack hervorruft.

5.2 Tintenchemie (in der Kinderwerkstatt)

Tinten zum Schreiben wurden bereits um 2600 v. Chr. in China und im alten Ägypten hergestellt. Im klassischen Altertum bestanden sie meist aus Ruß, suspendiert in einer Gummi- oder Leimlösung. Sie wurden auf Paletten (Farbmischbretter, Malerscheiben – vom lat. Wort pala = schaufelähnlicher Gegenstand) aus Sandstein, Schiefer, Holz, Serpentin (Schlangenstein), Ebenholz oder Alabaster zubereitet. Im 3. Jahrhundert v. Chr. kam die Eisengallus-Tinte in Gebrauch. In Germanien stellte man einfache Tinten durch Kochen von Eisensalzen, -oxiden oder -spänen mit Gerbsäuren in Wasser her. Erst im 19. Jahrhundert wurden synthetische Farbstoffe für Tinten eingesetzt.

Heute definiert die »Brockhaus Enzyklopädie« (2001) »*Tinten* [ahd. tincta, von mlat. tincta (aqua) ›gefärbt(e Flüssigkeit)‹, ›Tinktur‹], (als) meist wässrige, gelöste Farbstoffe und sehr wenig oder keine Bindemittel enthaltende Schreibflüssigkeiten für Füllhalter, Kugelschreiber, Faserschreiber oder zur Anwendung für Tintenstrahlverfahren, die u.a. bei Textverarbeitung, Adressendruck, Warenauszeichnung zunehmende Bedeutung haben.«

160 Jahre zuvor lautete der Text im »Bilder-Conversations-Lexikon« des Verlages Brockhaus in Leipzig (1841) wie folgt:

Tinte nennt man verschieden gefärbte Flüssigkeit, deren man sich beim Schreiben bedient. Sie müssen sich mit Leichtigkeit mittels der Feder auftragen lassen (gewöhnlich auf Papier), lesbar, also stark gefärbt, und dauerhaft sein, d. h. mit der Zeit weder verbleichen noch ihre Farbe verändern. Am gebräuchlichsten ist die schwarze *Tinte, weil sich diese am besten lesen lässt, von dem mehr oder weniger weißen Papier scharf absticht und doch die Augen beim Lesen am we-*

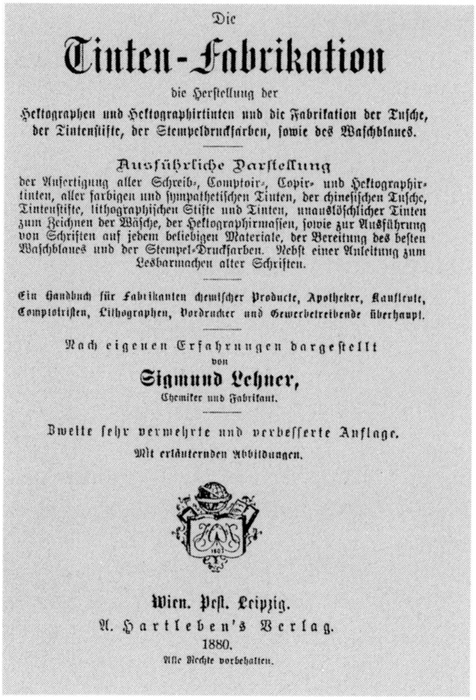

Die

Tinten-Fabrikation

die Herstellung der

Hektographen und Hektographirtinten und die Fabrikation der Tusche, der Tintenstifte, der Stempeldruckfarben, sowie des Waschblaues.

Ausführliche Darstellung

der Anfertigung aller Schreib-, Comptoir-, Copir- und Hektographirtinten, aller farbigen und sympathetischen Tinten, der chinesischen Tusche, Tintenstifte, lithographischen Stifte und Tinten, unauslöschlicher Tinten zum Zeichnen der Wäsche, der Hektographirmassen, sowie zur Ausführung von Schriften auf jedem beliebigen Materiale, der Bereitung des besten Waschblaues und der Stempel-Druckfarben. Nebst einer Anleitung zum Lesbarmachen alter Schriften.

Ein Handbuch für Fabrikanten chemischer Producte, Apotheker, Kaufleute, Comptoiristen, Lithographen, Vordrucker und Gewerbetreibende überhaupt.

Nach eigenen Erfahrungen dargestellt

von

Sigmund Lehner,

Chemiker und Fabrikant.

Zweite sehr vermehrte und verbesserte Auflage.

Mit erläuternden Abbildungen.

Wien. Pest. Leipzig.

A. Hartleben's Verlag.

1880.

Alle Rechte vorbehalten.

Abb. 43 Titelseite eines verbreiteten Tintenbuches

nigsten angreift. Man hat sehr viele Recepte zur Verfertigung schwarzer Tinten, der Hauptbestandteil ist immer Extract von Galläpfeln ... (Dann folgt eine Reihe von Rezepten, von denen einige im Experimentalprogramm zitiert und auch ausgeführt werden.)

Zur Kulturgeschichte der Tinten heißt es:

Zu allen bekannten Zeiten hat man sich vorzugsweise der schwarzen Tinte bedient. Die röm. Kaiser unterzeichneten ihre schriftlichen Erlasse vorzugsweise mit rother Tinte, welche aus der Purpurschnecke bereitet wurde. Der Gebrauch dieser Tinte war kais. Vorrecht, und selbst die Kaiser durften erst mit derselben unterzeichnen, wenn sie mündig waren, bis dahin bedienten sie sich grüner Tinte.

Für die »Restaurierung und Erhaltung von Büchern, Archivalien und Graphiken« spielen folgende Tinten und Tuschen eine Rolle – zitiert aus dem Buch von Otto Wächter (1982):

- Die Rußtinten wurden meist aus Ruß von Öl, Gummen, Fischleim etc. hergestellt; sie bleichen nicht, bleiben aber meist wegen der Bindemittel (Gummi arabicum, tierischer Leim) feuchtigkeitsempfindlich.
- Die Eisengallustinten (braun) sind kaum verwischbar, bleichen aber leicht, können Säure bilden und den Beschreibstoff zersetzen.
- Alizarintinten (blau) sind sehr feuchtigkeits- und alkoholempfindlich.
- Die feste chinesische Tusche (Tinte), eine schwarze Wasserfarbe, wurde in China aus sehr sorgsam bereitetem Sesamrußöl mit Leimwasser hergestellt und mit Moschus, Kampfer etc. parfümiert.
- Die flüssige chinesische Tusche wird durch Digerieren, dann durch starkes Erhitzen mit Kampfer mit konzentrierter Schwefelsäure und Lösen der erhaltenen schwarzen Masse in Wasser dargestellt.
- Die westlichen Tuschen bestanden im Wesentlichen aus Flamm- oder Lampenruß, der mit wässeriger Schellack- oder Gummi arabicum-Lösung verrührt wurde.

In einem umfangreichen Werk des Chemikers und Fabrikanten Sigmund Lehner – »Die Tinten-Fabrikation ...« (Wien, Pest, Leipzig 1880) – schrieb der Autor in seiner Einleitung u.a.:

Die Fabrikation der Tinte wurde bis in die neuere Zeit auf sehr empyrische Weise betrieben; erst gegen Ende des vergangenen Jahrhunderts wendete ein mit chemischen Kenntnissen ausge-

rüsteter Mann Namens Lewis seine Aufmerksamkeit der Schreibtinte zu und in neuerer Zeit hat sich mancher mitunter sehr bedeutende Chemiker – wir nennen hier nur Berzelius und Böttcher – mit diesem chemisch-technischen Producte befaßt. (...)

Wir haben das Wesen der Tintenbereitung eine Kunst genannt; obwohl nun Mancher über diese Bezeichnung lächeln mag, so müssen wir dennoch bei ihr beharren; es ist in der That nicht leicht, eine allen Anforderungen entsprechende Tinte herzustellen, umsomehr, als wir bis zur Stunde noch nicht ganz im Klaren über die chemischen Vorgänge sind, welche sich bei der Bereitung der Tinte vollziehen, und wie schon erwähnt wurde, selbst sehr bedeutende Chemiker es nicht unter ihrer Würde gehalten haben, sich mit dem Wesen der Tinte eingehender zu beschäftigen.

Der in diesem und dem folgende Text genannte Chemiker Lewis war William Lewis, 1708 als Sohn eines Bierbrauers in Richmond (Surrey – Süd-England) geboren (gest. 1781 in Kingston/Surrey). Er studierte Medizin in Oxford und Cambridge 1725–1731. Nach Abschluss des Studiums hielt er in London öffentliche Vorträge über Chemie und betrieb ab 1746 in Kingston ein erfolgreiches Forschungslaboratorium für angewandte Chemie. 1746 veröffentlichte er ein zweibändiges Werk mit dem Titel »A Course of Practical Chemistry«, 1763–1765 ein Handbuch für die Anwendung der Experimentalchemie für gewerbliche Probleme – mit dem Titel »Commercium Philosophoricum-Technicum«. (nach: Lexikon bedeutender Chemiker, Leipzig 1988)

Experiment 1 Schwarze Tinte

Historischer Text – Brockhaus 1841:

Nach Lewis soll man drei Unzen Galläpfel, eine Unze Blauholz und eine Unze grünen Vitriol eine halbe Stunde lang in drei Nöseln weißen Weins oder Weinessigs kochen, dann anderthalb Unzen arab. Gummi zusetzen und nachdem dieses vollständig gelöst ist, die Mischung durch ein Haarsieb gießen, um die festen Bestandtheile von der fertigen Tinte abzusondern.

Erläuterungen zum historischen Text

Galläpfel: Gallen (von lat. galla: kugelförmiger Auswuchs; Pflanzengallen) Gewebewucherungen als Wachstumsreaktionen, hervorgerufen durch die Eichengallwespe, als große kugelförmige Gebilde auf Eichenblättern; enthalten Gerbstoffe (Tannine)

Unze: Vom Mittelalter bis in das 19. Jahrhundert war eine Unze ein Teil des Pfundes (beim Handelspfund 1/16 Pfund). Im Deutschen

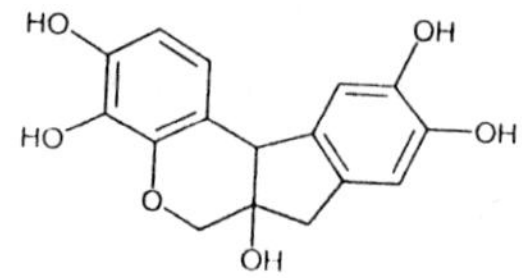

$C_{16}H_{14}O_6$

Hämatoxylin

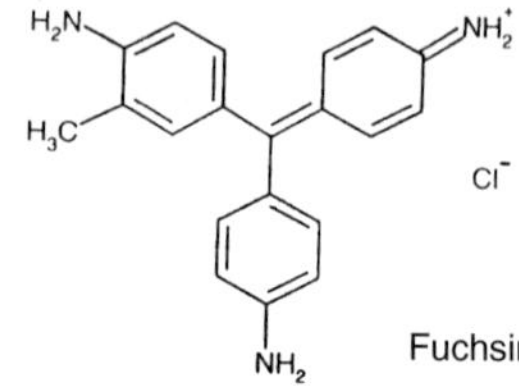

Fuchsin

$C_{20}H_{20}ClN_3$

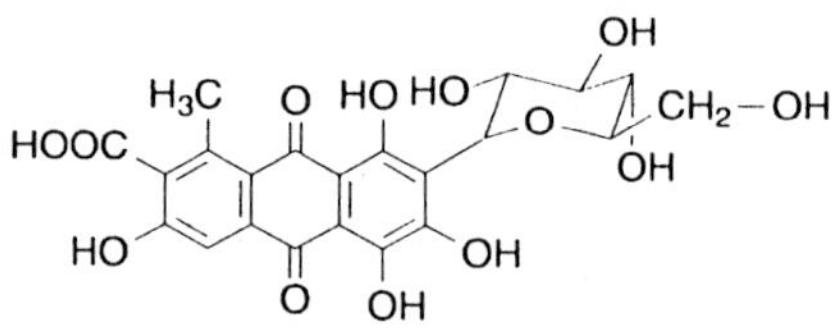

Karmin (Carminsäure)
– Cochenille E 120

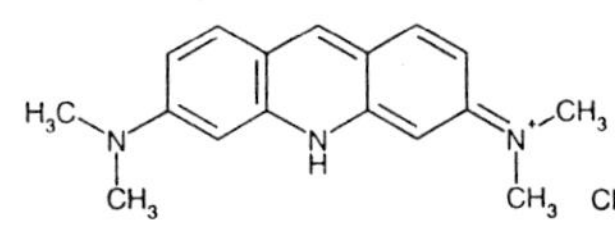

$C_{17}H_{20}Cl_3N_3Zn$

Acridinorange

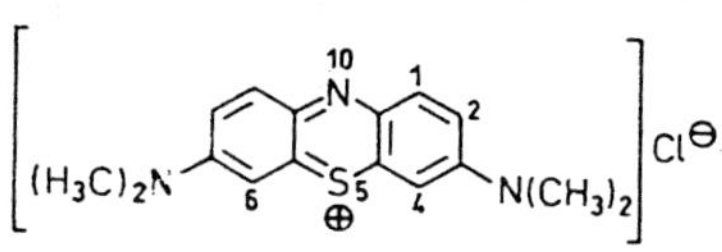

$C_{16}H_{18}ClN_3S$,

Methylenblau

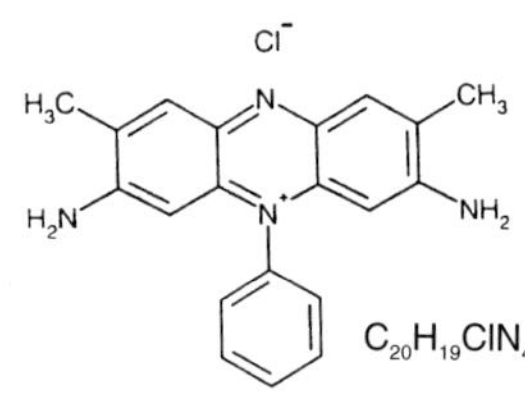

$C_{20}H_{19}ClN_4$

Safranin O

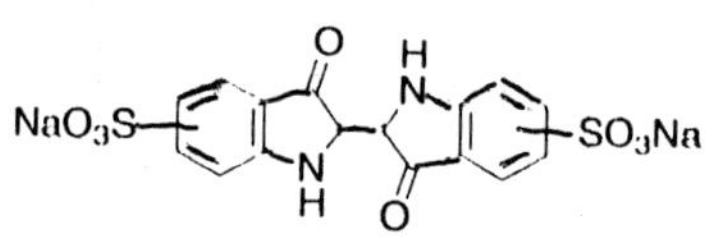

Indigokarmin (Indigotin)
E 132 $C_{16}H_8N_2Na_2O_8S_2$

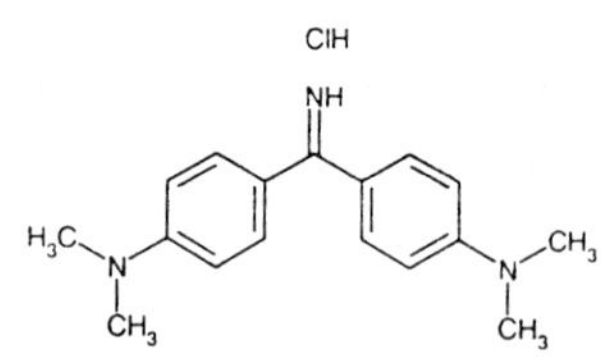

$C_{17}H_{22}ClN_3$

Auramin

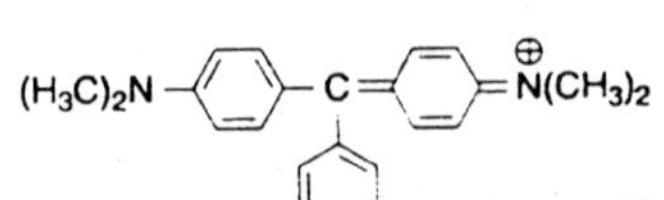

$C_{23}H_{25}ClN_2$

Malachitgrün

Abb. 44 Strukturformeln der verwendeten Tintenfarbstoffe

Zollverein entsprach eine Unze 31,250 g; heute noch als Masseneinheit für Edelmetalle (Fein-Unze Gold: 31,103481 g für Goldlegierung mit 99,99 % Massenanteil Gold) gebräuchlich.

Blauholz: (Campeche) braunrotes bis braunviolettes Kernholz eines in Mittelamerika beheimateten Baumes (*Haematoxylon campechianum*), der auch in Indonesien angebaut wird. Die Kernholzextrakte enthalten den Farbstoff Hämatoxylin.

Grüner Vitriol: Eisen(II)sulfat – allgemein wasserlösliche Sulfate zweiwertiger Metalle wie Eisen, Kupfer, Zink. Im Brockhaus von 1841 liest man: *der* Eisenvitriol, *grüner Vitriol, grünes Kupferwasser* (!), *ein schönes grünes Salz mit glasglänzendem Bruche und säuerlichem zusammenziehenden Geschmacke. Der Luft ausgesetzt, überzieht es sich durch Aufnahme von Sauerstoff allmälig mit einem gelben Staube, welcher aus schwefelsaurem Eisenoxyd besteht.* (Vitriole s. auch in Kap. 1)

Nösel: alte deutsche Volumeneinheit (auch Nößel, Ösel, Stößel, Stösel) – in Leipzig 0,602 Liter; meist galt 1 Nösel = ½ Kanne (oder ½ Maß).

Materialien

Reagenzien: Tannin gepulvert rein DAB 7 (4,69 g), Hämatoxylin zur Mikroskopie (1,56 g), Eisen(II)sulfat-Heptahydrat (1,56 g), Tafelessig (30 ml, 5%ig), Gummi arabicum (2,34 g)

Durchführung

Im Essig werden die aufgeführten Mengen an Reagenzien Tannin, Hämatoxylin und Eisen(II)sulfat gelöst und etwa 30 Minuten bis zum schwachen Sieden erhitzt. Anschließend fügt man Gummi arabicum hinzu und filtriert.

Beobachtungen

Es entsteht eine tiefschwarze Tinte. Beim Vermischen von Tannin und Eisen(II)sulfat bildet sich jedoch zunächst ein blauer Farbstoff, Hämatoxylin und Eisen(II)sulfat in Essig zeigen zunächst keine Farbe. Beim Erhitzen färbt sich diese Lösung zunächst gelb, nach längerem Stehenlassen dunkelbraun. Das Gemisch beider Lösungen wird rasch schwarz gefärbt.

Beim Schreiben auf Papier erhält man eine tiefschwarze Schrift.

Erläuterungen

Tannine, vom französ. Wort tanin für Gerbstoff abgeleitet, sind Gemische aus Polyphenolen, die sich auf die Gallussäure (3,4,5-Trihydroxysäure) zurückführen lassen – daher oft auch Gallotannine genannt. Das so genannte Tannin (Gallusgerbsäure) bildet ein weißgelbes, amorphes Pulver. Tannin bildet erst mit Eisen(III)-Ionen schwarz gefärbte Komplexverbindungen. Tannin stellt im Allgemeinen ein Gemisch aus Stoffen des Typs der Pentadigalloylglucose dar. Benachbarte OH-Gruppen können mit Eisenionen zu Komplexverbindungen reagieren. Auch das Hämatoxylin, das farblose bis gelbliche Prismen bildet und als Farbstoff in der Mikroskopie (zur Zellkernfärbung) Verwendung findet, weist benachbarte OH-Gruppen auf. Durch den Luftsauerstoff kann Hämatoxylin zu Hämatein oxidiert werden – durch Abspaltung von zwei Wasserstoffatomen. Im Blauholz liegt diese Verbindung wahrscheinlich als Glykosid vor. In der beschriebenen Tinte entstehen jedoch offensichtlich auch Eisen(III)komplexe. Die Oxidation der Eisen(II)-Ionen erfolgt weitgehend während des Kochens.

Im »Vollständigen Materialien-Lexicon« des Nicolai Lemery (Ausgabe 1721) wird diese historische Tinte unter dem Stichwort »Atramentum« (s. auch in Kap. 1) beschrieben. Dort heißt es u.a.:

Die gemeine Dinte, deren man sich zum schreiben auf Papier oder Pergament gebrauchet, wird Atramentum scriptorium, *Schreiberdinte, genennet, und von Galläpfeln und Vitriol bereitet: man wirfft ein wenig arabisches Gummi drein, damit sie glänzend werde, besser auf dem Papier halte, und länger daure; dann wann kein Gummi zur Tinte gekommen, die verlischt viel eher, als die, wozu man Gummi gethan ....*

Lemery (1645–1715), Sohn eines protestantischen Parlementsbevollmächtigten in Rouen, lernte zunächst in einer Apotheke und studierte ab 1666 am Jardin du Roi in Paris Chemie. 1672 übernahm er in Paris eine Apotheke, hielt dort Experimentalvorlesungen, die ihn weit über Frankreich bekannt machten, und wurde 1699 Mitglied der Akademie der Wissenschaften.

Experiment 2 Rote Fuchsintinte

S. Lehner (s.o.) schrieb:

Das Fuchsin ist ein gegenwärtig häufig in der Färberei verwendeter Körper und eignet sich ganz vorzüglich zur Herstellung ausgezeichnet schöner rother Tinte. Das im Handel vorkommende Fuchsin bildet Krystalle, welche von grüner Farbe sind und wie die Flügeldecken des Goldkäfers glänzen, in Weingeist lösen sie sich mit dunkelrother Farbe.

Am zweckmäßigsten läßt sich diese Tinte nach folgendem Verfahren herstellen:

Fuchsin 2, Gummi 5, Weingeist 10, Wasser 100.

Man übergießt das fein zerrieben Fuchsin mit dem Weingeist (der letztere muß sehr stark, mindestens 90percentig sein) und bewirkt die vollständig Lösung durch gelindes Erwärmen. Das Gummi wird für sich in dem Wasser aufgelöst, die Lösung durchgeseiht und zum Kochen erhitzt. Sobald dieselbe kocht, gießt man die Fuchsinlösung in einem dünnen Strahle unter beständigem Rühren in das Wasser.

Materialien

Fuchsin (1 g), Gummi arabicum (2,5 g), Ethanol

Durchführung

Man übergießt das Fuchsin mit 6 ml Ethanol und erwärmt vorsichtig, bis sich das Pulver fast vollständig gelöst hat. Das Gummi arabicum wird in 50 ml Wasser gelöst, die Lösung filtriert und das Filtrat bis zum Sieden erhitzt. Dann fügt man die Lösung des Fuchsins hinzu.

Beobachtungen

Das Fuchsin-Pulver erscheint grün. In Wasser gelöst entsteht eine intensiv rot gefärbte Tinte, die auf weißem Papier auch eine rote Schrift ergibt.

Erläuterungen

Fuchsin (Methylfuchsin, auch als Basic Violet 14 mit dem Colour Index C.I. 42510) bildet spröde grün bis grüngelb glänzende Kristalle. Es besitzt eine geringe Lichtechtheit und wird nicht mehr zum Färben von Textilien aber für Druckfarben und zur Anfärbung biologischer Präparate verwendet. Fuchsin gehört zu den synthetischen Farbstoffen – den Triphenylmethanfarbstoffen. Es wurde nach der blaurot blühenden Zierpflanze Fuchsie benannt. Der Grundkörper wurde 1874 von Kekulé aufgeklärt. Die farblose Vorstufe des Fuchsins ist Rosanilin, das als Anilinfarbe 1859 von dem französischen Chemiker François-Emmanuel Verguin (1814–1864) entdeckt wurde. Den Farbstoff Fuchsin synthetisierte Verguin im Labor seines Verwandten Piaton im Schloss la Damette in Irigny (bei Lyon) durch die Oxidation von unreinem Anilin mit Zinntetrachlorid. Bereits 1855 hatte der polnische Chemiker Jakob Natanson (1832–1884) und 1862 auch der ehemalige Liebig-Schüler August Wilhelm Hofmann (1818–1892) Rosanilin und Fuchsin auf anderen Wegen hergestellt.

Experiment 3 Carmintinte

Das Rezept nach S. Lehner lautet:

Cochenille 40, Krystallisirte Soda 80, Weinstein 250, Alaun 20, Gummi 40, Wasser 900, Weingeist 50

Diese Tinte wird auf folgende Weise bereitet:

Man pulvert die Cochenille auf das feinste, löst die Soda in dem Wasser auf und rührt das Cochenillepulver in die Lösung, welche man einige Tage stehen läßt und öfters umrührt. Die ganze Masse wird sodann zum Kochen erhitzt und die kochende Flüssigkeit das Pulver des Alauns und Weinsteins eingetragen. Die Flüssigkeit schäumt hierbei stark auf und muß darum das Kochgefäß geräumig sein und das Eintragen der Pulver partienweise geschehen. Nach halbstündigem Kochen colirt man die Flüssigkeit und kocht den Rückstand nochmals mit 100 Theilen Wasser aus. Das Gummi wird unmittelbar vor dem Coliren aufgelöst.

Der Zusatz von Weingeist erfolgt wegen der ungemein großen Zersetzbarkeit dieser Tinte; ...

Materialien

Carminsäure (0,2 g), Natriumcarbonat (Soda) (0,4 g), Kaliumhydrogentartrat (Weinstein) (1,2 g), Kalium-Aluminium-Sulfat (Alaun) (0,1 g), Gummi arabicum (0,2 g), Plastikpipette (5 ml)

Durchführung

Das Natriumcarbonat wird in 4,5 ml Wasser gelöst, dann fügt man die Carminsäure hinzu. Die Mischung wird kurz aufgekocht und der noch heißen Lösung fügt man Alaun und Weinstein hinzu. Nach Abschluss der Gasentwicklung werden das Gummi arabicum zugemischt und 2 ml Ethanol (Brennspiritus) hinzupipettiert.

Beobachtungen

Die Carminsäure in der sodaalkalischen Lösung ist violett gefärbt, die Carminsäure selbst bildet rote Prismen. Nach der Zugabe von Alaun und Weinstein tritt wie im historischen Rezept beschrieben ein heftiges Aufschäumen ein – es erfolgt eine Farbänderung nach Rot.

Die Schrift auf Papier erscheint pinkfarben.

Erläuterungen

Die C(K)arminsäure ist chemisch die 7-Glucopyranosyl-3,5,6,8-tetrahydroxy-1-methylanthrachinon-2-carbonsäure. Lösungen sind ab einem pH-Wert von 6,2 violett, unter pH 4,8 gelb gefärbt. Der glykosidische Farbstoff ist in der Nopal-Schildlaus (*Coccus cacti*, Cochenille) enthalten und dient der Laus als Ameisen-Abwehrstoff. Das Aglykon wird Kermessäure genannt. Verwendung findet die Carminsäure vor

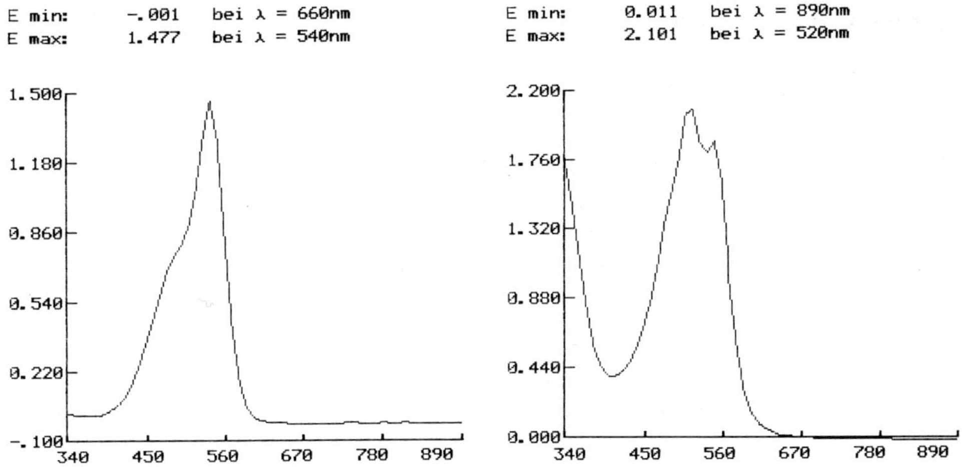

Abb. 45 Absorptionsspektren der Fuchsin- (links) und Carmin-Tinten im Vergleich

allem als Farbstoff für Lebensmittel und Kosmetika. Die gelborange gefärbte wässrige Lösung der Carminsäure färbt sich nach der Zugabe weniger Kristalle von Aluminiumsulfat oder Aluminiumchorid intensiv rot. Offensichtlich bildet sich aufgrund der OH-Gruppen benachbart zum Sauerstoff des Anthrachinongerüstes im Carminsäure-Molekül eine Komplexverbindung.

Experiment 4 Orangefarbene Tinte

Rezept

10 Acridinorange, 5 Alkohol, 5 Essigsäure, 980 heißes destilliertes Wasser

Materialien

Acridinorange (0,5 g), Essigessenz (25%ige Essigsäure), Ethanol (Brennspiritus)

Durchführung

Man löst das Acridinorange in einem Gemisch aus 0,25 g Ethanol und 1 g Essigessenz und fügt anschließend 50 ml heißes dest. Wasser hinzu.

Beobachtungen

Das dunkelrot gefärbte Acridinorange bildet in Wasser und Essigsäure eine gelborange gefärbte Lösung. Die Schrift auf Papier erscheint Hellorange.

Erläuterungen

Acridin kommt in geringen Mengen im Steinkohlenteer vor. Acridin-Farbstoffe ist eine Gruppenbezeichnung für basische Beizenfarbstoffe als Derivate des Acridins. Wird Acridin in den Positionen 3 und 6 durch je eine $N(CH_3)_2$-Gruppe substituiert, so erhält man Acridinorange als 3,6-Bis(dimethylamino)-acridin (s. Abb. 44). Zum Färben mit Baumwolle wird diese zunächst mit Tannin (s. Experiment 1) und Brechweinstein (Kaliumantimon(III)oxidtartrat) gebeizt. Ethanol und Essigsäure haben hier offensichtlich die Funktion des Schutzes gegen den Befall durch Mikroorganismen.

Experiment 5 Violette Tinte

Rezept

3 Methylenblau, 6 Safranin, 1 Oxalsäure, 40 kaltes destilliertes Wasser, 950 heißes destilliertes Wasser

Materialien

Methylenblau (0,15 g) für Mikroskopie, Safranin T (0,3 g), Oxalsäure (0,05 g)

Durchführung

Man löst Methylenblau, Safranin und Oxalsäure in 2 ml dest. Wasser und fügt dann 47,5 ml erhitztes dest. Wasser hinzu.

Beobachtungen

Die durch Methylenblau (grünes Pulver) zunächst blaue Lösung verfärbt sich nach der Vermischung mit dem braunen, in Wasser rotgefärbten Safranin nach Rotviolett. Die Tinte ergibt auf Papier eine violette Schrift.

Erläuterungen

Reines Methylenblau [3,7-Bis(dimethylamino)-phenothiaziniumchlorid; N,N,N',N'-Tetramethylthioniumchlorid] (s. Abb. 44) bildet dunkelgrüne Kristalle oder ein dunkelgrünes Pulver. Es wurde von dem Industriechemiker Heinrich Caro (1834–1910; erster technischer Direktor der BASF) 1876 erstmals synthetisiert und ist der wichtigste Vertreter der Phenothiazin-Farbstoffe. Methylenblau färbt mit Tannin gebeizte Baumwolle ziemlich echt blau und weist eine hohe Licht-

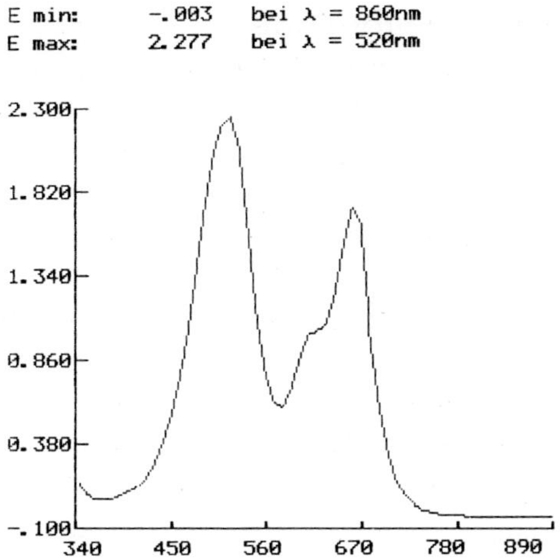

Abb. 46 Absorptionsspektrum der violetten Tinte (Experiment 5) aus Safranin (Teil des Spektrums links) und Methylenblau (Teil des Spektrums rechts)

echtheit auf, obwohl sich die Substanz selbst in wässriger Lösung in die farblose Leukoform reduzieren lässt. Im Gemisch mit Methylrot wird Methylenblau auch im Tashiro-Mischindikator verwendet. Der Mediziner und Chemiker Paul Ehrlich (1854–1915) führte Methylenblau in der Histologie als so genannten Vitalfarbstoff ein, der bestimmte Teile des lebenden Organismus wie periphere Nerven besonders intensiv färbt.

Safranin zählt zur Gruppe der Phenazin-Farbstoffe. Das braune Pulver löst sich in Wasser mit roter Farbe. Phenazin, durch Kondensation von *o*-Phenyldiamin mit *p*-Benzochinon darstellbar, bildet den Grundkörper für zahlreiche Farbstoffe wie auch Mauvein und Neutralrot.

Blaue Tinten

Darüber schrieb S. Lehner (s.o.) u.a.:

Unter allen blauen Tinten verdient die Lösung des Indigo-Carmins in Wasser neben dem wasserlöslichen Anilinblau die größte Beachtung, indem sie die intensivste Färbung liefert und tief in das Papier eindringt und somit nicht leicht durch Waschen entfernt werden kann.

Experiment 6 Indigocarmin-Tinte

Das Rezept lautet:

Indigoblautinte. Indigo-Carmin 10, Gummi 5, Wasser 50 bis 100.

Materialien

Indigocarmin (E 132), Gummi arabicum

Durchführung

5 g Indigocarmin werden zusammen mit 2,5 g Gummi arabicum in 15 ml dest. Wasser gelöst.

Beobachtungen

Aus dem tiefblauen Pulver entsteht eine tiefblaue Lösung.

Erläuterungen

Indigocarmin ist Indigosulfonsaures Natrium (Dinatriumsalz der 3,3'-Dioxo-2,2'-biinodlinyliden-5,5'-disulfonsäure). Die Färbung gibt auf Seide und Wolle zwar ein reineres Blau als beim Indigo, jedoch weist die Farbe eine geringere Lichtechtheit auf. Indigocarmin ist sehr empfindlich gegen Oxidationsmittel. Früher wurde Indigocarmin auch zum Bläuen (Überdecken gelblicher Farbtöne) der Wäsche verwendet (heute durch optische Aufheller verdrängt).

Experiment 7 Grüne Tinte

Rezept

3 g Auramin werden in 2 g Alkohol, 3 g Essigsäure und 42 g destillirtem Wasser (50 °C) gelöst. Unabhängig davon werden 6 g Malachitgrün in 94 g warmem destillirten Wasser gelöst. Dann werden beide Lösungen gemischt, am nächsten Morgen filtriert und das Filter mit lauwarmem destillirten Wasser ausgewaschen bis zum Gesammtgewicht von 1 l.

Materialien

Auramin O (0,15 g), Malachitgrün-oxalat (0,3 g), Ethanol, Essigessenz (25%ig)

Glastrichter, Filterpapier

Durchführung

Man löst das Auramin in 0,1 g Ethanol und 0,6 g Essigessenz nach Zusatz von 1,6 ml 50 °C heißem dest. Wasser auf. In einem zweiten Gefäß löst man das Malachitgrün in 4,7 ml ebenfalls 50 °C heißem dest. Wasser. Anschließend werden beide Lösung vereinigt und am folgenden Tag das Gemisch filtriert. Das Filterpapier wird mit warmem Wasser ausgewaschen, bis das Filtrat ein Volumen von 50 ml erreicht hat.

Beobachtungen

Das gelbe Pulver Auramin ist in heißem Wasser leicht löslich und erzeugt dann eine intensiv gelb gefärbte Lösung. Malachitgrün bildet grüne, metallisch glänzende Kristalle und löst sich sehr gut in Wasser mit blauer Farbe. Im Gemisch bildet sich eine grüne Farbe, die als Tinte auf Papier eine hellgrüne Schrift ergibt.

Erläuterungen

Auramin ist chemisch das Bis-[4-(dimethylamino)-phenyl]-methylenimin-Hydrochlorid. Es wird zum Färben von tanningebeizter Baumwolle verwendet. Malachitgrün, auch Viktoriagrün B genannt (chemisch: Bis[4-dimethylamino)-phenyl]phenylmethylium), ein Triarylmethan-Farbstoff, dient in der Mikroskopie zur Färbung von Pilz-infizierten Pflanzengeweben sowie von Bakterien.

Experiment 8 Zur Stabilität der Tinten – Fleckenentfernung für die Praxis

Materialien

Tinten aus den Experimenten 1 bis 7, Schnell-Entfärber (mit Dithionit), Fleckenmittel mit Percarbonat

Durchführung

Ein Tropfen einer Tinte wird mit Wasser verdünnt, so dass eine durchsichtige Lösung entsteht. Dann fügt man in einem Glas einen kleinen Spatellöffel voll Schnell-Entfärber bzw. Fleckenmittel hinzu und verfolgt die Farbveränderung.

Beobachtungen

Unterschiedlich schnell und in manchen Fällen nur durch eines der Fleckenmittel tritt eine Abschwächung der Farbintensität bis zu einer Entfärbung auf.

Erläuterungen

Die Fleckenmittel unterscheiden sich grundsätzlich in ihrer chemischen Wirkung – entweder setzen sie Sauerstoff frei, der dann als starkes Oxidationsmittel wirkt, oder sie enthalten das starke Reduktionsmittel Dithionit. Die Wirkung hängt somit von der chemischen Struktur der Farbstoffe ab.

Tintenfarbstoffen analytisch auf der Spur

Experiment 9 Trennungen der Farbstoffe aus Faserschreibern auf Papier – 1. Variante

Materialien

Filterpapier (Rundfilter), Plastikpipette, Filzstifte (Faserschreiber, mit wasserlöslichen Farbstoffen) in den Farben schwarz, braun, blau, dunkelgrün, Becherglas (zum Auflegen der Rundfilter)

Durchführung

In die Mitte des Rundfilters wird mit einem Bleistift ein kleines Kreuz eingezeichnet. Um diesen Mittelpunkt herum wird mit einem Filzstift ein Kreis gemalt. Dann legt man das Rundfilter auf das Becherglas. Mit Hilfe der Plastikpipette lässt man nun nach und nach jeweils einen Tropfen Wasser über dem Mittelpunkt auftropfen. Es wird jedes Mal solange mit dem nächsten Tropfen gewartet, bis der vorherige vom Papier aufgesaugt worden ist. In der Mitte des Papiers darf sich kein Wasser ansammeln. Das Experiment wird beendet, wenn die Wasserfront einige Zentimeter vom Mittelpunkt zum Rand gewandert ist, diesen aber noch nicht erreicht hat.

(Quelle: Gisela Lück, Leichte Experimente für Eltern und Kinder, Herder spektrum, 3 Aufl., Freiburg 2002)

Beobachtungen

Die Farbstoffe wandern mit der Wasserfront bzw. bleiben auch in der Nähe des Mittelpunktes zurück. Je nach Art der Farbe erhält man eine oder mehrere Farbstoffe in konzentrischen Kreisen (Mustern) auf dem Papier.

Erläuterungen

Es handelt sich um die einfachste Form der Papier-Chromatographie. Die Farbstoffe, die überwiegend auch zum Färben von Lebensmitteln zugelassen sind, wandern mehr oder weniger mit der Wasserfront. Diejenigen Stoffe, die sich an der Front befinden, haben sich nicht in den mit Wasser gefüllten Fasern des Papiers (der so genannten stationären Phase) aufgehalten, sondern sind ohne Verzögerung (Retention) mit dem Fließmittel Wasser, der mobilen Phase, gewandert.

Die Japaner verwendeten in den 1960er Jahren als Erste Faserschreiber (fälschlicherweise auch als Filzstifte bezeichnet) mit einer feinen Spitze aus Synthesefasern zum Schreiben und Malen. Diese Faserschreiber lösten die viel schwieriger zu handhabenden Pinsel als Schreibgeräte ab.

Experiment 10 – Trennung der Farbstoffe aus Faserschreibern auf Papier – 2. Variante

Materialien

s. Experiment 9, Schere, anstelle des Becherglases: Petri- oder Porzellanschale, passend zum Filterpapier

Durchführung

Zunächst schneidet man vom Rand des Rundfilters bis zur markierten Mitte (s.o.) zwei parallele Schnitte im Abstand von etwa 1 bis 1,5 cm. So entsteht eine Zunge, die zum Aufsaugen in eine mit Flüssigkeit gefüllte Schale getaucht werden kann. In die Mitte des Filters malt man nun einen kräftigen, runden (nicht zu großen) Fleck. Danach legt man den Rundfilter auf die Schale, in der sich soviel an Wasser befindet, dass die ausgeschnittene Zunge hineintaucht.

(Quelle: Elisabeth Brendel, Chemie – eine ganz alltägliche Sache. Experimentieren – beobachten – beurteilen, Kosmos Experimentierbuch, Stuttgart 1987)

Beobachtungen

Im Vergleich zur Variante 1 lassen sich häufig bessere Auftrennungen erzielen.

Erläuterungen

s. Experiment 9

Experiment 11 – Trennung der Farbstoffe aus Faserschreibern – 3. Variante

Materialien

Chromatographiepapier (Macherey-Nagel, Düren, Typ MN 26, 100 Blatt 7,5 × 17 cm), entmineralisiertes Wasser, Brennspiritus, Weithalsgläser mit Schraubverschluss

Durchführung

(nach: G. Schwedt, Farbstoffen auf der Spur. Mit 40 chromatographischen Versuchen, Kosmos Experimentierbuch, Stuttgart 1986)

Auf einem Streifen von ca. 4 cm Breite lassen sich mehrere Punkt nebeneinander auftupfen – im Abstand von 1–2 cm vom unteren Rand. Die Abstände zwischen den einzelnen Farbflecken sollten dabei mindestes so groß sein wie die Durchmesser der Farbpunkte selbst. Wegen der großen Saugkraft des Papiers wird die Spitze des Faserschreibers nur ganz kurz auf das Papier getupft, so dass ein Punkt von etwa 2 mm Durchmesser entsteht. Wenn man mehr Farbe auf das Papier bringt, ist die Cellulose bei der anschließenden Trennung überlastet (überladen). Das Ergebnis ist dann eine schlechtere Trennung und die Bildung von langen Farbstoffbahnen (-schwänzen). Die so vorbereiteten Papierstreifen werden nun in ein Weithalsglas (z.B. ist ein Marmeladenglas geeignet) gehängt, in dem sich etwa 1 cm hoch Spiritus befindet. Nachdem die Flüssigkeit einige Zentimeter im Papier hochgestiegen ist, wird der Papierstreifen aus den Glas genommen und getrocknet.

Beobachtungen

Bereits unter diesen sehr einfachen Bedingungen kann man Trennungen in rote, blaue, violette und gelbe Farbstoffe beobachten. Meist bleiben ein oder zwei erkennbare (unterscheidbare) Farbstoffe in der Nähe der Startlinie, ein oder zwei andere Farbstoffe wandern fast mit der Spiritusfront und bilden einen mehr oder weniger ausgerägten Schwanz.

Erläuterungen

Im Unterschied zu den ersten beiden Varianten handelt es sich hier um das aufsteigende (Spiritus steigt infolge der Kapillarwirkungen der Cellulosefaser auf) Trennverfahren der Papier-Chromatographie – die beiden anderen Verfahren werden auch als Rundfiltertechniken bezeichnet.

Experiment 12 Dünnschicht-Chromatographie an Aluminiumoxid

Materialien

Fertigfolien für die Dünnschicht-Chromatographie (DC): Polygram® Alox N/UV_{254} (Machrey-Nagel, Düren, Art.-Nr. 802021, 50 Stück 40 × 80 mm, Schichtmaterial Aluminiumoxid), Spiritus, Weithalsgläser (passend zu der DC-Folie)

Durchführung

s. Experiment 11 – Auf einer Folie von 40 mm Breite lassen sich bis zu zehn Farbpunkte (möglichst mit geringem Durchmesser) nebeneinander auftragen. Als Lauf- oder Fließmittel wird auch hier Spiritus verwendet. Nach dem Trocknen der Schicht wird in einem zweiten Glas ein Gemisch aus Spiritus und entmineralisiertem Wasser (20 + 5 ml) als Fließmittel eingesetzt.

Beobachtungen

Mit zunächst Spiritus als Fließmittel bleibt die überwiegende Zahl der Farbstoffe in der Nähe des Startpunktes zurück. Aber schon in diesem Bereich sind Trennungen roter und gelber bzw. roter und blauer Farbstoffe gut erkennbar. Mit dem Gemisch aus Spiritus und Wasser wandern vor allem die blauen und violetten Farbstoffe.

Erläuterungen

Bei diesem Verfahren handelt es sich um die Dünnschicht-Chromatographie an Aluminiumoxid. Da hier Wasser bzw. das polare Lösungsmittel Spiritus (Ethanol) verwendet wurden, liegt den Trennungen eine Flüssig-flüssig-Verteilung zugrunde. Das in den Poren des Kieselgels aufgenommene Wasser (bzw. Ethanol) bildet die stationäre Phase. Eine Adsorption spielt hier keine Rolle.

Literatur

Landesmuseum für Technik und Arbeit Mannheim (Hrsg.): Ausstellungskatalog, Mannheim 2001

Georg Schwedt: Farbstoffen analytisch auf der Spur, Aulis-Verlag, Köln 1996

6. Vom Getreide zum Brot – Experimente um Backmittel und Zutaten

Museum der Brotkultur
(ehemals Deutsches Brotmuseum),
Salzstadelgasse 10, D-89073 Ulm
Tel.: 0731/69955
www.museum-brotkultur.de
E-Mail: info@museum-brotkultur.de
Exponate zur Geräte- und Technikgeschichte der Brotherstellung, Backwarenmodels, Exponate zu den vielfältigen Beziehungen der Kunst zum Brot. Sonderausstellungen.

MUSEUM DER BROTKULTUR ULM *1955

Museum der Brotkultur Ulm

Das Museum der Brotkultur (früher Deutsches Brotmuseum) ist das älteste dieser Art in der Welt. Träger ist die private »Vater und Sohn Eiselen-Stiftung«. Gründer war der dem Backgewerbe verbundene Ulmer Unternehmer Dr. h.c. Willy Eiselen (1896–1981), der 1955 zusammen mit sechs Gleichgesinnten den Verein »Deutsches Brotmuseum« gründete. 1960 konnte das Museum, das sich mit seinen Sammlungen zunächst am Ulmer Galgenberg am Rand der Stadt befand, der Öffentlichkeit zugänglich gemacht werden. Bereits 1951 hatte Willy Eiselen zusammen mit seinem Sohn Willy Eiselen begonnen, Gegenstände, Dokumente und andere Exponate zur Geschichte des Brotes, des Mahlens und Backens sowie vor allem auch zur Bedeutung des Brotes für den Menschen zu sammeln. Seit 1991 ist das Museum in einem historischen Gebäude der Ulmer Altstadt, im Salzstadel untergebracht.

Der Salzstadel stammt aus dem Jahr 1592. Bis 1804 wurde das Gebäude von der Freien Reichsstadt Ulm als Lagerhaus für Salz und viele andere Güter genutzt. Die Salzlieferungen kamen aus dem Salzburger Land, aus Hallein und aus Reichenhall/Traunstein. Der ursprüngliche Zustand dieses Gebäudes konnte weitgehend erhalten bleiben.

Als ein Stück Menschheitsgeschichte wird in diesem Spezialmuseum die 6000jährige Geschichte des Brotes dargestellt. 16 000 Objekte, von denen auf rund 1150 m^2 Ausstellungsfläche etwa 1300 ausgestellt werden, sind heute insgesamt vorhanden. Anhand dieser Exponate werden neben der Technikgeschichte der Brotherstellung vor allem auch die Kultur- und Sozialgeschichte des Brotes dokumentiert. Aus einem Bäckereimuseum wurde mit der Zeit ein, wenn nicht gar *das* Spezialmuseum des Brotes – mit der Zielsetzung, die Geschichte des Brotes auch

Abb. 47 Der Ulmer Salzstadel – Museum für Brotkultur

als ein Stück Menschheitsgeschichte (W. Eiselen) darzustellen, »zum Nachdenken über den Wert des Brotes und der Nahrung anzuregen, die in genügender Menge, ja im Überfluß zu haben, uns allzu selbstverständlich erscheint«.

Im Erdgeschoss des Museums finden Wechselausstellungen statt. Im ersten Obergeschoss ist unter dem Titel »Aus Korn wird Brot« der Schwerpunkt in der »6000 Jahre alten Natur- und Technikgeschichte« gesetzt worden. Aus Böotien/Griechenland (Landschaft zwischen Parnass und Golf von Euböa) werden Terrakottafiguren von Frauen beim Getreidestampfen, Teigkneten, Brotbacken und Brotverkauf aus dem 5. Jahrhundert vor Christus gezeigt. Dem Brotgetreide, der Entwicklung aus Wildgräsern vor etwa 12 000 Jahren im Vorderen Orient bis zum Weizen, Roggen und Dinkel, sind ebenso wie dem Weg »Vom Acker in die Scheune« (mit Gemälden von Pieter Breughel d. J., Casimir Geibel und Albert Kappis) sowie dem »Getreide – die älteste Handelsware der Welt« Themenschwerpunkte gewidmet.

Technikgeschichte dokumentieren der Bereich »Vom Reibstein zur Industriemühle«, eine eiserne Teigteilmaschine für Brötchen aus Halle/Saale (um 1920) oder auch ein Hefekännchen aus Zinn für flüssige Bierhefe (Ulm um 1750). Dazu der Museumsführer: »Von der Antike bis ins 19. Jahrhundert verwendete man zur Teiglockerung auch Bier- und Weinhefe. Spezielle Backhefe gibt es erst seit 1850. Sie kommt als Presshefe in den Handel.«

Aus einer »Zeittafel zur Brotgeschichte« sind interessante Daten und Meilensteine der Brottechnologie zu entnehmen. So wurden Backöfen in der Türkei aus der Zeit von 5830 v. Chr. gefunden; schriftliche Belege für Brot stammen aus der Zeit von 3000 bis 2800 v. Chr., um 2500 bis 2000 v. Chr. waren schon etwa 50 Brotsorten bekannt. In Syrien konnte eine Palastbäckerei mit Großbacköfen um 2000 bis 1700 v. Chr. nachgewiesen werden. Um 1300 bis 800 v. Chr. wurden in der Bäckerei am ägyptischen Pharaonenhof bereits 40 Brot- und Gebäcksorten hergestellt. Darstellungen darüber kennen wir aus Wandzeichnungen in Pyramiden. Der erste schriftliche Beleg für Sauerteig in Mittel- und Nordeuropa stammt aus der Zeit von 700 bis 200 v. Chr.; zwischen 450 und 850 n. Chr. sind vor allem die erste Nennung des Bäckerberufs im Alemannenrecht und die Verordnung Kaiser Karls des Großen zur Herstellung von Brot und zum Beruf des Bäckers erwähnenswert.

Als Modell wird u.a. ein jungsteinzeitlicher Backofen aus Taubried/Bodenseegebiet (um 4300 bis 3700 v. Chr.) gezeigt: »Die Wölbung des Ofens besteht aus Weidenrutengeflecht, das innen und außen mit Lehm bestrichen ist. Diese Öfen besaßen keinen Abzug und wurden direkt beheizt. Bei der direkten Beheizung wird auf der Backfläche ein Feuer gemacht und damit der Backraum von innen aufgeheizt. Die heruntergebrannte Glut schiebt man entweder zur Seite oder räumt sie aus, bevor man das Brot ›einschießt‹.«

Weitere technologische Erläuterungen zu einer ausgestellten Backglocke (Ton, aus dem Jugoslawien des 19. Jahrhunderts) bzw. zu einem Backofendeckel (unglasierte Keramik, Niederbayern 1881) lauten: »Die Backglocke ähnelt einer umgedrehten Schüssel, mit der ein Backraum geschaffen wird. In Südosteuropa sind Backglocken seit mehr als 3000 Jahren nachgewiesen. In entlegenen Gebieten verwendet man sie auch heute noch ... Um die Hitze im Backofen zu halten und Luftzug zu vermeiden, wird der Backofen verschlossen. Ursprünglich dienten dazu lose Deckel. Erst gegen Ende des 19. Jahrhunderts kamen mit dem Ofen verbundene, feuerfeste Türen und Klappen in Gebrauch.« Weitere Themen im 1. Obergeschoss sind z.B. »Wie Brot unter die Leute kommt«, »Bäcker und Müller in Zunft und Innung« und »Der Kuchen – Stolz der Hausfrau«.

Im zweiten Obergeschoss sind Darstellungen der verschiedensten Art zum Schwerpunkt »Der Mensch und das Brot« – 2500 Jahre Kultur- und Sozialgeschichte – zu finden: Sie reichen von Hungertalern, Skulpturen und bildlichen Darstellungen unter dem Titel »Getreide und Brot im Glauben der Völker«, »Brot im christlichen Abendland« über Brotstempel, Model und Brezeln bis zu den Themen »Brot im Alltag«, »Brot im Festkreis« und »Getreide und Brot im Kunsthandwerk«.

Aus der Geschichte des Brotbackens

Die Geburtsstunde des Brotes wird vor rund 4500 Jahren im alten Ägypten vermutet. Archäologen haben die Entdeckung des gelockerten Brotes als eine Zufallsentdeckung, sogar als eine »Küchenkatastrophe« bezeichnet. Offensichtlich war ein mit Wasser angerührter Getreidebrei sauer geworden. Trotzdem beschloss man, ihn auf einer heißen Steinpatte zu verbacken, wonach sich der so entstandene Fladen lockerer als frühere Brote erwies: Es war das erste Sauerteigbrot der Welt gebacken worden.

Die Geschichte des Korns ist noch viel älter. In den fruchtbaren Gebieten des Nils, Euphrats, Tigris und Indus betrieb man schon vor 10 000 Jahren einen systematischen Ackerbau. Auf diese Weise konnten größere Bevölkerungsgruppen ernährt werden und so entwickelten sich vor allem in Ägypten und Indien die ersten Hochkulturen der Menschheit. Um 4000 v. Christus kamen die Kenntnisse vom Körneranbau, mit Saatgut aus Wildformen, aus denen Emmer und Einkorn als Vorgänger des Weizens entstanden, auch nach Mitteleuropa. Durch Zerstoßen und Mahlen entstanden aus den Körnern Schrot und grobes Mehl, das mit Wasser zu Brei wurde, aus dem sich Fladen formen ließen. Diese Fladen wurden dann auf heißen Steinen oder in heißer Asche getrocknet und auf diese Weise haltbar gemacht.

Abb. 48 Bäckerei am Hofe von Pharao Ramses III (um 1400 v. Chr.). Wandzeichnung in einer Seitenkammer einer Pyramide in Theben

Gewerbliche Bäckereien gab es in Ägypten bereits um 3000 v. Christus. Von den Ägyptern kam das Brotbacken zu den Griechen, die mit ihrer Backkunst bis zu 70 verschiedenen Brotsorten geschaffen haben sollen. Von dort kam die Technik und Kultur des Backens zu den Römern, wo um 200 v. Chr. die ersten großen Backbetriebe in Rom entstanden. Im alten Rom bildeten sich auch die Zünfte der Bäcker, es wurden strenge Regeln aufgestellt, es entstanden spezielle Berufsstände wie Kuchenbäcker, Feinbäcker, Bäcker für Soldatenbrot und sogar für Schiffszwieback und Bäckerfachschulen wurden eingerichtet. Mit den Römern gelangte das Brotbacken über die Alpen dann nach Germanien, wo jedoch erst Jahrhunderte später das Brot zu einem alltäglichen Nahrungsmittel wurde. Die Entwicklung spielte sich vor allem in Klöstern ab, wo Mönche nicht nur sich selbst, sondern auch Hungernde mit Brot versorgten.

Aus dem »Brockhaus« von 1837

(Bilder-Conversations-Lexikon für das deutsche Volk. Ein Handbuch zur Verbreitung gemeinnütziger Kenntnisse und zur Unterhaltung. Leipzig: F. A. Brockhaus 1837.)

Brot *(das) ist ein aus Getreidemehl und Wasser bereitetes Hauptnahrungsmittel der Menschen und es gedenken seiner in dieser Eigenschaft die frühesten Nachrichten, welche wir vom Alterthume besitzen. Bevor es jedoch in seiner jetzigen Vollkommenheit hergestellt werden konnte, mussten erst viele Erfahrungen darüber gemacht und so sinnreiche Maschinen erfunden werden, wie unsere Getreidemühlen sind. In den ältesten Zeiten zermalmte man das Getreide zwischen Steinen und machte aus dem erhaltenen groben Mehle mit Milch oder Wasser einen Brei, der in dünne Kuchen geformt, anfänglich nur getrocknet, später aber im Ofen gebacken wurde. Die alte Form dieses schwerverdaulichen Gebäckes hat sich noch im Osterfladen der Juden erhalten, auch schreibt sich von derselben der bei den Alten gewöhnliche Ausdruck des Brotbrechens her. Die Güte des Brotes, dessen kunstgerechte Darstellung Gegenstand der Brotbäckerei ist, hängt von dem Zustande des dazu verwendeten Getreides und Mehles und der Bereitung desselben ab, welche in Folgendem besteht. Der mit Wasser angemachte frische Mehlteig wird mit etwas altem, in geistige Gährung übergegangenem, völlig durchknetet und dadurch unter Beihülfe einer angemessenen Wärme in eine ähnliche, nur weniger starke Gährung versetzt. Diese zersetzt den im Mehle enthaltenen Zucker in Alkohol und Kohlensäure, welche letztere in Luftform von dem zähen Teige zurückgehalten wird und diesen aufbläht oder gehen macht, indem sie in demselben eine Menge kleiner Höhlungen oder Luftblasen bildet, die um so gleichmäßiger sind, je besser der Teig durchknetet worden ist. Der gegangene oder eigentlich gegohrene Teig wird in Brote abgetheilt und dann in den geheizten Backofen gebracht, wo er von der Hitze noch mehr aufgelockert und gargebacken wird. Am häufigsten wird Weizen- und Roggenmehl zur Bereitung des Brotes benutzt, doch ist das Roggenbrot im Allgemeinen etwas weniger nahrhaft und verdaulich als gutes Weizenbrot. Gersten- und Hafermehl werden seltener zu Brot verwendet, da sie ein schwärzeres und schwereres Gebäck liefern.*

Brot – Definition im Brockhaus (seit 1796) Ausgabe 2001 – zum Vergleich

»**Brot** [ahd. prōt ›Gegorenes‹], aus Getreidemahl oder -schrot sowie Wasser und Salz unter Verwendung von Teiglockerungsmitteln (meist Hefe oder Sauersteig, z. T. auch Backpulver) durch Backen hergestelltes Grundnahrungsmittel. Bei der B.-Herstellung können außerdem Backhilfsmittel sowie bei bestimmten B.-Sorten auch Fett, Zucker, Eier, Milch oder Milchprodukte, Leguminosenerzeugnisse, Kartoffelerzeugnisse, Trockenfrüchte, Ölsamen, Gewürze, Aromastoffe u.a. zugesetzt werden. Beim Backen werden die im rohen Zustand von den Enzymen des Verdauungstraktes schwer angreifbaren Stärkekörner des Getreides zum Quellen und Verkleistern gebracht und aufgeschlossen.«

Das Brotsortiment heute

Nach den »Leitsätzen des Deutschen Lebensmittelbuches« werden die verschiedenen Brotsorten in vier Gruppen eingeteilt.

- *Brot mit mindestens 90% Weizenanteil*: Weizenbrot, Weizen-Toastbrot, Weizenschrotbrot, Weizenvollkornbrot, Knäckebrot, Spezialbrote.
- *Brot mit mehr als 50 bis 89% an Weizenanteil*: Weizenmischbrot, Weizenmischschrotbrot, Weizen-/Roggenvollkornbrot, Knäckebrot, Spezialbrote.
- *Brot mit mehr als 50 bis 89% Roggenanteil*: Roggenmischbrot, Roggemischschrotbrot,

Abb. 49 Holzschnitte aus: Jost Amman, Das Ständebuch (Verse von Hans Sachs und Hartmann Schopper), Frankfurt am Main 1568

Roggen-/Weizenvollkornbrot, Knäckebrot, Spezialbrote.

- *Brot mit mindestens 90% Roggenanteil:* Roggenbrot, Roggenschrotbrot, Roggenvollkornbrot, Knäckebrot, Spezialbrote.

Zu den Spezialbroten zählen die Brotsorten, in denen z.B. andere Getreideerzeugnisse als Weizen bzw. Roggen verarbeitet wurden (Hafer, Gerste) oder die zusätzliche Bestandteile wie Rosinen und Buttermilch enthalten sowie spezielle Diätbrote.

Zusatzstoffe in der Brotherstellung sind nur dann zugelassen, wenn sie auch technologisch notwendig sowie vor allem gesundheitlich unbedenklich sind.

Die Vorgänge beim Brotbacken

Zu Beginn des Backprozesses wird bei zunächst hoher Temperatur (280 °C) dem Backraum Wasserdampf zugeführt. An dem kälteren Teig schlägt sich Wasserdampf nieder. Bei diesem Kondensationsvorgang wird Wärmeenergie frei, die an den Teig abgegeben wird. Zugleich verringert der Wasserdampf ein Austrocknen der Randschichten – wichtig für den Erhalt der Elastizität des Teiges in der äußersten Randschicht. Bildet sich eine Kruste zu früh, so nimmt die Wärmeleitfähigkeit in das Innere ab, die Krustenschicht wirkt dann isolierend.

Die Vorgänge im Teiginneren teilt man in vier Phasen ein:

Unter 50 °C liefert die Aktivität der Hefen Kohlenstoffdioxid als Treibgas, danach sterben sie ab. Die Amylasen weisen eine optimale Enzymaktivität bei 60 bis 70 °C auf. Sie bauen die gelierte Stärke ab, wobei sich Dextrine und Zucker bilden. Auch die während des Mahlprozesses mechanisch geschädigten Stärkekörner werden leicht von Amylasen abgebaut.

In der zweiten Phase erfolgen vor allem eine weitgehende Verkleisterung der Stärke und eine Vernetzung der Proteingruppe der Gluteline. Gute Mehle halten bis etwa 72 °C auch das bereits gebildete Kohlenstoffdioxid zurück. In der dritten Phase verdampft das Wasser von der Oberfläche der Kruste, der sogenannte Ofentrieb ist beendet – es beginnt eine Austrocknung der Kruste. Und schließlich kommt es in der so genannten Bräunungsphase auch zur Bildung von Aromastoffen. Die so genannte nicht-enzymatische Bräunung beginnt an der Oberfläche bei Temperaturen von 110–140 °C, Karamelisierungen erfolgen bei 140–150 °C, das Röstaroma entsteht bei Temperaturen oberhalb von 150 °C.

Experiment 1 Hefe und Gärung

Materialien

Traubenzucker (Glucose), Trockenhefe, großes Reagenzglas, Gärröhrchen mit (durchbohrtem) Stopfen für das Reagenzglas, Thermometer, Bariumhydroxid-Lösung, Stativ mit Klemme, 250-ml-Becherglas

Durchführung

Das große Reagenzglas wird zur Hälfte mit 40 °C warmem Wasser gefüllt. Dann fügt man einen Teelöffel voll Zucker und einen Teelöffel voll Trockenhefe hinzu, rührt um und setzt dann das Gärröhrchen, gefüllt mit Bariumhydroxid-Lösung, auf das Reagenzglas. Das große Reagenzglas wird in ein mit 40 °C heißem Wasser gefülltes Becherglas gehängt.

Beobachtungen

Es bildet sich auf der Oberfläche der Zucker/Hefe-Lösung nach wenigen Minuten ein Schaum, die Lösung im Gärröhrchen trübt sich ein, nachdem Gasblasen in der Lösung aufgetreten sind.

Erläuterungen

Zur Brotherstellung wird so genannte Bäckerhefe mit Zuchtrassen von *Saccharomyces cerevisiae* – entweder als Presshefe (Wassergehalt ca. 70 %) oder als Trockenhefe (Wassergehalt 8 bis 12 %) verwendet. Infolge des Gärprozesses entstehen Kohlenstoffdioxid und auch Ethanol. Die *Saccharomyces*-Spezies verfügen über ein ausgeprägtes Gärvermögen: sie bauen Kohlenhydrate – vor allem Glucose – enzymatisch in die genannten Produkte ab. Das gebildete Kohlenstoffdioxid verursacht die beobachtete Schaumbildung – und es wird als schwer lösliches Bariumcarbonat im Gärröhrchen auch nachgewiesen.

Experiment 2 Teigauftrieb

Materialien

Mehl (Weizenmehl Type 405), Traubenzucker (Glucose), Trockenhefe, zwei 250-ml-Bechergläser, Thermometer

Durchführung

Aus je einem halben Esslöffel voll Mehl und Wasser wird eine kleine Mehlkugel geformt. Ein zweite Kugel wird aus je einem halben Esslöffel Mehl bzw. Teelöffel Traubenzucker sowie Hefe und einem halben Esslöffel Wasser hergestellt. Die Kugeln werden getrennt in die Bechergläser mit jeweils ca. 40 °C warmen Wasser gegeben.

Beobachtungen

Die Teigkugel, die Trockenhefe und Zucker enthält, schwimmt nach ungefähr 5 Minuten oben auf. Die andere Teig(Mehl)kugel bleibt auf dem Boden des Becherglases liegen. Nach einer längeren Verweilzeit zerfällt die Hefe(Teig)kugel, die Mehlkugel bleibt erhalten.

Erläuterungen

Der bereits zum Experiment 1 beschriebene Vorgang der Hefegärung verleiht der Teigkugel mit Hefe infolge der Kohlenstoffdioxidentwicklung einen Auftrieb.

Experiment 3 Mehlsorten

Materialien

Weizenmehl (Type 405), Maismehl, Kartoffelmehl, Buchweizenmehl, dunkles Roggenmehl

Verdünnte Iodlösung, 30-ml-Schnappdeckelgläser, Plastikpipette

Brotkrumen von Roggen- oder Weizenbrot

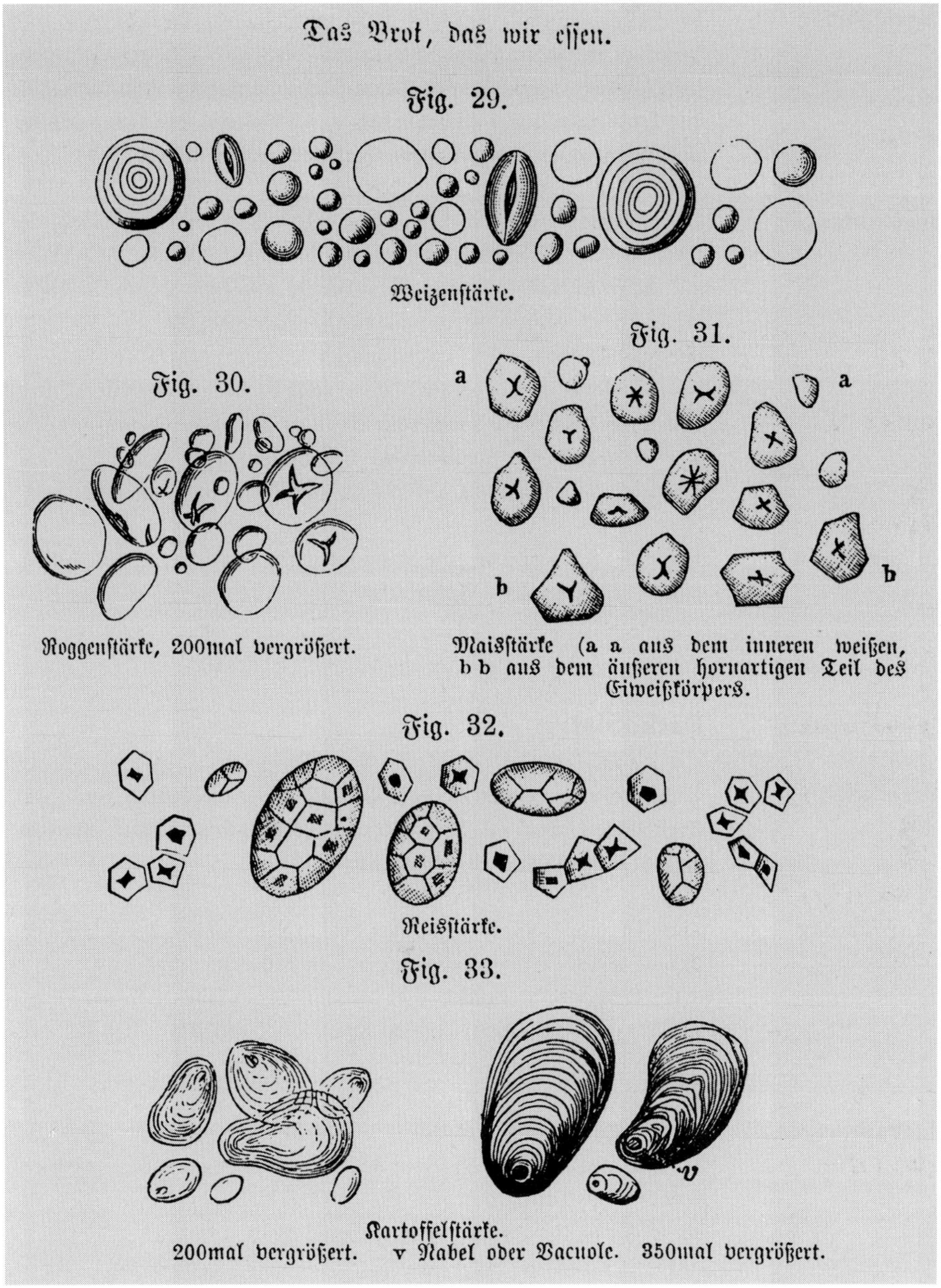

Abb. 50 Verschiedene Stärkekörner unter dem Mikroskop (aus: Johnstons Chemie des täglichen Lebens, Stuttgart 1887)

Durchführung Je ein Spatellöffel voll Mehl (bzw. zerkleinerter Brotkrumen) wird (werden) in einem Schnappdeckelglas bis zur Hälfte des Volumens mit Wasser aufgeschlämmt. Dann fügt man gleiche Volumina (gleiche Tropfenzahl) an Iodlösung hinzu – so viel, dass bei dem Kartoffel- und Weizenmehl eine intensive Farbe zu beobachten ist.

Beobachtungen Die Gläser mit Weizen- bzw, Maismehl weisen eine rotviolette, das Glas mit Kartoffelmehl eine intensive blaue Farbe in der Suspension auf. Beim Buchweizen- und Roggenmehl muss die Zugabe an Iodlösung erhöht werden, bevor eine Farbveränderung bestehen bleibt. In der Buchweizenmehl-Suspension tritt dann eine schwache braunrote bis rotviolette, im Roggenmehl eine blaue Farbe auf. Nach dem Absitzen der in Wasser suspendierten Mehle zeigt nur die Lösung aus dem Kartoffelmehl eine Blaufärbung. Die Bodenkörper sind mehr oder weniger intensiv gefärbt, am intensivsten (blau) beim Kartoffelmehl.

Erläuterungen Iod bildet mit Amylose eine blaue Einschlussverbindung, mit Amylopektin eine rotviolette Verfärbung.

Experiment 4 Backoblaten

Materialien Hohes 25-ml-Becherglas, 3-ml-Plastikpipette, Iodlösung (verdünnt), Backoblaten (Zutaten: Weizenmehl, Stärke), Reagenzglas, Spirituslampe, Reaganzglashalter, Ninhydrin

Durchführung Man legt eine Backoblate auf das Becherglas und tropft mit Hilfe der Pipette einen Tropfen Iodlösung auf die Mitte der Oblate.

Im Reagenzglas werden drei bis vier kleine Stückchen der Oblate mit Wasser und einem kleinen Spatellöffel voll Ninhydrin bis zum Sieden in der Flamme der Spirituslamp erhitzt.

Beobachtungen Es bildet sich sofort ein dunkelblauer bis schwarzblauer Fleck, der sich entsprechend der Struktur der Oblaten unregelmäßig ausbreitet.

Mit Ninhydrin färben sich die beim Erhitzen verkleisternden Bestandteile (s. Experiment 6) der Oblate rotviolett.

Erläuterungen Backoblaten bestehen aus Weizenmehl und Stärke (und nicht aus Papier = Cellulose).

Die positive Ninhydrin-Reaktion zeigt, dass Weizenmehl mit Eiweiß – und nicht nur Stärke – verwendet wurde. Das Klebereiweiß (s. Experiment 8) sorgt für die Festigkeit der Oblaten.

Im Brockhaus – als »Bilder-Conversations-Lexikon für das deutsche Volk. Ein Handbuch zur Verbreitung gemeinnütziger Kenntnisse und zur Unterhaltung« aus dem Jahre 1839 – ist über *Oblaten* zu lesen:

»Oblaten heißen aus ungesäuertem Weizenmehlteig in eisernen oder messigenen, aus zwei aufeinander passenden Platten bestehenden Formen gebackene, sehr dünne Tafeln. Die beabsichtige Nutzung derselben bedingt die verschiedene Bereitung und Benennung derselben und man unterscheidet Kirchenoblaten oder Hostien, welche in der röm.-katholischen und protestantischen Kirche bei der Feier des Abendmahls die Stelle des Brots vertreten und seit dem 12. Jahrh. in kleinen runden, gewöhnlich mit einem Lamm und Crucifix bezeichneten Scheiben bestehen. Vorher und seit dem 9. Jahrh., wo die Oblaten an die Stelle des früher gewöhnlichen Brotes traten, bestanden sie aus großen Scheiben, welche nach dem Bedarf gebrochen und Oblaten, von den Oblationen, d.h. den freiwilligen Gaben an Lebensmitteln, genannt wurden, welche in den ersten Jahrhunderten der christlichen Kirche die Gemeindemitglieder zu den Liebesmahlen und der ihnen folgenden Abendmahlsfeier darbrachten. (...) Die Tafeloblaten werden theils zu Unterlagen verschiedener feiner Backwerke gebraucht, theils geben sie, mit Eiern, Milch und Gewürzen angemacht, selbst ein Confect ab. – (...)«

Experiment 5 Stärkeabbauprodukte – Beispiel Maltodextrine

Materialien

Zitronen-Zucker natürliches Aroma (Aromatisierende Bestandteile: Aromaextrakte, natürliches Aroma. Sonstige Bestandteile: Zucker, Maltodextrin, Trägerstoff Gummi-Arabicum, Säuerungsmittel Citronensäure, Antioxydationsmittel Tocopherol)
Sofort Gelatine (Zutaten: Maltodextrin, Speisegelatine (Schwein))
Iodlösung (verdünnt), Plastikpipette, Schnappdeckelgläser

Durchführung

Ein kleiner Spatellöffel des jeweiligen Produktes wird in einigen Milliliter Wasser im Schnappdeckelglas gelöst. Dann tropft man so viel an Iodlösung hinzu, bis eine Farbe deutlich erkennbar ist und bestehen bleibt.

Beobachtungen

Es tritt eine rotbraune Farbe auf.

Erläuterungen

Maltodextrin bezeichnet Abbauprodukte der Stärke, wasserlösliche Kohlenhydrate, die durch die Einwirkung von Enyzmen entstehen bzw. gewonnen werden können. Sie enthalten einen hohen Anteil an Maltose und weisen Kettenlängen von 5 bis 10 Bausteinen auf. Daher zeigt die Iod-Stärke-Reaktion im Unterschied zu Stärkemolkülen keine Blau- sondern eine Rotbraunfärbung. Sie sind im Malzextrakt, der aus gekeimtem und anschließend geröstetem Getreide gewonnen wird, vorhanden und verbessern beim Brotbacken die Teiglockerung. Durch den Malzextrakt wird zusätzlich die Farbe der Krume und Kruste des Gebäcks beeinflusst. Malzmehl wird ebenfalls aus gekeimtem und geröstetem Getreide gewonnen. Die darin vorkommenden natürlichen Enzyme verbessern die Teiglockerung und sorgen z.B. bei Brötchen für eine deutliche Krustenfarbe.

Experiment 6 Stärkeverkleisterung

Materialien

Weizenmehl Type 405, Reagenzglas, Spirituslampe, Reagenzglashalter, Teelöffel

Durchführung

Ein halber Teelöffel voll Weizenmehl wird im Reagenzglas mit wenig Wasser (etwa 2–3 cm hoch) gut aufgeschlämmt und dann mit Hilfe des Reagenzglashalters in der Flamme der Spirituslampe bis zum Sieden erhitzt.

Beobachtungen

Die Mehlaufschlämmung (Suspension) wird bereits während des Erwärmens dickflüssiger und schließlich so fest, dass sich nach dem Erhitzen kaum noch Flüssigkeit aus dem Reagenzglas ausgießen lässt.

Erläuterungen

Beim Erhitzen hat eine Stärkeverkleisterung stattgefunden. Man unterscheidet drei Phasen. In der 1. Phase findet eine Zerstörung der Kornstruktur statt. Durch Wasseranlagerung in den Stärkeketten entsteht ein Sol. In der 2. Phase werden oberhalb der so genannten Verkleisterungstemperatur Wasserstoffbrücken zerstört, Amylose (s.o.) geht in Lösung, Amylopektin bleibt weitgehend ungelöst. In der 3. Phase der Abkühlung bilden sich die zuvor zerstörten Wasserstoffbrücken wieder neu und es entsteht ein Gel oder Kleister.

Experiment 7 Mineralstoffe im Mehl

Materialien

Dunkles Roggenmehl (Type 1150), Natriumcarbonat (Soda), 1%ige Kalignost-Lösung, 3 kleine Reagenzgläser, Plastiktrichter mit Faltenfilter, großes Schnappdeckelglas

Durchführung

Ein Teelöffel voll Roggenmehl wird im Schnappdeckelglas zu zwei Dritteln des Glasvolumens mit Wasser versetzt und ca. 30 Sekunden kräftig geschüttelt. Dann filtriert man durch ein feuchtes Faltenfilter in ein Reagenzglas. Das Filtrat verteilt man auf die drei kleinen Reagenzgläser, fügt dem einen Teil ein bis zwei kleine Spatellöffel voll Natriumcarbonat hinzu (und löst das Salz durch Schütteln des Glases) und dem anderen einige Tropfen der Kalignost-Lösung. Die Veränderungen beurteilt man im Vergleich zum unbehandelten dritten Teil des Filtrats.

Beobachtungen

Das schwach getrübte Filtrat trübt sich nach dem Zusatz bzw. dem Lösen des Natriumcarbonats mit schwacher Gelbfärbung stärker ein. Nach dem Zusatz von Kalignost bildet sich ein voluminöser weißer Niederschlag.

Erläuterungen

Im Roggenmehl Type 1150 sind je 100 g durchschnittlich 20 mg Calcium, 67 mg Magnesium und 297 mg Kalium enthalten. Vor allem der Kaliumgehalt ändert sich mit dem Ausmahlungsgrad: von 170 mg der Type 815 auf 439 mg der Type 1800. Schwerlösliche Carbonate bzw. basische Salze bilden Calcium und Magnesium. Kalignost (Tetraphenylboranat) ist ein selektives Reagenz für Kalium und bildet damit eine sehr schwer lösliche Verbindung.

In den dreißiger Jahren des 20. Jahrhunderts wurde eine Regelung über *Mehltypen* eingeführt. Die Typenzahl wird durch die Veraschung einer Mehlprobe bei 900 °C bestimmt, wonach nur noch Mineralstoffe zurückbleiben. Type 405 bedeutet einen Mineralstoffgehalt von 0,405 %, d.h. 405 mg pro 100 g Mehl, entsprechend Type 1150: 1,150 % bzw. 1150 mg pro 100 g Mehl. Der Mineralstoffgehalt ist ein Maß für den Anteil an Schalenbestandteilen (mit den höchsten Gehalten an Mineralstoffen) im Mehl.

Experiment 8 Kleber-Nachweis

Materialien

Weizenmehl Type 405, Weizenstärke, Ninhydrin, zwei Reagenzgläser, Spirituslampe

Durchführung

In die Reagenzgläser füllt man je einen großen Spatellöffel voll Mehl bzw. Stärke. Dann fügt man je einen kleinen Spatellöffel voll Ninhydrin hinzu und suspendiert in einigen Milliliter Wasser (etwa ein Viertel des Reagenzglasvolumens). Anschließend wird der Inhalt der Gläser in der Flamme der Spirituslampe bis zum Sieden erhitzt.

Beobachtungen

Kurze Zeit nach dem Sieden der Probe zeigt sich im Reagenzglas mit dem Mehl einen intensive Blaufärbung. Es setzt sich außerdem ein intensiv blau gefärbter Niederschlag (Ungelöstes) ab. Der Inhalt des Glases mit Stärke hingegen bleibt farblos.

Erläuterungen

Das Weizenmehl enthält in 100 g etwa 10 % an Eiweiß. Die Farbreaktion mit dem Reagenz Ninhydrin ist charakteristisch für Eiweißstoffe. Alle Mehle gleich welcher Herkunft enthalten zwar Eiweißstoffe, jedoch nimmt das Weizenmehl eine Sonderstellung ein. Sie beruht auf seiner Backfähigkeit, die vor allem auf spezielle Eiweißstoffe (Proteine), als Kleberproteine bezeichnet, zurückzuführen ist. Sie stammen aus dem Endosperm des Weizenkornes. Unter Kleber oder Gluten fasst man eine gummiartige, wasserunlösliche (s. intensiv gefärbtes Unlösliches) Protein-reiche Masse, die durch Anteigen von Weizen-

Abb. 51 Die Gewinnung des Klebers aus Weizenmehl (Quelle: s. Abb. 50)

mehl mit Wasser und Auswaschen der Stärke und anderer wasserlöslicher Anteile (wie Mineralstoffe) erhalten wird. Sie enthalten Glutenine (in Basen lösliche Fraktionen, allgemein Gluteline, beim Weizen spezielle Glutenine genannt) und Gliadine (allgemein Prolamine genannt, wenig löslich in Wasser oder Salzlösungen, löslich in wässrigem Ethanol). Beim Teig bestimmen die hochmolekularen fibrillären Glutenine die Elastizität, die Gliadine sind für die Viskosität verantwortlich. Daraus ergeben sich spezielle rheologische Eigenschaften des Teiges – nämlich sein Gashaltevermögen und auch die Fähigkeit, beim Backen für eine lockere, poröse Struktur mit einer elastischen Krume zu sorgen.

Experiment 9 Backpulver – von Liebig bis heute

Materialien

Backpulver: a) Zutaten: Säuerungsmittel Diphosphate, Backtriebmittel Natriumhydrogencarbonat, Weizenstärke. b) »Weinstein Backpulver ohne Phosphat« Zutaten: Säuerungsmittel Kaliumtartrat, Backtriebmittel Natriumcarbonat, Maisstärke.
pH-Papier (pH 1–11)

Durchführung

In zwei Schnappdeckelgläser wird je ein Spatellöffel voll Backpulver gegeben. Dann füllt man die Gläser bis zur Hälfte des Volumens mit Wasser und schüttelt den Inhalt im verschlossenen Glas kräftig durch. In die Suspension wird nun ein Stück pH-Papier getaucht.

Beobachtungen

In der Suspension des normalen (phosphathaltigen) Backpulvers verfärbt sich das pH-Papier hellgrün (pH ungefähr 7). Beim Weinstein Backpulver zeigt sich das Papier eine gelbe Farbe (pH bei 6).

Erläuterungen

Es werden pH-Werte von 6,4 (Backpulver mit Diphosphaten) bzw. 5,9 beim Weinstein Backpulver gemessen.

Unter E 500 sind neben Natriumhydrogencarbonat auch Natriumcarbonat und Natriumsesquicarbonat als künstliche Backtriebmittel zusammengefasst – auch als Natron oder Soda bezeichnet. Die Kaliumtartrate haben nach der Lebensmittel-Kennzeichnungsverordnung die E-Nr. 336. Dazu gehören als Salze der Weinsäure sowohl Monokaliumtartrat (als Dihydrogentartrat) als auch Dikaliumtartrat (als Monohydrogentartrat der dreibasigen Weinsäure); es handelt sich somit um »saure« Tartrate.

Die Gesamtwirkung der Gemische in wässriger Lösung, der pH-Bereich nach vollständiger Umsetzung, wird mit diesem einfachen Test ermittelt.

Der folgende historische Exkurs zeigt die Entwicklung des Backpulvers – von Liebig bis Oetker – und verrät, dass das »neue« phosphatfreie »Weinstein Backpulver« unter der Bezeichnung »Schnellhefe« schon vor über 100 Jahren bekannt war.

Historischer Exkurs

1844 studierte der Amerikaner Eben Norton Horsford (1818–1893) bei Liebig in Gießen. Er bekam von Liebig die Aufgabe, den Stickstoffgehalt pflanzlicher Lebens- und Futtermittel zu bestimmen. Kurz zuvor hatte Liebig in den Annalen der Chemie und der Pharmazie »Über eine neue Methode zur Bestimmung des Stickstoffs« berichtet. Horsford erhielt 1847 die von Lord Rumford (1753–1814) gestiftete Professur für angewandte Gewerbewissenschaft in Harvard. Rumford wurde als Benjamin Thompson in North Woburn (Massachusetts) geboren, floh während des Nordamerikanischen Unabhängigkeitskampfes (1776) nach England, wurde dort geadelt und trat 1784 in die Dienste des Kurfürsten Karl Theodor von Bayern (Graf von Rumford 1791). Rumford führte u.a. den Kartoffelanbau in Bayern ein und legte den Englischen Garten in München an. Auf seine Initiative ist die Armenspeisung mit der nach ihm benannten Rumford-Suppe (aus Graupen, Gerste, Hülsenfrüchten, Kartoffeln, Wasser und Gewürzen) zurückzuführen. 1799 veranlasste er die Gründung der Royal Institution of Great Britain in London – zur Förderung und Verbreitung naturwissenschaftlicher Kenntnisse.

In dem von einem amerikanischen Unternehmer (Abbot Lawrence) gestifteten naturwissenschaftlichen Institut führte Horsford den Unterricht und die Laborübungen in Chemie nach dem Giessener Vorbild ein. 1856 ließ er sich ein Backpulver mit Hydrogenphosphaten und Natron (Natriumhydrogencarbonat) patentieren, gründete die Rumford Chemical Works in Providence, Rhode Islands und folgte auf diese Weise nicht nur seinem Lehrer Liebig, sondern regte diesen sogar dazu an, sich mit der Chemie des Mehles und Brotbackens zu beschäftigen.

Friedrich Wöhler teilte Liebig aus Göttingen am 6. Mai 1868 den Inhalt einer gemeinsamen Bekannten, der Ehefrau des Prof. Joy aus New York folgendes mit:

»Was Sie von Hrn. v. Liebig's Versuchen schreiben, Brod ohne Hefe zu backen, interessirt mich ungemein: nicht nur, weil es eine Frage ist, die bei der hiesigen Nahrungsnoth zum Wohl der Menschheit beiträgt, sondern auch aus dem kleinlichen Grunde, dass wir alles Brod, das in unserer Familie consumirt wird, selbst backen, worin meine Köchin besonders geschickt ist. Uebrigens hat sich Professor Horsford in Cambridge schon seit Jahren mit der Frage beschäftigt, den Gährungsprocess durch Hefe zu umgehen. Ein Fabrikant hier in New York verkauft das Mehl in Packeten von so und so viel Pfunden mit dem chemischen Präparat darin in solchen enormen Quantitäten, dass es, wie ich höre, dem Professor Horsford jährlich ein Vermögen einbringt.«

Auch Liebig schlug vor, statt Hefe ein Backpulver zu verwenden und experimentierte über mehrere Monate mit Horsfords

Abb. 52 Liebig in seinem Arbeitszimmer in München

Backpulver. Angeregt wurde er dazu einerseits durch den wirtschaftlichen Erfolg seines Schülers, andererseits durch die Nachrichten über eine Hungersnot in Ostpreußen (1868). Über seine Vorstellungen veröffentlichte Liebig auch zwei Beiträge in der Augsburger Allgemeinen Zeitung. Über acht Monate experimentierte Liebig selbst mit Horsfords Backpulver. Er stellte Mischungen aus sauren Calcium- und Magnesiumphosphaten zusammen mit Natriumhydrogencarbonat her und prüfte deren Wirkung auf den Backprozess – auf die Lockerung des Teiges und der Ausbildung von Poren im Ofen infolge der Bildung von Kohlenstoffdioxid. Liebig bevorzugte Vollkornbrot wegen seiner ernährungsphysiologischen Vollwertigkeit im Unterschied zum Weißbrot, das in den Kleinbürger- und auch Arbeiterkreisen zu seiner Zeit vor allem geschätzt wurde. Diese Kreise wählten das feiner ausgemahlene Mehl der »Bessergestellten« – auch weil es zu einem weicheren Stuhlgang beitrug. In der Augsburger Allgemeinen Zeitung (Nr. 6 und Nr. 11/1868) hatte Liebig jedoch dargelegt, das Mehl erheblich an Nährwert – nämlich an Mineralstoffen verliert –, wenn es feiner ausgemahlen wird. Liebig schlug auch vor, anstelle von Natriumhydrogencarbonat das entsprechende Kaliumsalz zu verwenden, da dem Weißmehl eher Kalium- als Natriumsalze fehlten. Schon 1864 hatte sich jedoch sein ehemaliger Schüler die Verwendung von Kaliumbi(hydrogen)carbonat patentieren las-

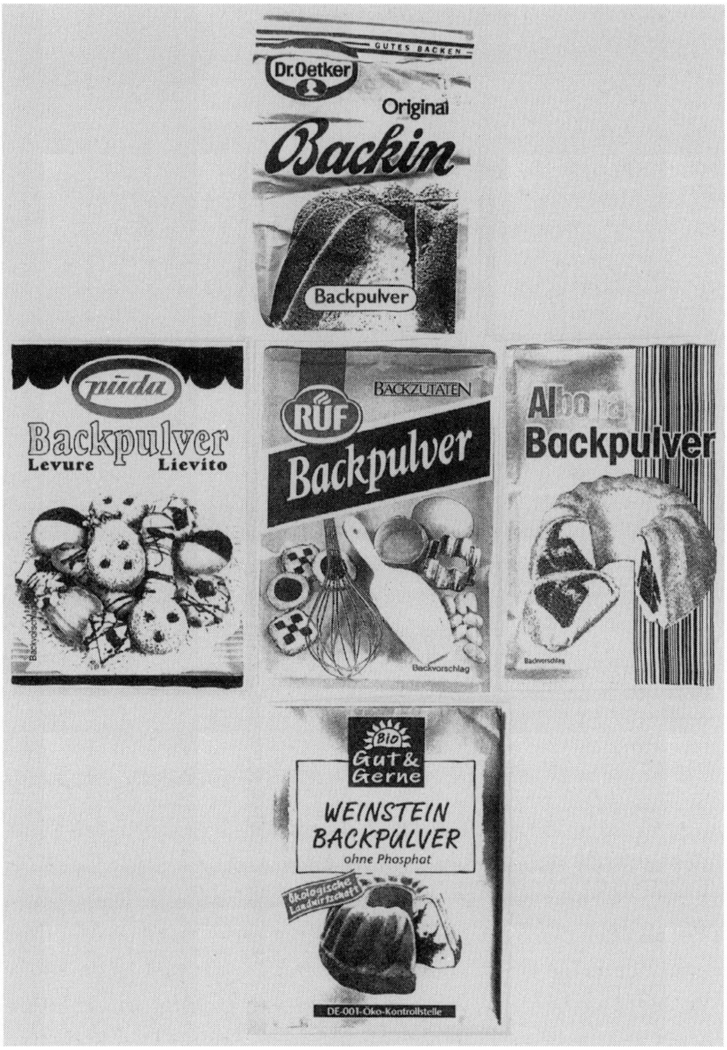

Abb. 53 Backpulver heute – mit oder ohne Phosphat

sen. In Staßfurt waren damals riesige Kalilagerstätten entdeckt worden. Und Liebig empfahl, beim Mischen des Teiges das billigere Kaliumchlorid anstelle von Kochsalz einzusetzen.

In seinen populären Abendvorträgen in München ging Liebig auch auf das Backen von Semmeln ein. Er stellte das »selbst-gehende Mehl« seines ehemaligen Schülers Horsford vor, das die Hausfrauen in Amerika sofort angenommen hätten. Sein Ziel war es, eine Herstellung von Brot in industriellem Maßstab durch dieses neue Backmittel zu erreichen. Drei oder vier Männer könnten mit nur einem Ofen und einer Knetmaschine täglich Hunderte von Brotlaiben backen.

Abb. 54 Werbung für Liebigs Backpulver

Liebig veranlasste zwei seiner früheren Schüler, Ludwig Clamor Marquart (1804–1881) und Carl Zimmer, die in Bonn bzw. Mannheim chemische Fabriken gegründet hatten, Backpulver herzustellen, das mit dem Hinweis »Hergestellt nach den speziellen Richtlinien von Baron von Liebig« 1869 auf den Markt kam. Im Unterschied zu den Erfolgen in den USA konnte sich Backpulver in Deutschland jedoch noch nicht durchsetzen. Der Kleinhandelspreis für Backpulver war höher als der für Hefe. Erst wenn das häusliche Brotbacken durch industrielle Bäckereien ersetzt würde, könnten auch wirtschaftliche Erfolge erzielt werden – so Liebigs Meinung. Im Gegensatz zu den Vereinigten Staaten von Amerika und auch England war der Absatz des Backpulvers in Deutschland gering. Die beiden Liebig-Schüler stellten die Produktion daher 1870 bzw. 1872 wieder ein – der finanzielle Erfolg auch für Liebig blieb aus.

In Hannover wurde 1869 Backpulver nach Justus von Liebig von der »Fabrik chemischer Produkte und Farbewaaren Hartmann & Hauers«, Holzmarkt 4, im »Wochenblatt für Handel und Gewerbe« für Bäcker angeboten: »Backpulver, welches beim Backen als Ersatz der Hefe oder des Sauerteiges dient, den Nährwert des Brotes beträchtlich vermehrt und stets unverändert aufbewahrt werden kann«. 1877 kam auch Backpulver für den Hausgebrauch auf den Markt. Albert Eduard Meine und Georg Heinrich Ferdinand Liebig (geb. 1848) ein Neffe des Chemikers, Sohn des jüngsten Bruders Georg Karl

(1818–1870; Bürger und Apotheker in Darmstadt) gliederten ihrer 1872 gegründeten Drogerie eine Back- und Puddingpulverfabrik an. Anfang der 1880er Jahre benannten sie ihre Firma aus Marketinggründen in »Liebigs Manufactory von Meine & Liebig« um. Gegenüber der Marktkirche ist an einem Haus in Hannovers Altstadt noch heute der Name Liebig zu entdecken. 1891 gründete der Apothekenbesitzer August Adolph Oetker (1862–1918) in Bielfeld sein bis heute bestehendes Unternehmen. Er hatte aufgrund eigener Versuche ein Backpulver entwickelt, das er Backin nannte – und das im Unterschied zu Liebigs Backpulver Stärke als Trennmittel enthielt.

In »Johnstons Chemie des täglichen Lebens« (2. Aufl., neu bearbeitet von Dr. Fr. Dornblüth, Stuttgart 1887) ist zu lesen:

»Um die Säuerung und den durch die Gärung bewirkten Verlust an Stärke und Zucker zu vermeiden, wird auch Brot ohne Hefe und Sauerteig bereitet. Dahin gehört das *Graham*-Brot aus geschrotenem Weizen oder Roggen und Maisschrot. Es ist dicht, aber nicht frei von Poren, da der Wasserdampf den Teig noch etwas lockert. Von manchen nicht recht kräftigen Verdauungswerkzeuge soll es besser vertragen werden als das gewöhnliche Schwarzbrot, wahrscheinlich weil ihm jede Säure fehlt.

Das *Horsford-Liebig*'sche Brot wird ebenfalls ohne Gärung durch Entwicklung der Kohlensäure aus mineralischen Substanzen aufgelockert. Das zu diesem Zwecke dem Mehlteige in bestimmten Verhältnissen beigemengte *Horsford-Liebig*'sche Backpulver (an verschiedenen Orten fabrikmäßig angefertigt und wohl in den meisten Apotheken käuflich) besteht aus phosphorsaurem Kalk und doppeltkohlensaurem Natron nebst Chloralkalien: beim Erwärmen wird durch Zersetzung ein Teil der Kohlensäure frei und lockert das Brot gleich Hefenbrot, von dem es sich auch im Geschmack nicht unterscheidet. Sein Nährwert steht wegen mangelhafter Ausnutzung hinter Weizenbrot und selbst hinter Münchner Schwarzbrot zurück, übertrifft aber den Pumpernickel.

Statt dieses Backpulvers kommt auch ein anderes unter dem Namen *Schnellhefe* in den Handel, welches aus doppeltkohlensaurem Natron 33 %, Weinsteinsäure 19,7 %, Weizen- und Reisstärke 47,3 % besteht, wo die Weinsteinsäure wie in dem gewöhnlichen Brausepulver die Kohlensäure frei macht.«

Literatur

Kennwort Brot, ein Brot Lexikon, Herausgeber Centrale Getreide Marketing-Gesellschaft der deutschen Agrarwirtschaft mbH (CMA Deutschland), Bonn o.J.

Verbraucherzentrale Schleswig-Holstein e.V. (Hrsg.): Im Brot ist nicht nur Mehl allein. Die häufigsten Zutaten in Backmitteln für Brot und Brötchen, Kiel 1997

Günter Vollmer und Günter Josst, Dieter Schenker, Wolfgang Sturm und Norbert Vreden: Lebensmittelführer, Band 1, G. Thieme, Stuttgart/New York 1990

Georg Schwedt: Taschenatlas der Lebensmittelchemie, Wiley-VCH/Thieme, Stuttgart/Weinheim 1999

Georg Schwedt: Liebig und seine Schüler – die neue Schule der Chemie, Springer-Verlag, Berlin/Heidelberg 2002

Georg Schwedt: Experimente mit Supermarktprodukten. Eine chemische Warenkunde, Wiley-VCH, Weinheim, 2. Aufl. 2003

Georg Schwedt: Noch mehr Experimente mit Supermarktprodukten. Das Periodensystem als Wegweiser, Wiley-VCH, Weinheim 2003

Claudia Adrario: ›TA‹ Getreide und Brot im Alten Ägypten mit Fotografien aus dem heutigen Ägypten von Rudolf R. Gebhardt, Deutsches Brotmuseum Ulm 2002

7. Bausteine des Lebens – Experimente mit Kalk und Naturfarbstoffen

Fuhlrott-Museum & Forschungsinstitut
– Naturkundemuseum für das Rheinland,
Auer Schulstraße 20, D-42103 Wuppertal
Tel.: 0202/563-2618,
www.fuhlrott-museum.de,
E-Mail: Fuhlrott-museum@t-online.de

Fuhlrott
Museum

Dauerausstellungen:

Die ewig Verdammten. Wissenswertes aus der Welt der Amphibien und Reptilien – Die wahren Herrscher. Wissenswertes aus der Welt der Wirbellosen – Das andere Nepal – Johann Carl Fuhlrott. Der Entdecker des Neanderthalers

Zusätzliche Ausstellungsschwerpunkte: Fossilien und Mineralien der Region und des Landes. Ein Gang durch die Erdgeschichte. Natur- und Lebensräume des Rheinlandes – Kalkgewinnung einst und heute. Führungen durch den historischen Kalktrichterofen.

Das Publikumslabor – praktische Versuche zur Molekularbiologie sowie Untersuchungen an Pflanzen, Tieren und anderen Naturobjekten.

Aus der Geschichte des Museums

Das Museum wurde nach dem Entdecker des Neanderthalers, des *Homo sapiens neanderthalensis*, Johann Carl Fuhlrott (1803–1877), benannt, der 1846 den »Naturwissenschaftlichen Verein« für Elberfeld und Barmen (Wuppertal) gründete. Eröffnet wurde es 1892 mit einer Ausstellung naturkundlicher Objekte in der Friedrich-Wilhelm-Schule in der Distelbeckerstraße. An Sonntagen konnten die Sammlungen überwiegend einheimischer Tiere und Pflanzen auf acht Tischen und in sieben Schränken für zwei Stunden der Öffentlichkeit zugänglich gemacht werden. 1938 schlossen sich die naturwissenschaftlichen Vereine Elberfeld und Barmen zusammen, die Ausstellung gelangte nach Barmen in das ehemalige Lyceum in der Höhne. Im Zweiten Weltkrieg wurden die Sammlungen durch einen Bombenangriff 1943 zu einem großen Teil vernichtet. Erst 1967 wurden nach einem Neuaufbau der Sammlungen durch Prof. Hirsch mit den Schwerpunkten Mineralogie, Petrographie,

Lagerstättenkunde, Paläontologie und Ornithologie die ersten Ausstellungsräume wieder als Naturwissenschaftliches und Stadthistorisches Museum eröffnet. Das neue Museum verstand sich als Lehr- und Forschungsinstitut. 1973 wurde das Museum unter dem heutigen Namen mit einer Erweiterung der Ausstellungsfläche im Zusammenhang mit der Fertigstellung des Neubaus der Volkshochschule eingeweiht. Die Ausstellungen wurden durch insektenkundliche, allgemeinbiologische und umwelttechnische Inhalte erweitert. 1978 zog die Abteilung Stadtgeschichte um, wodurch sich die Ausstellungsfläche um 450 m^2 vergrößerte. Ab 1997 kamen in die modernisierten Räume neue Daueraustellungen hinzu, so auch zu »J.C. Fuhlrott – Lehrer und Forscher in Elberfeld«.

Fuhlrott – der Entdecker des Neanderthalers

Johann Carl Fuhlrott stammt aus dem Eichsfeld (geboren in Leinefelde), besuchte das Gymnasium in Heiligenstadt und begann nach dem Abitur 1824 ein Theologiestudium in Bonn. 1825 wechselte er zu den Naturwissenschaften und der Mathematik und legte 1828 die Prüfung für das höhere Lehramt ab. 1830 wurde er Lehrer an der Realschule in Elberfeld, 1835 promovierte er an der Universität Tübingen.

Zwanzig Jahre später (1856) entdeckte man bei Steinbrucharbeiten im Neanderthal (benannt nach dem Kirchenliedschreiber Joachim Neander (1650–1680)) in einem Talabschnitt der Düssel bei Mettmann ein menschliches Skelett, das Fuhlrott als fossiles Skelett eines Frühmenschen identifizierte: »Die Knochen dieses ursprünglichen Neanderthalfundes stammen von einem kräftig gebauten ca. 1,60 m großen Mann mit verheilten Schädelverletzungen und einer bereits in der Jugend erlittenen Verwundung am linken Arm, die zur Verkürzung der Elle und einer Knochenwucherung am Gelenk führte.« (Fuhlrott-Museum) Diese Frühform des *Homo sapiens* existierte zwischen 300 000 und 40 000 v. Chr. in weiten Teilen der Alten Welt. Er lebte vor allem in der Tundra als Jäger und Sammler. Die Hypothese vieler Anthropologen, dass es sich bei dem Neanderthaler um eine ausgestorbene Seitenlinie der Menschheit handelte, wird seit 1997 durch DNA-Analysen (DNA aus dem Knochen eines Neanderthalers) gestützt.

1862 wurde Fuhlrott Schul-Professor an der Realschule in Elberfeld.

7.1 Kalk als Baustein des Lebens

Vom lateinischen Wort *calx* abgeleitet bezeichnet Kalk chemisch das *Calciumcarbonat*. Kalke (Kalksteine) gehören zu den Sedimentgesteinen, speziell zu den Carbonatgesteinen, und sind überwiegend organogenen Ursprungs. In der Geologie unterscheidet man zwei Calciumcarbonat-Minerale: den rhombischen Aragonit und den trigonalen Calcit (Kalkspat). Calcite werden nach ihrem Magnesiumcarbonatgehalt in Mg-arm und Mg-reich (zwischen 11 und 19 % an Magnesiumcarbonat) eingeteilt. Dolomit besteht aus Calcium- und Magnesiumcarbonat (Doppelcarbonat), das selten durch direkte Ausfällung, sondern vielmehr durch Verdrängung von Calcium durch Magnesium (als Dolomitisierung bezeichnet – während der Früh- oder erst in der Spätdiagenese gebildet) entstanden ist. Skelette der verschiedensten Organismen können sogar aus mehreren dieser Mineralien bestehen. Zu unterscheiden sind somit chemische und biogene Kalkbildungen.

Mit dem Trivialnamen Kalk werden verschiedene Calciumverbindungen bezeichnet. Als Baustein des Lebens kommen sie in den *Kalkalgen*, in den Schalen von *Muscheln* und *Schnecken*, in *Eierschalen*, als Gerüstsubstanzen im weitesten Sinne (Skelette) z.B. von *Seeigeln* und – vielleicht in ihrer vollkommenster oder schönster Form – als *Korallenriffe* vor.

Riffe (Felsenbänke) bestehen aus ungeschichteten Kalkskeletten, vor allem von Korallen (Korallenkalk). Hinzu kommen bei fossilen Riffen Versteinerungsreste anderer Lebewesen, von Kalkalgen, Schnecken, Muscheln, Krebsen, Seeigeln und Foraminiferen. *Foraminiferen*, auch Kammerlinge genannt, sind marine Urtierchen, die schon seit dem Erdzeitalter des Kambriums (vor 500 bis 600 Millionen Jahren) bekannt sind. Diese Urtierchen weisen von 20 µm bis über 10 cm große, vielgestaltige Kalkschalen auf, die meist von Poren durchzogen sind. *Korallen*, Blumentiere genannt, bilden eine formenreiche Gruppe meeresbewohnender Nesseltiere (mit bis zu 1,5 m Durchmesser, über 4800 Arten). Die meist festsitzenden zylinderförmigen Tiere bilden häufig Tierstöcke, sogenannte Korallenstöcke. Von ihnen scheiden viele Spezies chitinartige, hornartige oder kalkige Außenskelette aus – die Grundlage für Korallenbauten, für Riffe.

In fast allen geologischen Zeitaltern unserer Erde haben sich immer wieder in flachen Meeren und an den Rändern von Meeren Kalkschichten bis zu Mächtigkeiten von mehreren 100 m gebildet. Viele Meerestiere (s.o.) besitzen Kalkschalen und -gerüste, die sich nach dem Tod der Tiere ebenfalls als Kalkschichten ablagern. Die weiße Kreide auf Rügen besteht aus solchen sehr kleinen Kalkgehäusen. Die dicken Kalkschichten im Rheinischen Schiefergebirge und im Schwäbisch-Fränkischen Jura sind in unterschiedlichen Erdzeitaltern entstanden. Das letzte Drittel des Erdmittelalters wird auch als Kreidezeit bezeichnet.

Das *Besondere im Verhalten des Kalkes* besteht darin, dass Calciumcarbonat einerseits eine in Wasser schwerlösliche Verbindung des Calciums darstellt, andererseits von Wasser und Kohlensäure (Kohlenstoffdioxid) gelöst wird und dann erneut auskristallisieren und ausfallen kann. Das chemische Gleichgewicht dafür in Formeln lautet:

$$CaCO_3\downarrow + CO_2 + H_2O \rightleftarrows Ca^{2+} + 2\,HCO_3^-$$

(Calciumcarbonat als feste Substanz löst sich in Wasser mit Kohlenstoffdioxid unter Bildung von Calcium- und Hydrogencarbonat-Ionen – s. Experiment 6.)

Mit dem Begriff *Kalk* verbunden sind weiterhin z.B.:

- Kalkböden: Böden auf Kalkstein mit mehr als 40 % an Calciumcarbonat,
- Kalkdrüsen: Einige Oligochaeten (z.B. Regenwürmer) besitzen an beiden Seiten der Speiseröhre vorkommende Drüsen, die Calciumcarbonat absondern, das zusammen mit dem Kot über den Darm ausgeschieden wird. Auch die Schaldendrüsen der Weichtiere sowie der Reptilien und Vögel können als Kalkdrüsen bezeichnet werden.
- Kalkpflanzen: Als Kalkzeiger werden diejenigen Pflanzen genannt, die ausschließlich auf Kalkböden (s.o.) vorkommen. Pflanzenphysiologisch spielt hier weniger

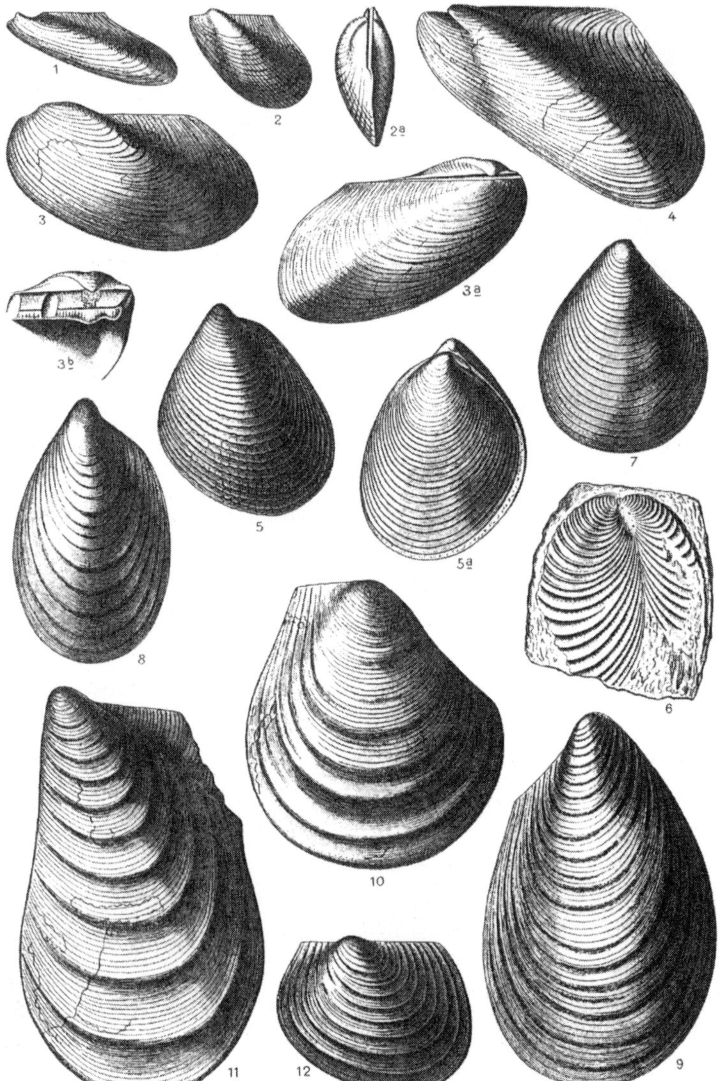

Abb. 55 Verschiedene Formen von Muscheln – als Versteinerungen im Kalkgestein
(aus: E. Fraas, Der Petrefaktensammler, Stuttgart 1910)

der Kalkgehalt als dessen Funktion zur Regulierung von pH-Wert und anderen physikalisch-chemischen Eigenschaften des Bodens eine Rolle.

– Kalkschwämme (Calcarea): Diese, in etwa 50 Arten rein marin vorkommenden Schwämme (es gibt auch einige Süßwasserarten) sind sehr klein (1 bis 15 cm) und haben ein Skelett, das fast immer aus einzeln im Gewebe liegenden Kalknadeln (Skleriten) besteht.

Bis in unsere Zeit hat sich das Calciumcarbonat in sehr verschiedenen Formen, zum Teil auch als Beimengungen sowie Verunreinigungen an anderen Elementen in Form von Oxiden oder Carbonaten (Eisen, Aluminium, Silicium u.a.) abgeschieden – man unterscheidet daher auch zwischen Kalkmineralien mit ausgeprägten Kristallformen und den Kalksteinen. Kalkmineralien können sowohl nebeneinander vorkommen als sich auch ineinander umwandeln.

Ein typisches Kalkmineral ist z. B. der Kalkspat (*Calcit*) – im Allgemeinen farblos, durch Beimengungen auch grau, gelb, rot oder braun gefärbt. In Deutschland befinden sich Lagerstätten von Calcit in Nordrhein-Westfalen bei Brilon und im Hennetal. Sehr schöne Kristalle wurden z. B. in St. Andreasberg im Harz, in Freiberg in Sachsen, in Idar-Oberstein und häufig auch in alpinen Regionen in Klüften gefunden. Eine Abart des Calcits ist der völlig durchsichtige *Doppelspat*, durch den Lichtstrahlen zweimal gebrochen werden, eine Eigenschaft, die in optischen Geräten genutzt wird.

Eine andere Kristallform des Calciumcarbonats wird *Aragonit* (nach dem Fundort Aragon in Spanien) genannt. Unter den Bedingungen an der Erdoberfläche wird Calciumcarbonat meist in dieser Form gebildet: Aragonit lässt sich bei 400 °C in den Kalkspat umwandeln. Unter hohen Drücken, wie sie im Erdinnern herrschen, geht der Kalkspat in Aragonit über (chemisch-petrographisch). Perlen, Perlmutter sowie die Korallen der Südsee sind aus Aragonit gebildet (biogen – ohne Druck- und Temperaturabhängigkeit). Diese Kristallform kommt auch in Gallensteinen vor.

Kalksteine werden je nach der Art ihrer Entstehung benannt: Beispiele für Kalksteine, als nichtkristalline Formen des Calciumcarbonats, sind *Kalkschiefer* (Plattenkalke), *Marmor Kreide und Tropfsteine*. *Juragesteine* bestehen aus Kalksteinen, in reiner Form im Weißen Jura. Im Braunen Jura sind Eisen(III)oxi-

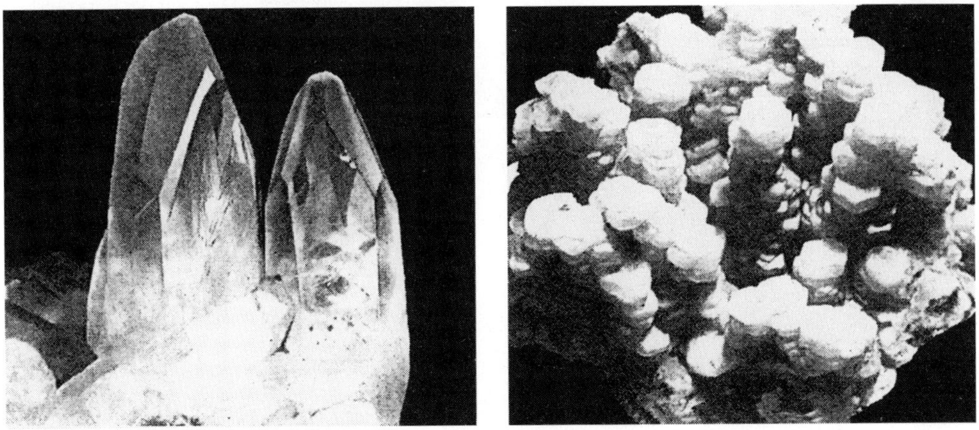

Abb. 56 Verschiedene Formen des Calcits (Kalkspats) – Fundorte links: Cumberland, rechts: St. Andreasberg/Harz

de als Beimengungen enthalten (z.B. in Lothringen). Grauschwarze oder bläuliche Farbschattierungen treten dann auf, wenn geringe Mengen an zersetzter organischer Substanz als Bitumen, z.B. im Schwarzen Jura oder auch im Muschelkalk, vorliegen.

Marmor (von griech. marmaros, eigentlich Felsblock, gebrochener Stein) ist ein schleif- und polierbarer Kalkstein. Neben dem seit der Antike bekannten, noch heute weltberühmten Marmor aus Carrara in Oberitalien gibt es weitere gute Marmorsorten am Untersberg in Berchtesgaden, in der Steiermark und in Tirol, auf einigen griechischen Inseln, in Brasilien, Spanien, Portugal, der Türkei, in Indien und in Süd-Korea. Gute Marmorsorten erkennt man daran, dass sie nach dem Glühen mehr als 55 % an Calciumoxid enthalten.

Kalkschiefer (Plattenkalke) finden wir z.B. als Solnhofer Platten, die auch wegen ihrer Versteinerungen von Pflanzen und Tieren berühmt sind.

Abb. 57 Liebig-Werbe(Sammel)bilder zum Thema Marmor (um 1900)
Text auf der Rückseite: »Marmor als Bildhauerstein. Marmor findet sich am meisten in Griechenland und Italien, besonders zu Carrara. Wegen seiner vielfarbigen Arten und ausserordentlichen Bearbeitungs- und Polirfähigkeit spielt er eine grosse Rolle in der Baukunst bei Ausschmückung und Bekleidung von Prachträumen. Für die plastische Kunst kommt überwiegend der weiße Marmor in Betracht.«

Kreide ist aus den Kalkschalen niederer Meerestiere und anderer Kleinlebewesen entstanden. Im Unterschied zu den bisher beschriebenen dichten Kalksteinen färben Kreiden ab und werden daher auch als Schreibkreide verwendet.

Das Doppelcarbonat *Dolomit* aus Calcium- und Magnesiumcarbonat ist nicht nur Hauptbestandteil in den Alpen (Dolomiten: Teil der südlichen Kalkalpen), sondern ist auch das häufigste Gestein in den Nähe von Aachen, von Trier, im Weserbergland, im Sauerland und im Bergischen Land.

Gemenge aus Ton und Kalkstein in Form unserer Böden werden als *Mergel* bezeichnet. *Kalktuff* schließlich ist ein poröser, sehr leichter, von Löchern durchzogener Kalkstein, der durch Abscheidung von Kalk aus kohlensäurehaltigem Wasser entstanden und auch oft als *Kalksinter* bezeichnet wird. Er bildet sich aus stark kalkhaltigem fließendem Wasser infolge des raschen Entweichens von Kohlenstoffdioxid vor allem an Quellen (durch Erwärmung und Druckentlastung). Viele römische Bauwerke wurden aus Kalktuff errichtet, z.B. aus den festen Travertinen bei Tivoli am Tiber. Auch in Deutschland finden wir, z.B. in Stuttgart-Bad Cannstatt, bis zu 20 m mächtige Kalktuffe. (nach G. Schwedt: Chemischen Elementen auf der Spur, Kosmos, Stuttgart, 1985)

In Höhlen führt der zur Entstehung von Kalktuff beschriebene Vorgang zur Bildung von *Tropfsteinen*, den *Stalagmiten* und *Stalaktiten*. Diese eiszapfenähnlichen oder säulenförmigen Gebilde bestehen vorwiegend aus Calcit. Wenn in Höhlen Wasser, in dem hohe Gehalte an Calciumhydrogencarbonat vorhanden sind, aus dem Gestein in einen lufterfüllten Raum austritt, so wird das so genannte Kalk-Kohlensäure-Gleichgewicht (s.o.) durch die Druck- und Temperaturänderungen gestört – und als Folge davon bildet sich das schwer lösliche Calciumcarbonat, an der Stelle des abtropfenden Wassers als Stalaktiten (griech. stalaktós: tröpfelnd), am Boden als Stalagmiten (griech. st lagma: Tropfen).

Die Baumanns- und die Hermannshöhle, 1536 bzw. 1866 entdeckt, in Rübeland (Unterharz in Sachsen-Anhalt) gehören zu den schönsten Tropfsteinhöhlen in Mitteleuropa (konstante Temperatur 8 °C), die schon im 19. Jahrhundert u.a. von berühmten Dichtern wie Johann Wolfgang Goethe, Heinrich Heine und Joseph von Eichendorff besucht wurden. Am 13. September 1805 besuchte *Joseph von Eichendorff* (1788–1857), der spätere Dichter der Romantik, in jungen Jahren auf seiner Wanderung von Elbingerode kommend Rübeland und seine Höhlen. Er berichtete darüber im »Tagebuch der Harzreise« u.a.:

»... bald erreichten wir das romantische Gebirgsdörfchen: *Rübeland*, wo wir ... eine Bergmannskleidung umwarfen und von einem Bergmann geleitet, die *Baumannshöhle* besuchten. Als wir in der Eingangsgrotte angekommen waren, hielt unser Führer einen kleinen versifizierten Prolog, gab uns jedem eine brennende Lampe in die Hand, und so ging es mit einem: ›Glück auf‹ in die Unterwelt hinab. Ein heiliger Schauer ergriff uns, als wir den Tag immer mehr und mehr entdämmern sahen. Bald rasselte eine kleine Türe, und wir sahen uns in der ersten Höhle. Mit frommer Ehrfurcht traten wir hinein in die tiefe öde Nacht dieses ungeheueren Gewölbes. Schauerliche Stille wohnt in dem lichtleeren Raume, nur das monotone Geräusch von der Decke herabfallender Trop-

fen, die sich zu Tropfstein bilden, tönt wie Geisterlispeln dazwischen. An den feuchten Tropfsteinwänden spielt der Schein der Lampen blitzend auf und ab und fast bei jedem Schritte überraschen den staunenden Wanderer menschenähnliche Gespenstergestalten, welche sich Jahrhunderte lang aus dem herabträufelnden Tropfsteinregen bildeten: z.B. der Bischof, die betende Nonne, de Burg, die klingende Säule etc. Mit großer Mühe, ja fast mit Lebensgefahr durchkletterten wird die unterirdischen Gemächer, aus denen die *Baumannshöhle* besteht, auf schwebenden Leitern und auf schmalen Pfaden, die oft nur eine Spanne von unermesslich schwarzen Schlünden entfernt sind, und schöpften freier Atem, als wir endlich das Tageslicht wieder begrüßten.«
(aus: Georg Schwedt, Literarische Harzreise, Fackelträger-Verlag, Hannover, 1998)

Der Aufbau von Tropfsteinen, welche die beschriebene bizarre Gestalt annehmen können, in konzentrischen, radialstrahligen Formen (ähnlich wie die Jahresringe von Bäumen) spiegelt die unterschiedlichen Bildungsgeschwindigkeiten wieder – mit 0,04 bis 100 mm im Jahr.

Goethe hat die Baumannshöhle auf allen drei Harzreisen besucht: Zum ersten Mal kam er aus Elbingerode am 1. und auch am 2. Dezember 1777 nach Rübeland. Er beschrieb seine Besuche ausführlich in dem Bericht in der autobiografischen Schrift »Campagne in Frankreich 1792«. Bei diesen Besuchen hat Goethe auch selbst die Baumannshöhle, den Eingang, gezeichnet. Am 12. September 1783 kam Goethe zusammen mit Fritz von Stein wieder in die Höhle. Er berichtete darüber an Frau von Stein. 1784 schließlich ließ Goethe die Baumannshöhle, wahrscheinlich am 11. September, auch von Georg Melchior Kraus zeichnen.

Abb. 58 J. W. v. Goethe um 1810
Kupferstich von C. E. Ch. Hess (1755–1828) nach einem Gemälde von F. G. von Kügelgen (1772–1820)

Experiment 1 ***Goethes* Experiment mit Kalk und Schwefelsäure im Roman *Die Wahlverwandtschaften***

Materialien

Weinglas, *Reagenzien*: Calciumcarbonat, 2 mol/l Schwefelsäure

Durchführung

Der Goethezeit entsprechend wird in einem Weinglas ein Teelöffel voll Calciumcarbonat (gepulvert) zu einem Drittel des Glases mit verdünnter Schwefelsäure übergossen.

Beobachtungen

Der Inhalt des Glases schäumt auf, es bilden sich Gasblasen und nach und nach setzt sich aus der milchig-trüben Flüssigkeit ein weißer Niederschlag ab. Die darüber stehende Lösung wird klar.

Erläuterungen

Es handelt sich um die einfache Umsetzung von Calciumcarbonat mit Schwefelsäure zu Calciumsulfat (Gips) unter Freisetzung von Kohlenstoffdioxid:

$$CaCO_3 + H_2SO_4 \rightarrow CaSO_4\downarrow + H_2O + CO_2\uparrow$$

Goethe hat dieser einfachen chemischen Umsetzung in seinem Roman »Die Wahlverwandtschaften« ein literarisches Denkmal gesetzt. Goethe umschreibt den Begriff »Wahlverwandtschaften« wie folgt:

Diejenigen Naturen, die sich beim Zusammentreffen einander schnell ergreifen und wechselseitig bestimmen, nennen wir verwandt. An den Alkalien und Säuren, die, obgleich einander entgegengesetzt und vielleicht eben deswegen, weil sie einander entgegengesetzt sind, sich am entschiedensten suchen und fassen, sich modifizieren und zusammen einen neuen Körper bilden, ist diese Verwandtschaft auffallend genug. Gedenken wir nur des Kalks, der zu allen Säuren eine große Neigung, eine entschiedene Vereinigungslust äußert ...

Und etwas später wird dieses Experiment von einer der handelnden Personen des Romans auch mit folgenden Sätzen beschrieben:

So schließen wir uns denn gleich, sagte der Hauptmann, an dasjenige wieder an, was wir oben schon benannt und besprochen haben. Zum Beispiel was wir Kalkstein nennen, ist eine mehr oder weniger reine Kalkerde, innig mit einer zarten Säure verbunden, die uns in Luftform bekannt geworden ist. Bringt man ein Stück solchen Steines in verdünnte Schwefelsäure, so ergreift diese den Kalk und erscheint mit ihm als Gips; jene zarte luftige Säure hingegen entflieht. Hier ist eine Trennung, eine neue Zusammensetzung entstanden, und man glaubt sich nunmehr berechtigt, so-

gar das Wort Wahlverwandtschaft anzuwenden, weil es wirklich aussieht, als wenn ein Verhältnis dem andern vorgezogen, eins vor dem andern erwählt würde.

Experiment 2 Die verschiedenen Formen des Kalks: Eierschale, Muschel, Perlmutt, Kreide, Marmor – Verhalten in Essigsäure

Materialien

Essigessenz, Wasserglas (für das Ei), Petrischale (für Muschel und Perlmutt), kleines Becherglas (für Kreide und Marmor), Flexcam-Kamera und Mikroskop mit Adapter für die Kamera (60fache Vergrößerung) sowie Monitor (Fernsehgerät oder Videobeamer)

Durchführung

Ein Hühnerei wird im Wasserglas in 5%ige Essigsäure gelegt. Ein Perlmuttknopf wird in der Petrischale unter dem Mikroskop (60fache Vergrößerung) mit Hilfe der Pipette mit Essigessenz versetzt, so dass vor allem ein Knopfloch mit der Säure gefüllt ist. Dieser Ausschnitt wird unter dem Mikroskop betrachtet (schwarzer Untergrund). Eine Muschel wird ebenfalls in der Petrischale mit Essigessenz gefüllt. Ein Stück Kreide oder Marmor wird mit Essigessenz beträufelt.

Beobachtungen

Unter Gasblasenbildung löst sich die Eierschale langsam auf. Am Rande des Perlmuttknopfloches ist unter dem Mikroskop eine Gasblasenbildung ebenso gut zu erkennen wie in der Muschelschale – die Oberflächen verändern sich während dieses Vorganges. Auf der Kreide oder dem Marmorstück bilden sich Gasblasen und es entstehen Poren.

Erläuterungen

Bei allen Produkten handelt es sich um die Reaktion zwischen Calciumcarbonat und der Essigsäure, bei der Kohlenstoffdioxid in Form von Gasblasen sichtbar wird. Die natürlichen Strukturen werden zerstört (Eierschale) bzw. angegriffen.

Mit *Perlmutt(er)* werden die Innenschichten der Schalen einiger Meeresmuscheln sowie die der Gehäuse einiger großer Meeresschnecken bezeichnet. Perlmutter sind ähnlich wie *Perlen* zusammengesetzt – sie bestehen etwa zu 96 % aus Calciumcarbonat (Aragonit, Calcit oder aus beidem), das durch 2–4 % organischer Bindemittel, Conchagene genannt, zusammengehalten wird. Bei der Conchagenen handelt es sich um eiweißartige Substanzen (lat.: concha = Muschel), die in ihrer Funktion dem Kollagen ähnlich sind, chemisch jedoch aus Chitin und Proteinen mit hohen Anteilen an sauren und Hydroxy-Aminosäuren (Asparaginsäure bzw. Serin) bestehen. Glanz und Farben entstehen an den dünnen (0,3 bis 0,5 µm) Aragonit-Schichten durch Reflexion und Interferenz des Lichtes. Perlmutt wird für Schmuckwaren, Knöpfe und Messerschalen verwendet.

Die *Eierschale* hat nur eine Dicke von 0,2 bis 0,4 mm. Sie ist von 7000 bis 17 000 trichterförmigen Poren durchzogen und besteht vor allem aus Calciumcarbonat neben geringen Mengen an Magnesiumcarbonat und Phosphaten. Auf der Kalkschale liegt eine Kutikula mit einer Schichtdicke von 5–10 µm.

Exkurs: Biomineralisation

Als *Mineralisation* (*Mineralisierung*) allgemein bezeichnet man in der Ökologie bei der Betrachtung des natürlichen Stoffkreislaufes den Abbau toter organischer Materie bis zu anorganischen Endprodukten. Daran beteiligt sind vor allem Mikroorganismen (saprotrophe Bakterien), die Destruenten genannt werden. Speziell unter dem Begriff *Biomineralisation* versteht man die Bildung von Mineralen durch Organismen – als Einlagerungen von Mineralstoffen in extrazelluläre Systeme. Die Kristallite werden dabei von den Zellen nach außen abgegeben. Zu diesen Vorgängen gehören die Bildung von Knochen, von Zähnen und auch von Muscheln- und Eierschalen.

Experiment 3 Gips und Schulkreide – Verhalten im Zitronensäurebad (Entkalker)

Materialien

Verschiedene Kreiden – weiß und farbig, »reine Citronensäure« als Kalklöser, Spülmittel, hohe 50-ml-Bechergläser

Durchführung

Der Boden eines Becherglases wird mit Kristallen der Citronensäure bedeckt. Dann fügt man ein kleines Stückchen einer Kreide hinzu und füllt das Glas bis zu 30 ml des Volumens mit Wasser und fügt abschließend noch zwei bis drei Tropfen eines Spülmittels hinzu. Durch Schwenken des Glases wird die Citronensäure gelöst.

Beobachtungen

Manche, nicht alle Kreiden weisen eine Gasentwicklung auf, die infolge der Anwesenheit eines Spülmittels zu einem mehrere Zentimeter hohen Schaum führt.

Erläuterungen

Besteht die Schreib- bzw. Malkreide überwiegend aus Calciumcarbonat, so löst sie sich in der Lösung der Citronensäure auf – wobei Kohlenstoffdioxid entsteht. In der Lösung mit Tensiden (Spülmittel) bildet sich dann ein Schaum.

In der weit verbreiteten »Allgemeinen Warenkunde zum Gebrauche für Handels- und Gewerbeschulen« von Anton Bisching (6. Aufl., Wien 1886) finden sich unter *Kreide. Schulkreide, weiße Kreide* folgende Informationen:

Abb. 59 Kreidefelsen auf Rügen – nach dem Gemälde von Caspar David Friedrich (1818)

Die Kreide ist eine weiße, gelbliche, gräuliche, zerreibliche, stark abfärbende Abänderung des Calcites oder Kalksteines. Sie besteht aus kohlensaurem Kalk, der mit Thon, Kieselsäure und Eisenoxyd mehr oder weniger vermengt ist.

Unter dem Begriff »Schulkreide« ist im »Römpp Chemie Lexikon« (9. Aufl., 1992) zu lesen:

»Schulkreide (Tafelkreide, Schreibkreide). Die S. besteht aus Gips, mit geringen Mengen eines Bindemittels, z.B. Stärke, Tylose, Celluloseglykolat u. dgl.; die farbigen Kreiden enthalten außerdem noch org. u. anorg. Pigmente. Früher wurde S. aus natürlichen Kreide-Vorkommen durch Zerschneiden der 'Kreide-Felsen' z. B. der Insel Rügen od. der Champagne gewonnen.«

In dieser Ausschließlichkeit, bezogen auf Gips, stimmen diesen Angaben nicht. Es gibt auch heute noch Schulkreide (echte Schreibkreide, als Schlämmkreide) aus überwiegend Calciumcarbonat (dünne runde Kreide z.B. der Marke ULMA). Unter dem Titel »Champagnerschäume« wurde dieses Experiment (in Sektkelchgläsern) von J. O. Först in der Zeitschrift »Chemie in unserer Zeit« (37. Jahrgang 2003, Nr. 1, S. 72) beschrieben.

Verwendet man anstelle der Citronensäure 2 mol/l Salpetersäure, so kann man als Rückstand auch einen eventuell vorhandenen Anteil an Eisenoxiden an der Braunfärbung erkennen.

Experiment 4 Betrachtungen unter dem Mikroskop: Kristallformen

Materialien

Reagenzien: Calciumchlorid-Lösung (20%ig), verdünnte Schwefelsäure (2 mol/)

Petrischale, Plastikpipette, Mikroskop mit Anschluss an flexible Videokamera (FlexCam) und Monitor (Beamer oder Fernsehgerät)

Durchführung

Der Boden einer Petrischale wird mit verdünnter Schwefelsäure bedeckt. Dann tropft man Calciumchlorid-Lösung hinzu.

Beobachtungen

Es bildet sich sofort ein feinkristalliner weißer Niederschlag. Die Kristalle weisen unter dem Mikroskop zu Büscheln vereinigte Nadeln auf.

Erläuterungen

Calciumchlorid (wasserfrei) löst sich bei zu 42,5 % (bei 20 °C) in Wasser. Calciumsulfat ist nur zu 0,199 % in Wasser löslich, so dass sich unter den beschriebenen Bedingungen ein intensiver Niederschlag an Calciumsulfat bildet. Bei verdünnteren Lösungen müssen häufig erst Kristallkeime entstehen, die man durch Reiben mit einem Glasstab an der Wandung des Gefäßes erzeugen kann.

Experiment 5 Calcium im Mineralwasser (Ausfällung mit Soda)

Materialien

Mineralwasser mit viel Calcium (auf dem Etikett deklariert), Natriumcarbonat (Soda)

Durchführung

In ein zur Hälfte mit Mineralwasser gefülltes Schnappdeckelglas wird in kleinen Portionen Natriumcarbonat gefüllt und durch Schwenken bzw. leichtes Schütteln gelöst.

Beobachtung

Es bildet sich eine weiße Trübung.

Erläuterung

Calciumcarbonat ist eine schwer lösliche Verbindung.

Experiment 6 Auflösung von Calciumcarbonat in Kohlensäure (Kalk-Kohlensäure-Gleichgewicht) – mit und ohne Indikator

Materialien

Kohlensäurehaltiges Wasser, Kalium-Brausetabletten (Kalinor®), Stilles Wasser (mit viel Calcium: Beispiel »Stilles Mineralwasser aus der Inesquelle. Quellort: Löhne« mit 469,0 mg/l Ca), Natriumcarbonat (Soda), Rotkohlsaft

Durchführung

Es wird zunächst nach Experiment 5 ein Niederschlag bzw. eine stark getrübte Suspension von Calciumcarbonat aus dem Stillen Mineralwasser erzeugt. Dann verteilt man die so vorbereitete Probe auf drei Schnappdeckelgläser. Dem einen Glas fügt man das gleiche Volumen an kohlensäurehaltigem Wasser hinzu. Im zweiten Glas wird ein kleines Stück (ein Viertel) einer Kalium-Brausetablette gelöst. Im dritten

Glas wiederholt man diesen Vorgang, nachdem man einige Tropfen der Rotkohllösung hinzugefügt hat.

Beobachtungen

Die stark getrübte Suspension verschwindet sowohl nach der Zugabe des kohlensäurehaltigen Mineralwassers als auch mit zunehmender Gasentwicklung aus der Kalium-Brausetablette. Die zunächst grüne Farbe nach der Zugabe von Natriumcarbonat verändert sich über Blau bis zum Rotviolett.

Erläuterungen

Das Experiment zeigt anschaulich das in der Natur sehr bedeutsame Kalk-Kohlensäure-Gleichgewicht:

$$CaCO_3 + H_2O + CO_2 \rightleftarrows 2\ HCO_3^- + Ca^{2+}$$

Das in Wasser schwer lösliche Calciumcarbonat löst sich infolge der Bildung von Hydrogencarbonat-Ionen aus den Carbonat-Ionen. Das dafür notwendige Kohlenstoffdioxid entsteht beim Auflösen der Kalium-Brausetablette (aus der Umsetzung von Kaliumhydrogencarbonat und Citronensäure bzw. als gelöst im kohlensäurehaltigen Mineralwasser vorhanden. Bei diesem Vorgang ändert sich der pH-Wert: vom sodaalkalischen (grüne Farbe des Rotkohlsaftes) bis in den schwach sauren Bereich infolge des Überschusses an Citronensäure (nach Rotviolett).

Experiment 7 Gebrannter Kalk (Vergleich mit Kalk)

Materialien

Reagenzien: Calciumcarbonat, Calciumoxid aus Marmor gepulvert (reizend)

Thermometer, hohe 50-ml-Bechergläser

Durchführung

Trockene 100-ml-Bechergläser werden jeweils bis zur 10-ml-Marke (ca. 1 cm hoch) mit Calciumcarbonat bzw. Calciumoxid gefüllt. Dann stellt man ein Thermometer hinein und gießt 20 ml dest. Wasser auf die Feststoffe. Unter Rühren mit dem Thermometer wird die Änderung der Temperatur geprüft.

Beobachtungen

Die Temperatur steigt beim Calciumoxid innerhalb von weniger als einer Minute um bis zu 30 °C über der Raum- bzw. Wassertemperatur an. Es entsteht eine milchige Suspension, auch Kalkmilch genannt. Beim Calciumcarbonat dagegen wird nach dem Zusatz von Wasser keine Temperaturänderung beobachtet.

Erläuterungen

Durch Erhitzen von Calciumcarbonat (»Kalkbrennen«) auf 900 bis 1000 °C erhält man Calciumoxid – »Ätzkalk« oder gebrannter Kalk genannt.

$$178{,}4\ kJ + CaCO_3 \rightarrow CaO + CO_2\uparrow$$

Bei der Umsetzung von Calciumoxid zum Calciumhydroxid, dem so genannten Kalklöschen, wird Energie in Form von Wärme frei:

$$CaO + H_2O \rightarrow Ca(OH)_2 + 65{,}19\ kJ$$

Aus den eingesetzten Mengen an Calciumoxid und Wasser lässt sich auch die zu erwartende Temperaturerhöhung berechnen.

Aus unreinen Kalksteinen (mit Beimengungen aus Tonerde, Kieselsäure bzw. Silikaten oder Eisenoxiden) entsteht beim Brennen bei zu hohen Temperaturen der so genannte *totgebrannte Kalk* – ein mit Wasser kaum noch reagierendes Produkt, das Calciumaluminate, -silikate und -ferrite als Sinterprodukte enthält.

Historischer Exkurs: Kalkbrennen bei den Römern und heute

In der Nähe von Bad Münstereifel, nördlich von Iversheim, wurde 1966 an der Bundesstraße 51 eine *römische Kalkbrennerei* entdeckt. Bei Ausgrabungen von 1966 bis 1968 auf Veranlassung des Rheinischen Landesmuseums in Bonn wurde eine umfangreiche Anlage aus sechs in einer Reihe angeordneten Kalköfen freigelegt, die ehemals von einer 30 m langen und 6 m breiten Werkhalle umschlossen worden war. Die birnenförmigen Brennöfen bestanden aus Grauwacke, waren mit Ton gemauert und z.T. 4 m tief, mit einem Durchmesser von 3 m.

Joachim von Elbe schreibt darüber in seinem Buch »Die Römer in Deutschland« (Orbis, München 1984):

»Einer der Öfen enthielt noch den in römischer Zeit fertiggebrannten, inzwischen seit langem durch die Bodenfeuchtigkeit verhärteten Kalk, ein Zeichen dafür, daß die Arbeiten plötzlich (...) abgebrochen werden mussten. Vor den Ofenschnauzen lagen kleine, fast quadratische, von dem Ausgräber als »Küchen« bezeichnete Schutzhütten für die Heizer. An die Brennanlage angeschlossen war ein Arbeits- und Wohnlager mit Unterkunfts- und z.T. farbig ausgemahlten Aufenthaltsräumen.«

Abb. 60 Die römische Kalkbrennerei bei Iversheim/Eifel (Ausgrabung 1968)

Anhand der Inschriften auf Weihesteinen am Ausgrabungsort geht Folgendes hervor:

Die Iversheimer Kalkbrennerei (heute zu besichtigen) war ein militärischer Betrieb und gehörte zu der in Vetera Castra (Birten bei Xanten) stationierten XXX. Legion Ulpia Victrix. Die Anlage stammt aus der Mitte des 2. Jahrhunderts und war etwa 150 Jahre lang bis um 300 n. Chr. in Betrieb – nach einem Frankenüberfall wurde sie damals aufgegeben. Zerkleinerter Dolomit wurde aus den Steinbrüchen oberhalb der offenen Werkhalle neben die Öfen geworfen. Der gebrannte Kalk wurde entweder auf der alten Römerstraße, der heutigen B 51, oder in Kähnen auf der einst breiteren und tieferen Erft bis zum Niederrhein transportiert. 1968 wurde von Fachleuten der Rheinisch-Westfälischen Kalkwerke AG »Arminia« in Dornap ein Brennversuch durchgeführt: »Ihr guter Erhaltungszustand ermöglichte es, in einem Brennversuch die Arbeitsweise der römischen Kalkbrenner nachzuvollziehen und die Produktionskapazität genau zu berechnen. Hierfür wurde der zweite Ofen repariert, mit Dolomit beschickt und gezündet. Die Versuchsauswertung ergab für die Brennerei eine Monatsproduktion von 200 t Stückkalk.« (Ilse Köster: Römische Kalkbrennerei, Faltblatt, Bad Münstereifel o. J. – ausführlich in: Walter Söter, Römische Kalkbrenner im Rheinland, Düsseldorf 1970) Bei diesem »originalgetreuen« Experiment in einem historischen Kalkbrennofen wurde mit einer »zunächst als seltsam empfundenen Anordnung des Feuerlochs [am Boden in der Höhe der Brennsohle – als »Schnauze« bezeichnet; G. S.] wurde unter geschickter Ausnutzung der Luftströmungen die notwendige Brenntemperatur von 1000 °C nicht nur erreicht, sondern sogar überschritten.« (Joachim von Elbe)

Der königliche Seminarlehrer Konrad Fuß beschrieb 1881 das *Kalkbrennen* wie folgt (in: Grundzüge der Chemie aus Versuchen entwickelt, 2. Aufl., Nürnberg):

»Zur Darstellung von gebranntem Kalk aus Kalksteinen.

Die natürlich vorkommenden Kalksteine bestehen aus kohlensaurem Calcium. Diese Mineralien zerfallen, wenn sie stark geglüht (gebrannt) werden, in Calciumoxyd CaO (gewöhnlich Kalk oder gebrannter Kalk genannt) und in Kohlensäure, CO_2. Zu diesem Glühen, Brennen, der Kalksteine benützt man Schachtöfen, oben offene, cylindrische

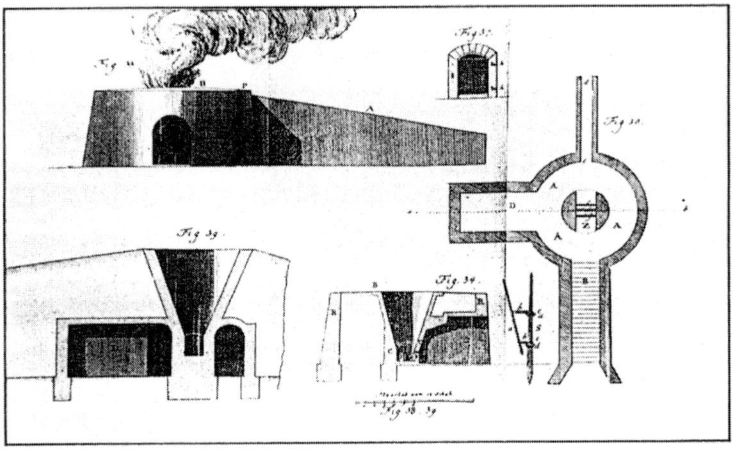

Abb. 61 Kalkbrennofen (aus: Fourcroy de Ramecourt, Art du chanfournier (1766) – deutsch: Die Kalkbrennerkunst (1768) im 7. Buch von »Schauplatz der Künste und Handwerker, Leipzig/Königsberg)

oder eiförmige, aus feuerfesten Backsteinen gemauerte Räume (Kalköfen). In solchen Öfen schichtet man nun gewöhnlich die Kalksteine so auf, dass unten eine Höhle freibleibt, die größeren Steine also eine Art Gewölbe bilden. Dieses Gewölbe hat die ganze Füllung des Ofens, die man von oben einträgt, zu tragen. Ist der Ofen gefüllt, so entzündet man in dem hohlen Raum ein starkes Feuer. Dieses schlägt durch die Kalksteine und bringt dieselben zum Glühen. Kalköfen anderer Einrichtung haben unten ein gemauertes Gewölbe für das Feuer, die Flamme desselben kann durch Öffnungen, die sich in dem Gewölbe befinden, schlagen. Es kommt auch zuweilen vor, daß man die Kalksteine mit dem Brennmaterial schichtenweise einträgt. In dem einen wie in dem anderen Fall läßt man die Öfen nach dem Brennen erkalten, um den Kalk auszuziehen; daher nennt man solche Öfen: Öfen mit unterbrochenem Brande, periodische Öfen. Es gibt jedoch auch Öfen, in denen das Brennen ununterbrochen fortgeht, sogenannte continuierliche Öfen. Bei diesen erhitzt man die Kalksteine durch seitlich angebrachte Herde und zieht durch Öffnungen am untern Teil des Schachtofens den gebrannten Kalk ab, während der Ofen von oben fortwährend mit neuen Kalksteinen beschickt wird.«

Ein solcher Ofen ist in Wuppertal als Industriedenkmal erhalten geblieben. Es handelt sich um den *Kalkofen am Eskesberg.* Der so genannte Trichterofen wurde um 1850 erbaut. In den Jahren 1893 bis 1895 wurden aus durchschnittlich 20 000 t Kalkstein 10 000 t Branntkalk erzeugt. Die bereits genannten Rheinisch-Westfälischen Kalkwerke AG Dornap kauften 1896 das Kalkwerk, das ab 1889 neben dem Trichterofen auch einen Ringofen aufwies. 1956 wurde der Ringofen abgerissen, der Trichterofen blieb stehen. Er wurde 1986 bis 1988 vom Fuhlrott-Museum restauriert und am 27. Mai 1989 als Industriedenkmal in die Obhut des Fuhlrott-Museums übergeben.

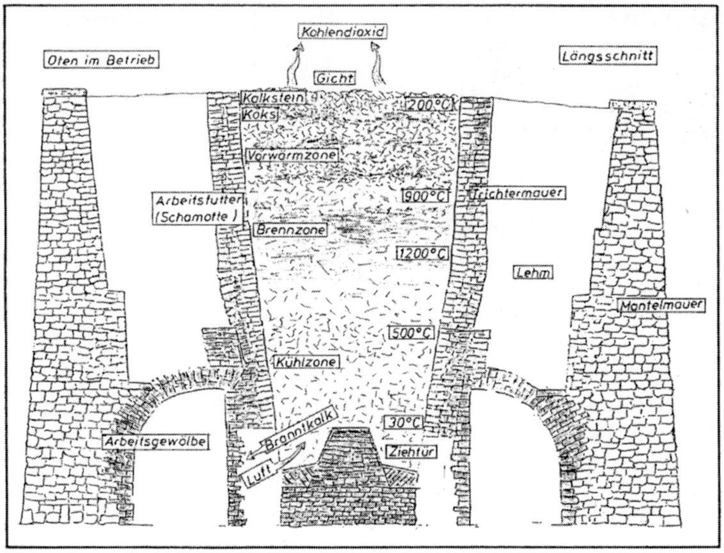

Abb. 62 Temperaturbereiche in einem Kalkbrennofen
(aus: Paul Reisig, Der Kalkofen am Eskesberg, Düsseldorf 1989)

Experiment 8 Kalkwasser

Materialien

Kalkwasser, Strohhalm, Reagenzglas

Durchführung

In das Kalkwasser, durch Sättigung von Wasser mit Calciumoxid (s. Experiment 7) und Filtration gewonnen, wird mit Hilfe des Strohhalms Atemluft eingeblasen. Während des Experiments sollte sich der Experimentator kräftig bewegen.

Beobachtungen

Das Kalkwasser trübt sich nach einiger Zeit des Einblasens ein. Es entsteht eine farblose Trübung.

Erläuterungen

Das ausgeatmete Kohlenstoffdioxid reagiert in der Lösung von Calciumhydroxid zum Calciumcarbonat.

Experiment 9 Kalkstein und »Kalklöser« – ein Alltagsproblem

Materialien

Calciumcarbonat, Packung »Schnellenthärter«, Becherglas, Glasstab

Durchführung

Zu einem kleinen Spatellöffel Calciumcarbonat wird dest. Wasser hinzugefügt. Zu der entstehenden Suspension gibt man dann einen kleinen Spatellöffel voll »Schnellenthärter« hinzu und rührt mit dem Glasstab um.

Beobachtungen

Nach der Zugabe des Schnellenthärters entsteht aus der Suspension des in Wasser schwer löslichen Calciumcarbonats eine klare ungetrübte Lösung. Gleichzeitig beobachtet man die Bildung von Gasblasen.

Erläuterungen

Im Schnellenthärter sind zwei Säuren enthalten: die Citronensäure und die Amidosulfonsäure (ein Derivat der Schwefelsäure als Feststoff). Beide Säuren sind relativ starke Säuren (s. auch Kap. 5.1) – sie bewirken die Entstehung von Kohlenstoffoxid aus dem Carbonat. Die Citronensäure wirkt zusätzlich auch als Komplexbildner.

Experiment 10 Mörtel – Baustoff, Vorgang des Abbindens

Materialien

Blitzzement (Marke Moltofill; Warnhinweis reizend), Gips (Modellgips. »Feiner Modellgips zum Basteln und Modellieren sowie zum schnellen Befestigen von Dübeln und Installationsleitungen«)

4-cl-Plastikbecher (durchsichtig), Löffel, pH-Papier

Durchführung

3 Teile (Volumen-) Blitzzement werden mit einem Teil Wasser in einem der Plastikbecher gemischt. Vom Gips werden 2 Teile mit einem Teil Wasser gut durchmischt. Sofort nach dem Mischen wird ein Stück pH-Papier in das Gemisch getaucht, Gips bzw. Mörtel werden mit Wasser abgespült.

Beobachtungen

Gips zeigt einen neutralen pH-Wert (pH etwa 7), der Zement dagegen einen basischen pH 12. Der Gips erhärtet in kurzer Zeit, der Mörtel dagegen bleibt über längere Zeit zähflüssig. Der Becher mit dem Mörtel fühlt sich nach einiger Zeit auch warm an.

Erläuterungen

Gelöschter Kalk dient zur Herstellung von *Luftmörtel* bzw. *Kalkmörtel* – bestehend aus einem steifen, wässrigen Brei gelöschten Kalks, dem so genannten *Mörtelbildner*, und Sand, dem *Magerungsmittel*. Der Vorgang der Erhärtung findet in zwei Schritten statt: Zunächst tritt überschüssiges Wasser aus (*Abbinden*) und dann reagiert das Calciumhydroxid mit Kohlenstoffdioxid aus der Luft allmählich zu Calciumcarbonat (*Erhärten*), das Sand und Bausteine »verkittet«. Wegen des Wasseraustritts werden neue Wohnungen feucht, wenn sie zu früh bezogen werden. Der natürliche Vorgang der Erhärtung schreitet von außen nach innen fort und kann bei dickem Mauerwerk Jahrzehnte fortdauern. Im Unterschied zum gewöhnlichen Luftmörtel wird das Kalkprodukt mit Ton (Aluminiumsilicat) Zement (lat.: caementum = Mörtel) genannt. Er besteht aus stark basischen Anteilen, dem Calciumoxid (58–66 %) mit Siliciumdioxid (18–26 %, als Calciumsilicat), Aluminiumoxid (4–12 %, als Calciumaluminate) und Eisenoxid (2–5 % als Calciumferrite) – in geringen Mengen auch Mangan- und Magnesiumoxid. Im Gemisch mit Sand werden Zemente als »hydraulische Mörtel« (Wassermörtel) bezeichnet. Der Portlandzement als der bekannteste Zement wird aus kalk- und tonreichen Materialien gewonnen (Kalkstein und Ton oder Kalkmergel und Tonmergel) und in Drehöfen auf 1400 bis 1500 °C erhitzt. Dieser Mörtel verfestigt sich sehr schnell infolge der Wasseraufnahme durch das Calciumsilicat (Vorgang des Abbindens). Im zweiten langsameren Schritt werden die Calciumsilicate und -aluminate zum Teil hydrolytisch zu Calciumhydroxid zersetzt, zum Teil kristallisieren kompliziert zusammengesetzte Hydrate dieser Verbindungsklassen aus, verwachsen miteinander und verursachen die Härte des Materials (Vorgang des Erhärtens). Später nimmt dann das entstandene Calciumhydroxid aus der Luft auch Kohlenstoffdioxid auf und bildet Calciumcarbonat.

Erhitzt man Gips als $CaSO_4 \cdot 2\,H_2O$ auf 120–130 °C, so wird ein Teil des Hydratwassers abgespalten (Brennen von Gips). Es entsteht das Halbhydrat $CaSO_4 \cdot 1/2\,H_2O$ (gebrannter Gips). Beim schnellen Erhärten des Gips, nach dem Anrühren mit Wasser zu einem Brei, bildet sich wieder das Dihydrat in Form feinfaseriger, miteinander verfilzter Kriställchen. Stuckgips entsteht bei Erhitzen auf 130–180 °C und ist noch wasserärmer als das Halbhydrat. Bei 200 °C entsteht wasserfreier Stuckgips, der so schnell Wasser abbindet, dass er in der Praxis nicht verwendet werden kann. Totgebrannten Gips erhält man bei Temperaturen über 1000 °C – er reagiert kaum noch mit Wasser.

Experiment 11 Kalk als Düngemittel

Materialien

z.B. Kalkdünger gekörnt, Essigessenz (25%ig), Citronensäure, gelbes Blutlaugensalz –Kaliumhexacyanoferrat(II)

Durchführung

Einige wenige Körner des Kalkdüngers werden in einem hohen Schnappdeckelglas mit etwas Wasser aufgeschlämmt. Dann fügt man in einem Glas einige Milliliter der Essigessenz, in einem zweiten Glas einen großen Spatellöffel voll Citronensäure hinzu. Von der essigsauren Lösung dekantiert man einen Teil der Lösung und fügt dann einige Kristalle des gelben Blutlaugensalzes hinzu.

Beobachtungen

In beiden Gläsern schäumt die Suspension nach der Zugabe der Säuren stark auf. Es entsteht jedoch keine klare Lösung. In beiden Fällen verbleibt ein unlöslicher Rückstand, der gelb bis braun gefärbt ist. In der essigsauren Lösung beobachtet man nach der Zugabe des gelben Blutlaugensalzes eine Blau- bis Grünfärbung.

Erläuterungen

Im Unterschied zum reinen Calciumcarbonat handelt es sich bei dem Kalkdünger um ein technisches Produkt. Der unlösliche Anteil kann beispielsweise aus Kieselsäure bestehen, die gelbe Färbung ist auf Eisenoxide zurückzuführen, wie die Reaktion mit dem gelben Blutlaugensalz zeigt.

Düngekalk ist die Sammelbezeichnung für Kalkdünger, d.h. für alle Düngemittel auf der Basis von Calciumcarbonat/oxid/hydroxid. Ein spezieller Kalkdünger ist der Kalkammonsalpeter, ein Handelsdünger aus einem Gemisch aus Kalk und Ammoniumnitrat mit ca. 22 % an Kalk. Kalkammonsalpeter wurde erstmals 1928 von der BASF im großtechnischen Maßstab produziert.

Experiment 12 Kalkseifen

Materialien

Stilles Wasser (mit viel Calcium), Kernseife (Lösung in Spiritus), flüssige Seife, Plastikpipetten

Durchführung

Zwei Schnappdeckelgläser werden je zur Hälfte mit »Stillem Wasser« gefüllt, dann tropft man jeweils die Seifenauflösung in Spiritus bzw. etwas flüssige Seife hinzu.

Beobachtungen

Nur mit der Seifenauflösung bilden sich im Mineralwasser weiße Flocken.

Erläuterungen

In diesem Experiment sind mit der Seifenauflösung so genannte *Kalkseifen* entstanden. In allgemeinen Lexika wird »Kalkseife, Calciumseife« als »unlösliches, schmierendes, nicht reinigendes und nicht schäumendes Reaktionsprodukt« beschrieben, »das sich aus höheren Fettsäuren und Calciumverbindungen [richtiger: Calciumionen] bildet« (Brockhaus-Enzyklopädie 2001). Die langkettigen Carbon(Fett)säuren in einer Seifenauflösung bilden schwer lösliche Calciumsalze, die z.B. als Ablagerung, als Rand im Waschbecken bei der Verwendung von Alkaliseifen in hartem, d.h. an Calciumsalzen reichen Wässern beobachtet werden. Eine synthetische (flüssige) Seife dagegen besteht aus einem Gemisch an Tensiden, die mit Calciumionen nicht reagieren.

Experiment 13 Kalkfarben

Materialien

Reagenzien: Calciumoxid aus Marmor (gepulvert), Eisen(III)oxid, Chrom(III)oxid, Kupfersulfat
hohes 50-ml-Becherglas, Glasstab, Schnappdeckelgläser

Durchführung

In das 50-ml-Becherglas wird etwa 1 cm hoch Calciumoxid eingefüllt, vorsichtig mit Wasser bis zur 20-ml-Marke (ca. 2 cm hoch) bedeckt und mit Hilfe des Glasstabes durchmischt.

In Schnappdeckelgläser wird ein kleiner Spatellöfel voll Kupfersulfat in wenig Wasser gelöst, dann bis zur Hälfte des Volumens mit des Suspension des gelöschten Kalks (s. Experiment 7) aufgefüllt und nach dem Verschließen des Glases durch Schütteln gemischt. Die Oxide werden in fester Form mit gelöschtem Kalk supendiert.

Beobachtungen

Es bilden sich intensiv blau (Kupfer), gelbbraun (Eisen) bzw. grün (Chrom) gefärbte stabile Suspensionen.

Erläuterungen

Suspensionen von Calciumhydroxid in Verbindung mit kalkbeständigen Pigmenten werden als *Kalkfarben* bezeichnet. Die Suspension allein in Kalkwasser wird als Anstrichfarbe – zum *Kalken* verwendet. Im Experiment sind Suspension von Kupferhydroxid bzw. den Oxiden gebildet worden, die sich als Kalkfarben eignen. Nach DIN 55945 ist eine Kalkfarbe »eine wässrige Aufschlämmung von gelöschtem Kalk, der ggf. Pigmente u./od. geringe Mengen anderer Bindemittel zugefügt sind«. Beim Anstrich erstarrt das Calciumhydroxid infolge der Aufnahme von Kohlenstoffdioxid aus der Luft zu Calciumcarbonat, wodurch auch die Pigmente mit der Unterlage fest verbunden werden.

7.2 Naturfarbstoffe im chemischen Experiment

(für Lippenstift und Gummibärchen)

Experiment 1 Anthocyane im Rotkohlsaft – das vegetabilische Chamäleon

Materialien

Rotkohl, 100-ml-Becherglas, Schappdeckelgläser, Glasstab Citronensäure, Natron (Natriumhydrogencarbonat), Soda (Natriumcarbonat)

Durchführung

Der verdünnte Rotkohlsaft, durch Zerreiben eines kleinen Stückchens Rotkohlblatt mit Hilfe des Glasstabes im Becherglas unter Zusatz von wenig Wasser gewonnen, wird in drei verschiedenen Gläsern mit je einem kleinen Spatellöffel voll Citronensäure, Natriumhydrogencarbonat bzw. Natriumcarbonat versetzt.

Beobachtungen

Die rotviolette Farbe des Rotkohlextraktes (-saftes) verändert sich jeweils nach Rot (Zugabe von Citronensäure), Blau (Natriumhydrogencarbonat) bzw. Grün (Natriumcarbonat) – s. auch Kap. 5.1.

Erläuterungen

Die wasserlöslichen Anthocyane (griech.: *ky neos* = dunkelblau) kommen verbreitet in den Zellsäften der Pflanzen vor und weisen Farben von Blau über Violett bis Rot auf. Sie gehören chemisch zu den Flavenfarbstoffen und liegen in den Pflanzen als 2,5-Diglykoside vor. Enzymatisch oder durch Säuren werden sie in Zucker und Aglykone – die *Anthocyanidine* als farbgebende Komponenten – gespalten. Die Farbabstufungen lassen sich auf die Vermischung verschiedener Anthocyane, unterschiedliche pH-Werte (s. Experiment) im Zellsaft und auch als Folge der Bildung von Komplexverbindungen (Chelaten) mit

Abb. 63 Färberei im Mittelalter – Lehrbuch der Färberkunst »Plictho de L'arte de Tentori« (1540) (Ciba-Rundschau 1, Basel 1936)

8 Färberei im Mittelalter

Metallionen wie denen des Aluminiums und Eisens (blauer Farbstoff der Kornblume) zurückführen.

Der Chemie-Nobelpreisträger Richard Willstätter (1872–1942, Nobelpreis 1915) beschäftigte sich 1915 bis 1917 mit der Strukturaufklärung der Anthocyane. Die Anthocyanidine leiten sich von drei Grundtypen ab: Pelargonidin (Pelargonien), Cyanidin (Kornblume) und Delphinidin (Rittersporn).

Als Färbepflanzen mit Anthocyanfarbstoffen in ihren Früchten wurden trotz der Empfindlichkeit gegen Säuren und Alkalien sowie geringer Licht- und Waschechtheit vor allem der Schwarze Holunder und die Heidelbeere verwendet. Der römische Schriftsteller Plinius der Ältere (23 oder 24 bis 79) erwähnte in seiner *Naturalis Historia*, dass in Gallien Sklavenkleider violett mit dem Saft von Heidelbeeren gefärbt worden wären. 1555 wurden in einem Färberezept des Italieners Alessio Piemontese in Venedig Heidel-, Holunder- und Attichbeeren (spezielle Art aus der Gattung Holunder) mit Aluminium-, Eisen- und Kupfersalzen für blaue Farbtöne verwendet. In Berichten aus dem Jahre 1846 ist zu entnehmen, dass die Anthocyane mit Alaun und Essig zum Färben von Spielkarten sowie auch zum Färben des Weines benutzt wurden. Von Lüneburg aus gingen ganze Schiffsladungen mit Heidel- und Holunderbeeren nach Bordeaux.

Experiment 2 Betenrot in Gummibärchen

Materialien

Rote-Bete-Saft, Soda, Citronensäure

Durchführung

In zwei Schnappdeckelgläsern wird etwas Rote-Bete-Saft mit Wasser so weit verdünnt, bis eine hellrote Farbe auftritt. Dann fügt man je einen kleinen Spatellöffel voll Citronensäure bzw. Soda hinzu.

Beobachtungen

Die rote Farbe des Saftes verändert sich nur wenig – nach Violettrot (Säure) bzw. Violett (mit Soda). Erst nach längerer Einwirkung von Natriumcarbonat bzw. Natronlauge tritt ein Farbumschlag nach Gelb ein.

Erläuterungen

Der Rote-Bete-Farbstoff wird wegen der relativ geringen Farbänderungen durch Säuren bzw. Laugen als Farbstoff für Lebensmittel (E 162) verwendet. Er unterscheidet sich damit ganz wesentlich von den Anthocyanen. Die Unterschiede sind auf die Struktur – eine Betalain-Grundstruktur – zurückzuführen. Der Begriff *Betalain* wurde erst 1968 eingeführt. Betalaine haben ihren historischen Prototyp in den Roten Rüben oder Roten Bete, dessen Besonderheiten schon 1876 erkannt wurden (s. in H. Schweppe). Die Konstitutionsaufklärung der Betalain-Pigmente, die in der Natur an Glucose gebunden vorkommen, gelang zwischen 1960 und 1966 mit Hilfe moderner analytischer Methoden (Massenspektrometrie, NMR: Kernresonanzspektrometrie).

Experiment 3 Chlorophylle und Xanthophylle im Blattgrün

Materialien

Getrocknete Petersilie, Spiritus, Benzin
50-ml-Bechergläser, Glasstab, Heizplatte, Schnappdeckelgläser

Durchführung

Der Boden eines Becherglases wird mit getrockeneter Petersilie bedeckt. Nachdem ca. 20 Milliliter Spiritus hinzugefügt wurden, wird bis zum Sieden auf der Heizplatte erhitzt.

Nach dem Abkühlen wird die Lösung in ein Schnappdeckelglas dekantiert, mit dem gleichen Volumen an Benzin versetzt und nach dem Zutropfen von wenig Wasser vorsichtig geschüttelt.

Beobachtungen

Der Spiritusextrakt ist intensiv grün gefärbt. Nach dem Schütteln und der Phasentrennung (oben: Benzinphase, unten: Spiritus und Wasser) erscheint die Benzinphase dunkelgrün, die untere Phase milchiggelb.

Erläuterungen

Chlorophyll (Blattgrün) ist eine Mischung aus blaugrünem Chlorophyll a und gelbgrünem Chlorophyll b und kommt in den Chloroplasten aller grünen Pflanzenteile vor. Begleiter der Chlorophylle sind die Xanthophylle, auch Blattgelb genannt. Sie gehören zu den Carotinoiden. Die Chlorophylle haben sich zunächst zusammen mit den Xanthophyllen im Spiritus gelöst. Nach der Zugabe von Benzin haben sich die Chlorophylle vor allem in der Benzinphase, die Xanthophylle in der alkoholisch-wässrigen Phase verteilt.

Experiment 4 Safran oder Curcuma? Nachweis einer Verfälschung

Materialien

Safran (pulverisiert), Cucurma-Pulver, Natriumcarbonat

Durchführung

Eine winzige Spatelspitze voll Safran wird in einem Schnappdeckelglas in Wasser gelöst. In ein zweites Glas gibt man einen Spatellöffel voll Curcuma-Pulver und fügt bis zu einem Drittel des Volumens Wasser hinzu. Dann wird beiden Proben je ein Spatellöffel voll Natriumcarbonat zugesetzt und unter Umschwenken der Gläser gelöst.

Beobachtungen

Die gelbe Safranlösung verändert ihre Farbe nicht. Die gelbliche Suspension des Curcuma-Pulvers dagegen verfärbt sich nach Rotbraun.

Erläuterungen

1 Kilogramm getrockneter Safran wird aus 5 Kilogramm frischer Narben des *Crocus sativus L.* gewonnen (blüht im Herbst, ursprünglich in Griechenland und dem Orient beheimatet – eigentliches Produktionsgebiet heute ist Spanien, früher auch bei Krems und Melk). Dies sind die Narben von 120 bis 200 Tausend Blüten. Die Ernte der Narben erfolgt am Morgen, wenn sich die leicht violetten Blüten voll geöffnet haben. Als Künstlerpigment wird Safran, chemisch mit dem Carotinoid Crocin, bereits von dem römischen Schriftsteller Plinius (s. Experiment 1) beschrieben. Tontafeln aus der Zeit um 2000 v. Chr. auf der Insel Kreta zeigen, dass Safran schon im Minoerreich (3. Jahrtausend bis etwa 1200 v. Chr.) bekannt war. Der griechische Arzt Dioskurides (lebte im 1. Jahrhundert n. Chr.) bezeichnet Safran als Arzneipflanze. Durch die Araber wurde Safran nach Zentralasien (Samarkand, Kabul), Ägypten und Libyen verbreitet. 1420 beschäftigte sich in Basel ein eigenständiges Gewerbe mit dem Anbau und Betrieb von Safran.

Curcumin, gewonnen aus der Gelbwurzel, der heute angebauten Stauden *Curcuma longa L.* oder *Curcuma zantorrhiza Rosc.*, war schon vorgeschichtlichen Völkern bekannt. Die Heimat ist nicht bekannt, lag jedoch wahrscheinlich in Ostindien. Chemisch stellt dieser Farbstoff, Inhaltsstoff des Gewürzes Kurkuma, einen Diaryloylmethan-Farbstoff dar, der seine Farbe im Alkalischen (hier: sodaalkalischen) nach Rot ändert. Curcumin färbt Baumwolle, Wolle und Seide direkt grünlich-gelb, bei Anwendung der Alaunbeize orangegelb. Vorgeschichtlich wurde Kurkuma zur Körperbemalung verwendet. Heute ist Kurkuma Bestandteil von Gewürzen (Curry-Pulver, Senf) und der Farbstoff allein auch von Kosmetika (Puder, Cremes).

Experiment 5 Die Geschichte vom Lackmus

Materialien

Lackmus-Tinktur, Citronensäure, Natron, Natriumcarbonat, Ammoniak (ca. 8–9%ig)

Durchführung

Jeweils wenige Tropfen der Lackmus-Tinktur werden mit Wasser in drei Schnappdeckelgläsern verdünnt. Dann fügt man je einen kleinen Spatellöffel voll Citronensäure, Natron (Natriumhydrogencarbonat) bzw. Soda (Natriumcarbonat) hinzu und löst diese Substanzen durch Umschwenken auf.

Abb. 64 Die Kunst des Färbens
Oben: Färberei im 14. Jahrhundert (aus einem Bibelmanuskript, Holkham-House, Norfolk – in: Ciba-Rundschau 1, Basel 1936)
Unten links: Der Schwarzfärber (Jost Amman, Das Ständebuch, Frankfurt am Main 1568)
Unten rechts: Seidenfärber (Quelle s. Abb. 63)

Beobachtungen

Mit Citronensäure erhält man eine rote, mit Natron bzw. Soda ein blaue Färbung.

Erläuterungen

Die als Säure-Base-Indikator verwendbare Lackmustinktur (auch als Lackmuspapier) ändert ihre Farbe bei pH < 5 nach Rot und pH > 8 nach Blau.

Der blaue Farbstoff wird aus Lackmus-Flechten, vor allem *Rocella tinctoria* und *Rocella fuciformis* durch Gärung (enzymatische Hydrolyse) in Gegenwart von Ammoniumcarbonat, Kaliumcarbonat, Kalk und Wasser gewonnen. Chemisch wird die in den Flechten vorkommende Lecanorsäure hydrolytisch in die Orsellinsäure (2,4-Dihydroxy-6-methylbenzoesäure) gespalten und diese anschließend zum Orcin decarboxyliert. Orcin reagiert mit Ammoniak und dem Luftsauerstoff zu Orceinen aus der Farbstoffklasse der 2-Phenoxazone. Das Chromophor hat eine 7-Hydroxy-2-phenoxyazon-Struktur. Lackmus ist eine Mischung aus Phenoxazon- und Phenoxazin-Derivaten (s. in H. Schweppe).

Die historische Gewinnung des nicht in der Pflanze vorgebildeten Farbstoffes nach dem Mahlen der Flechten erfolgte unter Zusatz von Kalk, Pottasche (s.o.) und Harn oder Ammoniumcarbonat. Das Gemisch wurde verrührt und der Gärung bzw. den beschriebenen Reaktionen überlassen und färbte sich nach etwa drei Wochen blau. Für die Textilfärberei hatte Lackmus keine Bedeutung, jedoch wurde er in der Kosmetik für Schminken verwendet. 1663 beschrieb der englische Naturforscher Robert Boyle (1627–1691) in seinem Werk »Experimenta et considerationes de coloribus« die Anwendung des noch wenig bekannten Lackmus als Indikator auf Säuren bzw. Laugen. Er zitiert den Apotheker I. Parkinson (geb. 1567), den Vorsteher des berühmten Botanischen Gartens von Hampton Court, dem königlichen Schloss südwestlich von London (erbaut 1514–1522), als Autor für Lackmus (Turnosol), der auch der Pflanze den Namen gab. (F. Szabadvary) Boyle stellte bereits Indikatorpapier, getränkt mit Lackmustinktur her.

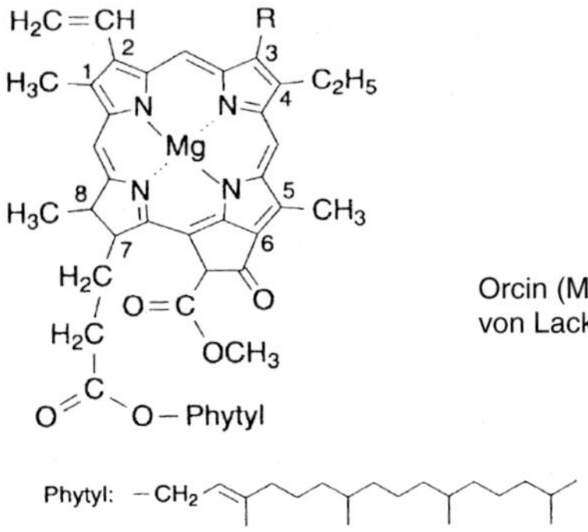

R = CH_3 ; Chlorophyll a

R = CHO ; Chlorophyll b

Chlorophylle (E 140)

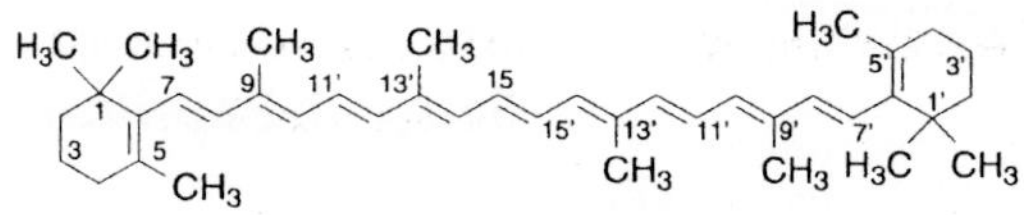

β-Carotin (E 160a)

Orcin (Muttersubstanz von Lackmus)

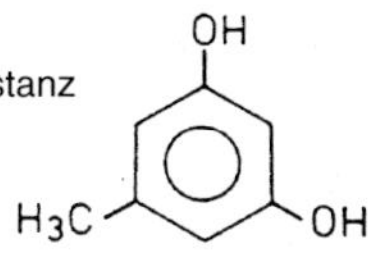

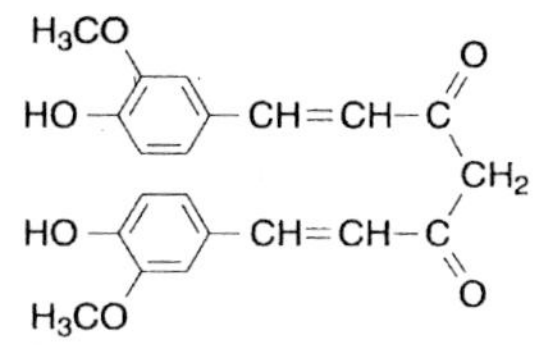

Xanthophyll

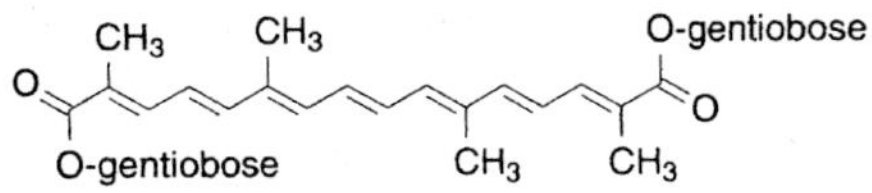

Crocin (Safran)

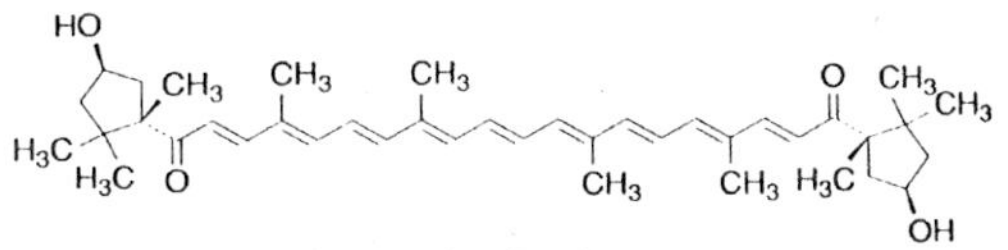

Capsorubin E 160c

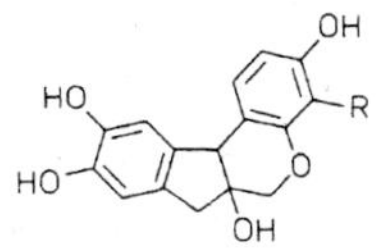

R = H : Brasilin
R = OH : Hämatoxylin

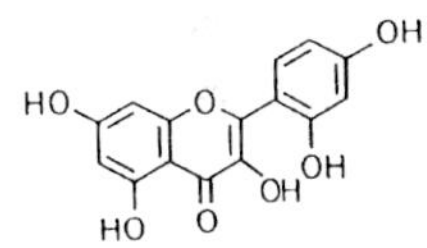

Morin

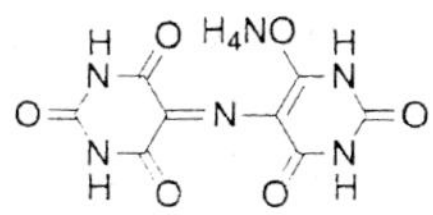

Murexid

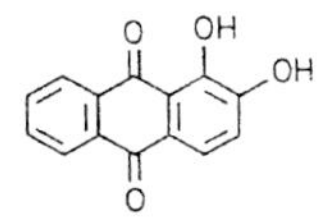

Alizarin

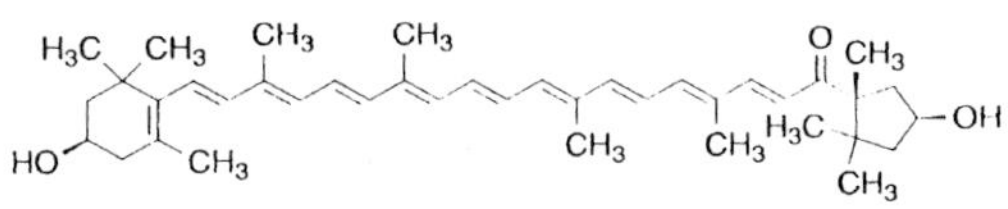

Capsanthin E 160c

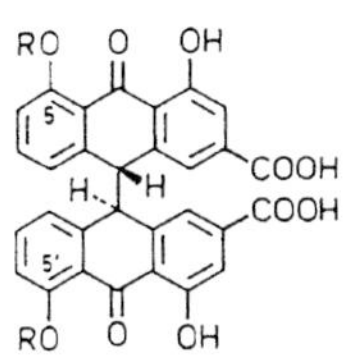

R = $C_6H_{11}O_5$: (R^*,R^*)-Sennoside A, A', B

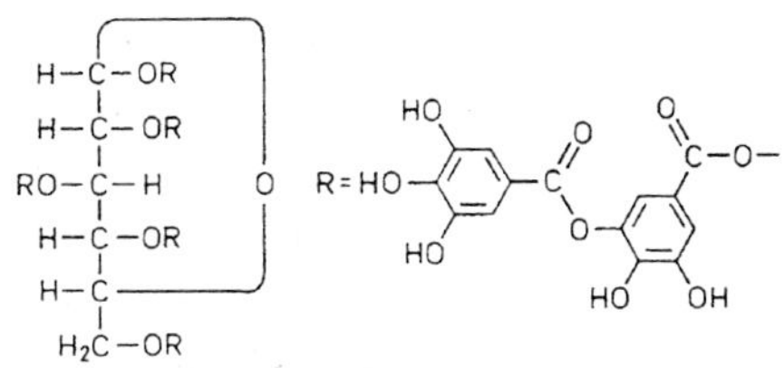

Tannine

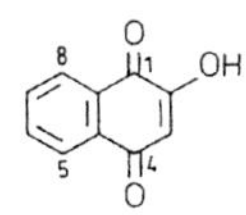

Lawson (2-Hydroxy-1,4-naphthochinon)

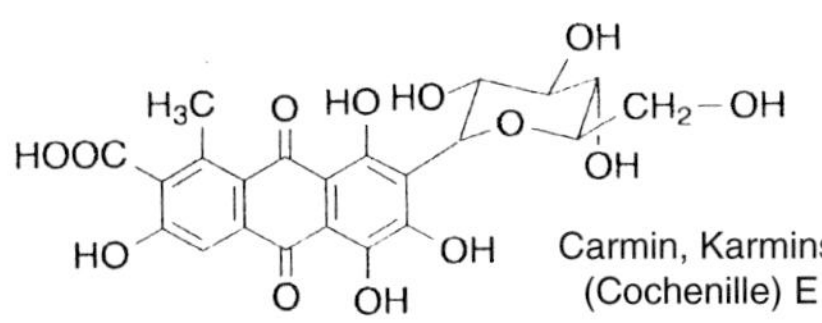

Carmin, Karminsäure (Cochenille) E 120

Abb. 65 Strukturformeln der in den Experimenten verwendeten Farbstoffe

Experiment 6 Carotinoide – nicht nur im Karottensaft (Beispiel: Paprika)

Materialien

Paprika (Rosen), Benzin, Spiritus
Schnappdeckelgläser

Durchführung

Der Boden von zwei Gläsern wird mit Paprikapulver bedeckt. Dann fügt man bis zu einem Drittel des Volumens Benzin bzw. Spiritus hinzu und schüttelt den Inhalt der verschlossenen Gefäße kräftig durch. Nach dem Absetzen des Pulvers wird gegen das Licht die Farbe der Lösung festgestellt.

Beobachtungen

Die Lösung in Benzin ist intensiv gelb, die Lösung in Spiritus gelborange gefärbt.

Erläuterungen

Die charakteristischen roten Farbstoffe von Paprika (*Capsicum sp.*) sind Capsanthin und Capsorubin. Sie gehören zu den Carotinoiden und lösen sich als Polyenketone besser in dem polaren Lösungsmittel Ethanol (Spiritus) als im Kohlenwasserstoffgemisch (Benzin).

Die Carotinoidfarbstoffe bilden die wichtigste, und im Pflanzen- sowie Tierreich auch am weitesten verbreitete Gruppen von Naturfarbstoffen. Ihre Farbpalette reicht von Gelb bis Rotviolett. Sie sind fettlöslich. Ihre Farbe erhalten sie durch die ununterbrochene Aneinanderreihung konjugierter Doppelbindungen, durch ihre Polyen-Struktur. 1911 wurden sie von dem Vater der Chromatographie (Trennmethode) M. Tswett nach dem von dem Chemiker Heinrich Wilhelm Ferdinand Wackenroder (1798–1854) in Jena 1831 aus der Mohrrübe (Karotte) isoliertem Carotin. Mit der Aufklärung der Strukturen beschäftigte sich der in München tätige Richard Willstätter von 1906 bis 1914 (s. Experiment 1). Der Carotinoidfarbstoffe in der Tomate wird Lycopin, im Paprika Capsanthin (ein Polyenhydroxyketon) genannt. Lycopin kommt auch als Begleiter von Carotin in Hagebutten, Safran (s. Experiment 4), Aprikosen und Butter vor. Als Polyenalkohole kommt Kryptoxanthin in gelbem Mais, Eigelb, Butter und Mandarinen sowie Zeaxanthin in gelbem Mais vor.

Experiment 7 Blauholz und seine Färbestoffe

Materialien

Haematoxylin für Mikroskopie (s. auch in Kap. 5.2), Kupfersulfat, Eisen(III)sulfat, Alaun (Kalium-Aluminium-Sulfat)

Durchführung

Man löst einen kleinen Spatellöffel voll Haematoxylin in ca. 30 ml Wasser und verteilt die Lösung auf drei Gläser. Den Lösungen werden jeweils einige wenige Kristalle der drei Salze hinzugefügt. Nach dem Auflösen wird die Farbe der Lösung festgestellt.

Beobachtungen

Die nur schwach gelb gefärbte Lösung des Haematoxylins nimmt folgende Farben an:

intensiv Rotviolett (Kupfer), Grünschwarz (Eisen) und Hellrotviolett (Aluminium).

Erläuterungen

Hämatoxylin bildet über die benachbarten phenolischen OH-Gruppen Komplexverbindungen mit den Metallionen. Beim Färben mit dem Naturprodukt spielen auch noch Gerbstoffe eine Rolle (s.u.). Bei den Mayas und Azteken wurde das Blauholz von *Hämatoxylum campechianum L.* als Rohstoff neben dem Cochenille (Karmin – Farbstoff der Scharlach-Schildlaus) und Indigo verwendet. Als Hernando Cortez (1485–1547) 1522 Mexiko erorbert hatte, wurden diese drei Farbstoffe als wichtige Exportartikel gehandelt. Sie wurde ab 1540 vom Hafen Campeche an der Westküste Yukutans, daher auch Campecheholz genannt, nach England verschifft. Mit Blauholz-Extrakten erzielt man je nach Art der Beize violette, dunkelblaue oder schwarze Farbtöne. Blauholz wächst von Mexiko bis zum nördlichen Südamerika und wird in Westindien (Jamaika, San Domingo) und in Indonesien kultiviert. Das Kernholz des 16 m hohen Stamms wird von der Rinde und weißem Split befreit, aus dem Inneren lässt sich der Gehalt von 9 bis 12 % an Hämatoxylin (neben 10 % an Gerbstoffen) gewinnen. Die Neoflavanoid-Farbstoffe Brasilin (aus Rothölzern) und Hämatoxylin (aus Blauhölzern) (1964 von T. Swain) entstehen erst aus einer farblosen Vorstufe (s. Indigo) durch Oxidation.

Um 1760 kam die Blauholzfärberei in Frankreich in Mode. In der Wollfärberei erreicht man blaue Farbtöne durch eine Alaunbeize, blauschwarze bzw. schwarze Farbtöne durch Kupfer- bzw. Eisenbeize.

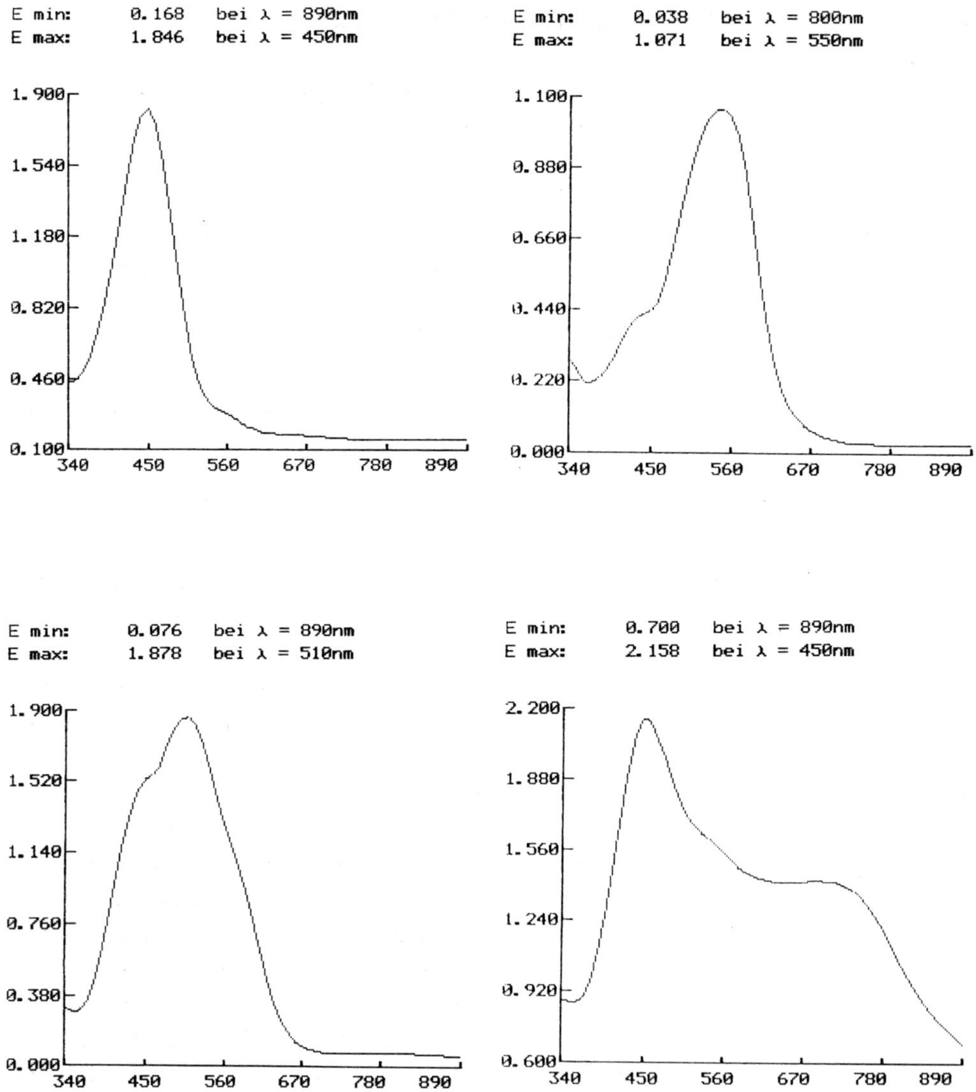

Abb. 66 Färben mit dem Blauholzfarbstoff Hämatoxylin – Absorptionsspektren
Oben: links Hämatoxylin, rechts Zusatz von Alaun
Unten: links Zusatz Eisen(III)salz, rechts: Zusatz Kupfersalz

Experiment 8 Alizarin und Alaun zum Färben

Materialien

Alizarinrot S (0,5%ige wässrige Lösung), Kalium-Aluminium-Sulfat (Alaun), Essigessenz (25%ige Essigsäure)
Plastikpipetten

Durchführung

Einige Tropfen der Alizarinrot S-Lösung werden verdünnt, mit einigen Tropfen Essigsäure angesäuert und die Lösung dann auf zwei Gläser verteilt. Einem der Gläser fügt man einige Alaun-Kristalle hinzu und löst sie darin auf.

Beobachtungen

Die rotviolett gefärbte Alizarinrot S-Lösung ändert nach dem Verdünnen und Ansäuern ihre Farbe nach Hellgelb. Nach dem Zusatz von Alaun entsteht eine intensiv orangerot gefärbte Lösung.

Erläuterungen

Das Alizarinrot S gehört zu den Alizarin-Farbstoffen. Dies sind Beizenfarbstoffe, die am Alizarin-Gerüst weitere funktionelle Gruppe, hier eine Sulfonsäure-Gruppe enthalten (1,2-Dihydroxyanthrachinon-3-sulfonsäure). Dadurch wird vor allem auch die Wasserlöslichkeit verbessert – Alizarin selbst ist sogar in siedendem Wasser nur schlecht löslich. Als pH-Indikator zeigt Alizrainrot S bei pH 4,3–6,3 einen Farbumschlag von Gelb nach Rotviolett. Mit Aluminium-Ionen bildet sich eine Komplexverbindung.

Der rote Anthrochinonfarbstoff (1,2-Dihydroxyanthrachinion) kommt als Glykosid in der Wurzel der Krapp-Pflanze (*Rubia tinctoria L.*) vor. Die Pflanze ist in Süd- und Südosteuropa, in den Mittelmeerländern, in Kleinasien und Kaukasus bis nach China, Japan und in Südamerika heimisch. Der Name kommt aus dem Arabischen – von *alizari* bzw. *alasara* = ausgepresster Pflanzensaft. Im 4. und 5. Jahrhundert war Krapp der wichtigste Rotfarbstoff in Ägypten. Im 7. Jahrhundert ist der Krappanbau auch in St. Denis bei Paris nachgewiesen. Karl der Große (768–814) befahl den Anbau auf seinen Gütern und im 15. Jahrhundert war der Krappanbau vor allem in Holland hoch entwickelt. Von den Kopten, den frühen ägyptischen Christen, wurde Levantinischer Krapp zusammen mit Indigo als Ägyptischer Purpur (als Ersatz für das Schneckenpurpur) verwendet. In Schlesien galt 1504 für Färber die Breslauer Röteordnung. Nach 1760 wurde Krapp auch im Elsaß angebaut.

Experiment 9 Indigo – eine schnelle Synthese aus seiner pflanzlichen Vorstufe

Materialien

3-Indolylacetat zur Synthese, Natriumcarbonat, Wasserstoffperoxid (3%ig) oder Fleckensalz mit Percarbonat, Universal-Entfärber (Fa. Heitmann, mit Dithionit)

Plastikpipette

Durchführung

Eine sehr geringe Menge (Spatelspitze) an 3-Indolylacetat wird in einem kleinen Schnappdeckelglas mit wenig Wasser, einigen Tropfen Wasserstoffperoxid und einem kleinen Spatellöffel voll Natriumcarbonat geschüttelt. Anstelle von Wasserstoffperoxid und Natriumcarbonat eignet sich auch ein Fleckensalz mit Percarbonat (ein kleiner Spatellöffel voll), das bereits Soda enthält.

Von der Lösung pipettiert man nach einigen Minuten einen kleinen Anteil in ein weiteres Glas und fügt einen kleinen Spatellöffel an Fleckensalz mit Dithionit hinzu.

Beobachtungen

Schon während des Schüttelns bildet sich langsam ein blauer Farbton, der sich nach einigen Minuten verstärkt. Es setzt sich eine blau gefärbte Substanz am Boden des Glases ab, die Lösung ist schwach blau gefärbt.

Nach dem Zusatz des Fleckenmittels mit Dithionit tritt langsam wieder eine Entfärbung ein.

Erläuterungen

Indolylacetat wird durch Luftoxidation (hier durch den Sauerstoff aus dem Wasserstoffperoxid bzw. Natriumpercarbonat) zum Indigo oxidiert. In der Färbereitechnik muss Indigo zunächst in die wasserlösliche Form – zu Indigoweiß (Leukoindigo) – reduziert werden, mit Hilfe der Indigoküpe, eine alkalischen Lösung von Dithionit (s. Universal-Entfärber). Diese Lösung zieht dann auf Baumwolle auf und wird durch den Luftsauerstoff (s.o.) wieder zum Indigo oxidiert.

Die Bezeichnung *Indigotin* wird als Trivialname sowohl für Indigo selbst als auch für die Disulfonsäure (meist Indigocarmin genannt – s. Experiment 10) verwendet.

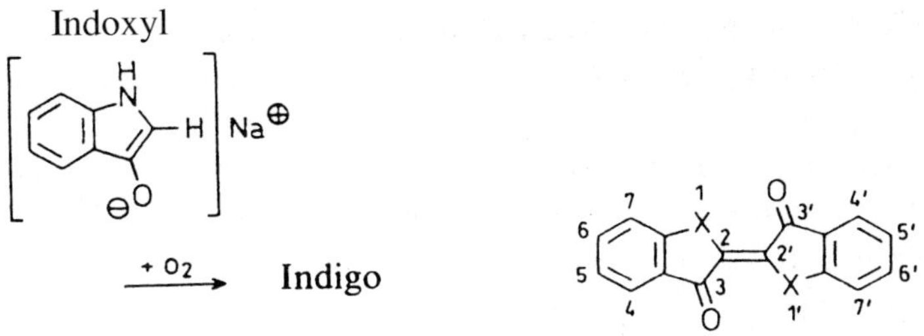

	X	4,4′	5,5′	6,6′	7,7′
Indigo	NH	H	H	H	H
Dibromindigo	NH	H	H	Br	H
Indigocarmin	NH	H	SO_3Na	H	H

Abb. 67 Oxidationsreaktion zu den verschiedenen Indigoderivaten.

Historisches

Indigo gehört zu den ältesten nachweisbaren Farbstoffen. Er wurde aus der Indigopflanze (*Indigofera tinctoria*), die in Indien und auf den Sundainseln (Java) beheimatet ist, bis zum Ende des 19. Jahrhunderts gewonnen. In den unter Luftabschluss stehenden Grabkammern der alten Ägypter hat sich die Indigofarbe an Bändern von Mänteln und anderen Kleidungsstücken bis in unsere Zeit erhalten. Die echte Indigopflanze wurden z.B. in Bengalen in großen Kulturen angebaut. In Europa gewann man den Indigofarbstoff im Mittelalter aus dem Färberwaid (*Isatis tinctoria*) – z.B. aus Kulturen in Thüringen. Die fünf Zentren, »Waidstädte« genannt, waren Gotha, Erfurt, Langensalza, Tennstedt und Arnstadt. Waid wurde an etwa 300 Orten angepflanzt; die großen Märkte der Waidstädte wurden von Waidmühlen beliefert. Der deutsche Waid kam entweder in Bündeln der getrockneten Pflanzen oder in kleinen rundlichen Kegeln, Waidkugeln oder Blaukörner genannt, in den Handel. Die Waidkugeln entstanden in den Waidmühlen durch das Zermahlen der Waidblätter, die nach einer Gärung zu Kegellaiben zusammengeknetet wurden.

Über die Technik der Gewinnung berichtet W. Schweppe, dass die schon etwas gelblich gewordenen Blätter im Juni eingesammelt, möglichst schnell getrocknet und dann sofort in Nassmühlen zu einem Brei vermahlen wurden. Die letzte dieser Mühlen stellte in Thüringen erst 1902 ihren Betrieb ein.

In Indien wurde der eigentliche Farbstoff Indigo auf folgende Weise gewonnen: Die Indigopflanzen wurden in der Blütezeit geerntet und für zwölf bis fünfzehn Stunden in mit Wasser gefüllte Gruben gelegt. Mit Hilfe eines in den Pflanzen vorhandenen Enzyms spaltet sich dabei vom pflanzlichen Indigo (Indican) der Glucoserest ab. Dieses Zwischenprodukt ist ebenso wie das pflanzliche

Abb. 68 Bauer auf einem Waidacker (aus: Christian Reicharts Land- und Gartenschatz, Erfurt 1753)

Indigo farblos. Erst durch die Reaktion mit Luftsauerstoff unter Einwirkung der Sonne bildet sich dann der blaue Indigofarbstoff.

Bei der Waidfärberei aus der Gärungsküpe werden die Waidkugeln mit gefaultem Urin übergossen, wobei infolge Gärung der Indigo zur färbbaren Leukoform reduziert wird. In hölzernen, später kupfernen Kesseln wurde dann nahe bei der Siedetemperatur des Bades nach Zusatz von Weizenkleie und Kalk gefärbt. Die Textilien wie Baumwolle oder Wolle kamen zunächst grüngelb aus der Färbeflotte; an der Luft wurden sie infolge der Oxidation dann blau. Das komplizierte Verfahren wurde nur von erfahrenen Blaufärbern durchgeführt.

Die Gehalte an dem Indigovorprodukt aus Waidblättern betrugen etwa 0,3 %. Der indische Indigo wies als Handelsartikel 175mal soviel an Färbekraft auf wie die Waidkugeln.

Indigo erreichte auf der berühmten Seidenstraße mindestens seit dem 2. Jahrhundert v. Chr. auch Europa. Im 17. Jahrhundert nahm die Bedeutung des Waidanbaus in Thüringen stark ab. Bereits seit 1500 kam der indische Indigo über Italien nach Deutschland. Die Einfuhr des Indigos ließ sich nicht länger verbieten.

(Einen sehr erfolgreichen Roman über Indigo und »Anilin« veröffentlichte 1937 der Arzt Karl Aloys Schenzinger (1886–1962), der als erfolgreicher Verfasser romanartiger Monographien zur Geschichte der technischen, naturwissenschaftlichen und industriellen Entwicklung in die Literaturgeschichte eingegangen ist. – Gero von Wilpert, Deutsches Dichterlexikon, Kröner, Stuttgart, 3. Aufl. 1988)

Experiment 10 Vom Indigo zum Indigocarmin

Materialien

Indigocarmin (C.I. 73015), Universal-Entfärber (mit Dithionit), Rohrreiniger (mit NaOH), Fleckensalz mit Percarbonat (Sauerstoffbleiche)

Durchführung

Eine Spatelspitze Indigocarmin wird in Wasser zu einer hellblauen Lösung gelöst. Die Farbstoff-Lösung wird auf vier Schnappdeckelgläser verteilt. Dem einen Glas wird ein kleiner Spatellöffel voll Universal-Entfärber, dem anderen die gleiche Menge an Rohrreiniger, dem dritten Glas an Fleckensalz mit Percarbonat hinzugefügt.

Beobachtungen

Die Lösungen mit Rohrreiniger (Natronlauge) und dem Universal-Entfärber färben sich gelb, die Lösung mit dem Entfärber ist etwas schwächer gelb gefärbt. Die Sauerstoffbleiche bewirkt langsam eine vollständige Entfärbung.

Erläuterungen

Indigocarmin (E 132) ist das Dinatriumsalz der 3,3'-Dioxo-2,2'-biindolinyliden-5,5'disulfonsäure. Das dunkelblaue Pulver ist in Wasser im Unterschied zum Indigo selbst gut löslich, es färbt Wolle und Seide direkt und wurde früher auch zum Bläuen der Wäsche (Verdecken einer Gelbfärbung) benutzt. Im Unterschied zum Indigo selbst, von dem es sich nur durch die zwei Sulfonsäure-Gruppen unterscheidet, ist Indigocarmin etwas weniger lichtecht. Der Farbstoff zählt zu den pH-Indikatoren (s. Kap. 5.1) – Farbumschlag im Bereich pH 11,5–13,0 von Blau nach Gelb (Reaktion durch Universal-Entfärber und Rohrreiniger). Er ist außerdem empfindlich gegen Oxidationsmittel (Entfärbung durch Sauerstoffbleiche).

1744 entdeckte der sächsische Bergrat Barth in Freiberg die Sulfurierbarkeit des Indigos – als Indigocarmin konnte nun Wolle direkt gefärbt werden.

Im »Bilder-Conversations-Lexikon« von Brockhaus (Leipzig 1838) ist über Indigo – zur Gewinnung und Chemie – zu lesen:

»Indig oder Indigo ist ein ausgezeichnet schöner Farbestoff. (...) Die Bereitung des Indig geschieht in Ost- und Westindien so, daß man die blühenden Indigpflanzen in Trögen mit Wasser überschüttet, mit Brettern bedeckt und mit Gewichten beschwert. Schon nach einigen Stunden tritt Gährung ein, und wenn sich auf der Oberfläche blaue und kupferfarbene Blasen zeigen, läßt man das Wasser in einen Bottich ab. In diesem wird es (zuweilen mit einem Zusatz von Kalkwasser) so lange geschlagen, bis es grünlichblau wird und der Indig sich körnt. Er setzt sich allmälig zu Boden und wird mit Wasser gewaschen und endlich getrocknet. (...) Der Indig ist ein dunkelblaues Pulver, oder, wie er gewöhnlich im Handel vorkommt, eine leichte (zuweilen auf dem Wasser schwimmende) dunkelblaue Masse von geringer Festigkeit, welche mit dem Nagel gerieben den Metallglanz annimmt. Er ist im Wasser nicht auflösbar, geruch- und geschmacklos. Der reinste Indig ist ein dunkelblaues, ins Kupferrothe gehendes Pulver, welches sich bei etwas raschem Feuer in pupurrothen Dämpfen verflüchtigen läßt, die sich dann an kalten Orten als nadelartige, glänzende, pupurrothe Krystalle ansetzen. Diese heißen sublimirter Indig oder Isatin. In wasserfreier Schwefelsäure löst sich der Indig mit schön purpurrother Farbe, welche bei der Verdünnung mit Wasser in Blau übergeht. Gewöhnlich bedient man sich der rauchenden oder höchst concentrirten engl. Schwefelsäure zur Auflösung des Indig und verdünnt hierauf die Lösung bis zum 700fachen, um in ihr Zeuche und andere Stoffe zu färben, wobei verschiedenen Methoden zur Anwendung kommen. Aus der Verbindung mit Schwefelsäure gewinnt man den blauen Karmin, eine ausgezeichnete Malerfarbe.«

Als Lebensmittelfarbstoff (E 132) darf Indigocarmin als Ostereierfarbe sowie zum Färben von z.B. Zuckerwaren. Cremespeisen und Brausen verwendet werden.

Experiment 11 Purpur aus Schnecken – oder Murexid

Materialien

Murexid, Natriumcarbonat (Soda), Universal-Entfärber (mit Dithionit), Fleckensalz mit Percarbonat (Sauerstoffbleiche)

Durchführung

Eine Spatelspitze voll Murexid wird in Wasser gelöst. Die Lösung wird so stark verdünnt, dass sie durchsichtig erscheint. Dann verteilt man sie auf vier Gläser und fügt dem einen Glas einen kleinen Spatellöffel voll Soda, dem zweiten Schnell-Entfärber und dem dritten Fleckensalz mit Percarbonat (Sauerstoffbleiche) hinzu.

Beobachtungen

Das dunkelrotbraune Pulver löst sich in Wasser zu einer purpurroten Lösung. Nach der Zugabe des Natriumcarbonats verändert sich die Farbe nach Violett. Das Universal-Entfärber (mit Dithionit) entfärbt die Lösung nach kurzer Zeit, die Sauerstoffbleiche zeigt keine (oder kaum eine) Veränderung.

Erläuterungen

Der echte oder antike Purpur wurde aus der Hypobranchialdrüse (Schleimdrüse zur Kiemenreinigung) bestimmter Meeresschnecken, u.a. der Purpurschnecke (Familie der Muricidae) gewonnen. Ein

Hauptbestandteil des Purpurs ist 6,6'-Dibromindigo, das heute synthetisch gewonnen werden kann.

Murexid ist das saure Ammoniumpurpurat. Es bildet als Monohydrat ein dunkelrot-braunes Pulver, ist wenig löslich in kaltem, etwas besser in heißem Wasser. Seinen Namen hat es vom lat. murex = Purpurschnecke, Purpurfarbe. Die Substanz ist chemisch nicht mit dem Indigo verwandt.

Im Unterschied zu den damals bekannten Pflanzenfarbstoffen zeichnete sich der antike Purpur vor allem durch seine Lichtechtheit aus. Mythos, Geschichtsforschung und Ausgrabungen deuten auf Phönikien (historische Landschaft an der syrisch-libanesisch-isrealischen Mittelmeerküste) als Ursprungsland hin. Eine griechische Legende aus dem 15. Jahrhundert schildert die Entdeckung des Purpurfarbstoffes wie folgt:

Man erzählt sich, der Purpur sei im phönizischen Tyrus unter folgenden Umständen gefunden worden: Der Hund eines Hirten fand beim Streunen eine Schnecke und fraß sie auf. Die Schnecke färbte die Schnauze des Hundes blutrot. Der Hirte glaubte, der Hund habe sich verletzt, nahm ein Stück Wolle und wischte dem Hund das »Blut« von der Schnauze. Dabei stellte er fest, dass sich der Hund nicht verletzt hatte, aber die Wolle färbte sich pupurn. Da merkte der Hirte, dass der Schnecke diese Färbekraft eigen war, machte die Sache bekannt und seitdem fängt man im Meer Purpurschnecken.

In der Nähe der heutigen libanesichen Städte Sur und Saida (Tyros bzw. Sidon der Phönizier) findet man an den Stränden große Mengen an Schneckengehäusen als Abfall der ehemals ertragreichen Fangplätze. Purpur-Gewänder waren Würdezeichen der persischen Könige, bei den Juden wurde Purpur nur für die Kleidung der Priester verwendet – erst später schmückten sich ihre Könige damit. Caesar erlaubte nur sich und den höchsten Beamten (Senatoren) das Tragen von Purpur. Im christlichen Abendland wurde Purpur in der Buchmalerei verwendet. Zu den besonderen Vorrechten der Kardinäle gehörte das Tragen eines Pupurmantels.

Der Purpur wurde nach einem sehr komplizierten Verfahren gewonnen, das später in Vergessenheit geriet. Die winzige Hypobranchialdrüse in der Kiemenhöhle der Purpurschnecke enthält eine Vorstufe des Farbstoffes. Mit einer Salzlösung wird diese Substanz extrahiert – man erhält zunächst eine bräunlich-gelbe Flüssigkeit. Nach dem Einengen (Konzentrieren) der Brühe (von z.B. 100 Liter auf 5 Liter) gewinnt man die gelbe Vorstufe, die sich unter der Einwirkung von Licht in den Purpur verwandelt. Man tauchte die zu färbenden Textilien in die gelbe Lösung, erhielt zunächst ein gelbstichiges Grün, dann Rot und schließlich den leuchtenden violetten Purpur. Im Mittelalter waren der Königspurpur und auch der Kardinalspurpur in den meisten Fällen kein echter Purpur, sonder Krapprot (Alizarin – s. Experiment 8).

Experiment 12 Anthra- und Naphthochinone – im Rhabarber und im Sennesblättertee

Materialien

Sennesblätter (*Cassia senna*), Rhabarber (auch Marmelade geeignet), Natriumcarbonat (Soda)

50-ml-Bechergläser, Plastiktrichter, Filterpapier, Heizplatte

Durchführung

Ein Teelöffel voll Rhabarberkompott wird mit ca. 20 ml Wasser im Becherglas bis zum Sieden erhitzt, der Extrakt heiß filtriert. Der Vorgang wird nach Zusatz von einem Spatellöffel voll Natriumcarbonat wiederholt.

Auf die gleiche Weise werden Extrakte aus Sennesblättern gewonnen.

Beobachtungen

Die sodaalkalischen Extrakte sind intensiv rotbraun gefärbt im Vergleich zum Gelb (Sennes) bzw. schwachen Rosa (Rhabarber) der rein wässrigen Extrakte.

Erläuterungen

Die Hydroxyanthrachinone lösen sich unter Ionisierung der phenolischen OH-Gruppen besser in sodaalkalischer als in wässriger (bzw. schwach saurer) Lösung.

Die Anthrachinone bilden die größte Gruppe innerhalb der natürlich vorkommenden Chinone. Sie wurden nicht nur wie Alizarin für die Textilfärberei verwendet, sondern stehen auch im Zusammenhang mit den Abführmitteln, die man aus Pflanzen wie z.B. Sennes und Rhabarber erhalten kann. Rhabarber ist schon vor 4000 Jahren in China wegen der abführenden Wirkung der Wurzelinhaltsstoffe medizinisch genutzt worden. Die fleischigen Blattstiele wurden als Kompott erstmals um 1750 in England zubereitet. Die färbenden Inhaltsstoffe sind Anthracenderivate, u.a. auch ein Inhaltsstoff der Sennesblätter, das Sennosid A. Sennoside kommen in den Sennesblättern

(*Cassia sennes* – eines großen Baumes, in Afrika beheimatet) vor, die durch die Araber in medizinischen Gebrauch kamen.

Experiment 13 Morin – der Farbstoff des Gelbholzes

Materialien

Morin, Kalium-Aluminium-Sulfat (Alaun), Eisen(III)sulfat, Kupfersulfat, Spiritus

Durchführung

Ein kleiner Spatellöffel voll Morin wird in ca. 30 ml eines Gemisches aus gleichen Anteilen von Spiritus und Wasser gelöst bzw. suspendiert. Die Lösung bzw. Suspension wird auf vier Gläser verteilt. Nach Zusatz und Lösen von jeweils einigen Kristallen der Metallsalze werden die Farben miteinander verglichen.

Beobachtungen

Die Lösung bzw. Suspension des Morins ist schwach gelblich gefärbt. Mit den Metallsalzen entstehen folgende Farben: Gelbgrün (Kupfer), Dunkelbraun (Eisen), Grün fluoreszierend (Aluminium).

Erläuterungen

Gelbholz (*Chlorophoria tinctoria*) wurde zum Färben von Seide und auch von Leder verwendet. Heute werden Gelbholzlacke (C. I. Natural Yellow 9) als Bismarck- oder Bronzelack bezeichnet, aus dem Absud des Gelbholzes gewonnen. Den gelblich-braunen Gelbholzlack mit einem Grünstich erhält man durch den Zusatz von Aluminium-, Kupfer- und Eisensalzen. Alle drei Metalle bzw. deren Metallionen bilden Komplexverbindungen (Chelate) mit Morin, dem Hauptfarbstoff des Gelbholzes. Morin wird auch aus dem bis zu 60 m hohen, in Süd- und Mittelamerika, Westindien sowie im südlichen Nordamerika vorkommenden Färbermaulbeerbaum (*Morus tinctoria*) gewonnen.

Experiment 14 Gallotannine und ihre Reaktion mit Eisensalzen

Materialien

Reagenzien: Eisen(II)sulfat, Eisen(III)sulfat, Tannin

Durchführung

Eine Spatelspitze voll Tannin wird in Wasser gelöst und die Lösung auf zwei Schnappdeckelgläser verteilt. Dann fügt man jeweils einige Kristalle der Eisensulfate hinzu.

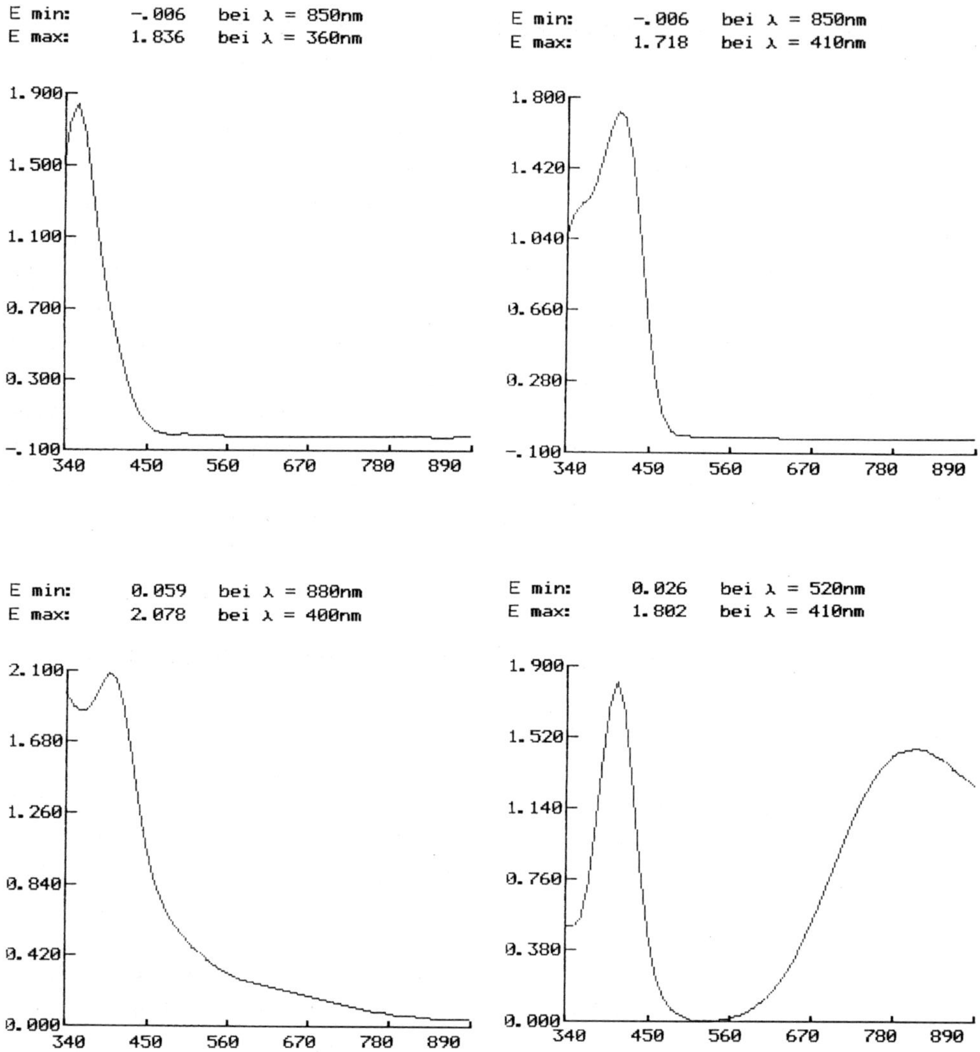

Abb. 69 Färben mit dem Gelbholzfarbstoff Morin – Absorptionsspektren
Oben: links Morin, rechts Zusatz von Alaun
Unten: links Zusatz Eisen(III)salz, rechts Zusatz Kupfersalz

Beobachtungen

Im Glas mit Eisen(II)sulfat entsteht eine violettblaue Färbung, im Glas mit Eisen(III)sulfat eine tiefblaue bis schwarze nicht mehr durchsichtige Tinte. Die letztere weist auch nach einer starken Verdünnung keinen Rotton mehr auf.

Erläuterungen

Als Gallotannine werden die Ester der Gallussäure oder der m-Digallussäure mit einfachen Zuckern wie der Glucose genannt. Sie kommen verbreitet in Pflanzen (z.B. in Eichengallen) vor (in Lebensmitteln vor allem in Tee und Kaffee) und wurden hauptsächlich als natürliche Gerbstoffe verwendet. Sie verwandeln die Eiweißstoffe einer Tierhaut in Leder. Gallotannin im engeren Sinne besteht aus Gallussäure und Glucose. Zu den Estern aromatischer Hydroxycarbonsäuren gehört die Chlorogensäure im Kaffee aus Kaffeesäure und Chinasäure. Eisengallustinte stellt man aus Galläpfeln und Eisenvitriol (Eisen(II)sulfat) her. Die zunächst nur schwach gefärbte Tinte – wegen der Eisen(II)-Ionen – wird auf dem Papier durch Oxidation (Bildung von Eisen(III)-Ionen und einem Komplex mit der Gallussäure) schwarz. Auf den Tintenfässern fand sich daher der Hinweis: »Fließt bläulich, wird schwarz.« Das Gerbstoffschwarz (gerbsaures Eisen) ist ein wichtiger Farbstoff im Textilbereich.

Experiment 15 Carmin – der Farbstoff der Cochenille-Schildlaus

Materialien

Carminsäure, Kalium-Aluminium-Sulfat (Alaun)

Durchführung

Eine Spatelspitze Carminsäure wird in Wasser zu einer rotorangefarbenen Lösung gelöst. Die Lösung wird auf zwei Gläser verteilt, dem einen Glas fügt man einen kleinen Spatellöffel voll Kalium-Aluminium-Sulfat hinzu.

Beobachtungen

Nach der Zugabe des Alauns färbt sich die Carminsäure-Lösung intensiv karminrot. In den Absorptionsspektren der Lösungen ist eine Verschiebung von 30 nm festzustellen.

Erläuterungen

Aus den (getrockneten) weiblichen Tieren der Kermesschildlaus wird noch heute das Karmin, auch Cochenille genannt, für Kosmetika wie Lippenstifte gewonnen. Die Kermesschildlaus lebt im Mittelmeerraum und in Kleinasien auf der buschartigen Kermeseiche als Wirtspflanze (auch auf den Blättern von Opuntia (Feigenkaktus) – aus dem tropischen Amerika auch im Mittelmeergebiet eingebürgert). Die Kermessäure (Karmesinrot) gehört zu den Anthrachinonfarbstoffen. Mit Aluminium-Ionen entsteht eine intensiv rot gefärbte Komplexverbindung.

Kermes ist im Nahen Osten seit Moses bekannt. Der Name ist orientalischen Ursprungs. Der Farbstoff war dem römischen Schriftsteller Plinius dem Älteren (23–79 n. Chr.) bekannt. Auch bei den Griechen wurde er verwendet, zur Zeit Homers (lebte im 8.–7. Jahrhundert v. Chr.) stellte er einen wichtigen Handelsartikel dar. Phönizer und Sumerer verwendeten ihn in der Scharlachfärberei. Die Spanier bezahlten Tribute an die Römer mit Kermeskörnern. Kermes wurde beim Färben des Venezianer Scharlachs (für Wolltücher), für den türkischen Fes (im 19. Jahrhundert), zur Lederfärberei in Marokko und für die Seidenfärberei in Hyderabad (Indien) verwendet. In Tunis gibt es noch heute Kermesfärber, die den Fes in traditioneller Weise färben.

Experiment 16 Hennafarbstoffe

Materialien

Henna, Essigessenz (25%ige Essigsäure), Eisen(III)sulfat-Lösung

50-ml-Becherglas, Heizplatte, Plastiktrichter, Filterpapier, Plastikpipetten

Durchführung

Ein großer Spatellöffel des Hennapulvers wird im Becherglas mit ca. 30 ml bis zum Sieden erhitzt. Der Extrakt wird filtriert, das Filtrat auf drei Schnappdeckelgläser verteilt. In einem zweiten Ansatz wird Hennapulver zusammen mit einem Spatellöffel voll Natriumcarbonat bis zum Sieden erhitzt und ebenfalls heiß filtriert.

Der wässrige Extrakt wird auf drei kleine Schnappdeckelgläser verteilt. Dem ersten Teil setzt man einige Tropfen Essigessenz hinzu, dem zweiten Teil einige Tropfen der Eisen(III)-Lösung, der dritte Teil bleibt unverändert zum Vergleich.

Beobachtungen

Der wässrige Extrakt ist gelbbraun, der sodaalkalische Extrakt intensiv rotbraun gefärbt.

Nach dem Ansäuern wird der Extrakt hellgelb, nach dem Zusatz der Eisen(III)salz-Lösung färbt sich das Filtrat intensiver braun.

Erläuterungen

Der Hennastrauch, auch Ägyptischer Färberstrauch genannt, ist in den Mittelmeerländern, in Kleinasien, Nord- und Ostafrika, Nordaustralien, auf Madagaskar, den Sundainseln und in Indien beheimatet. Die pulverisierten Blätter kommen als grün-graues Pulver in den

Handel. Das färbende Prinzip wird *Lawson* (ein Naphthochinonfarbstoff) genannt – es entsteht durch enzymatische Hydrolyse der Glucoside Hennosid A, B und C und Autoxidation des Aglucons.

Weitere Inhaltsstoffe sind Gerbstoffe (mit freier Gallussäure), ein weiteres Chinon und zwei Flavonoide. Henna wird heute wieder als Haarfärbemittel verwendet: Es färbt allein die Haare rot – weiße, hellblonde und mit Wasserstoffperoxid entfärbte (blondierte) Haare werden karottenrot. Henna wurde schon von Arabern vor der Zeit des Propheten Mohammed (lebte um 570 bis 632) gebraucht. Hennakulturen werden im 12. Jahrhundert in Marokko erwähnt. Im Orient erfolgte der Hennafärbung in der feuchtwarmen Atmosphäre der Bädern.

Literatur

Helmut Schweppe: Handbuch der Naturfarbstoffe. Vorkommen – Verwendung – Nachweis. Ecomed Verlagsges., Landsberg 1993

Wilfried Kratzert und Rasmus Peichert: Farbstoffe, Quelle & Meyer, Heidelberg 1981

Ference Szabadvary: Geschichte der Analytischen Chemie, Vieweg, Braunschweig 1966

Georg Schwedt: Farbstoffen analytisch auf der Spur, Aulis, Köln 1996

Karl Aloys Schenzinger: Anilin (Roman – 1. Auflage 1936), W. Andermann-Verlag, München (Ausgabe Deutscher Buchklub, Bochum, o.J.)

Gudrun Schneider: Färben mit Naturfarben, Otto Maier Verlag, Ravensburg 1979

Barbara Pohle: Färben, Knaur, München 1980

Thomas Brachert: Lexikon historischer Maltechniken. Quellen – Handwerk – Technologie – Alchemie, Callwey, München 2001

Erna Bächi-Nussbaumer: So färbt man mit Pflanzen, Verlag Paul Haupt, Bern, 4. Aufl. 1996

Dorothea Fischer: Wolle und Seide mit Naturstoffen färben, AT Verlag, Aarau 1999

Peter Haas: Farbstoffe in Lebensmitteln und Pflanzen – in Verbindung mit einem *Experimentierset*, Fa. Aug. Hedinger GmbH & Co, Stuttgart o.J.

Register